热带特色芳香植物研究与开发利用

田建平 张俊清 主编

中山大学出版社

·广州·

图书在版编目（CIP）数据

热带特色芳香植物研究与开发利用/田建平，张俊清主编 . —广州：中山大学出版社，2024.3

ISBN 978 - 7 - 306 - 08062 - 2

Ⅰ.①热…　Ⅱ.①田…②张…　Ⅲ.①香料植物—研究　Ⅳ.①Q949.97

中国国家版本馆 CIP 数据核字（2024）第 060714 号

出 版 人：王天琪
策划编辑：吕肖剑
责任编辑：吕肖剑
封面设计：林绵华
责任校对：刘　婷
责任技编：靳晓虹
出版发行：中山大学出版社
电　　话：编辑部 020 - 84110283，84113349，84111997，84110779，84110776
　　　　　发行部 020 - 84111998，84111981，84111160
地　　址：广州市新港西路 135 号
邮　　编：510275　传　真：020 - 84036565
网　　址：http://www.zsup.com.cn　E-mail：zdcbs@ mail. sysu. edu. cn
印 刷 者：广东虎彩云印刷有限公司
规　　格：787mm×1092mm　1/16　18 印张　378 千字
版次印次：2024 年 3 月第 1 版　2024 年 3 月第 1 次印刷
定　　价：48.00 元

编 委 会

芳香植物是一类具有药用和天然香料特点的植物，因含丰富的挥发油和不挥发的生物碱、单宁、黄酮、类黄酮、酚酸等成分而被归为一类。芳香植物具有抗菌、抗炎、抗病毒和抗氧化等作用；不仅可净化空气、美化环境，更被广泛应用于食品、日化、美容和医药等行业。我国是芳香植物种类最多、资源丰富的国家之一，其中，芳香植物主要种类所在科如桃金娘科、芸香科、唇形科、姜科等的植物在热带地区的资源尤为丰富。这些植物绝大部分遍布在乡村旷野，或野生或种植，但这些资源大部分有待进一步去深入挖掘、开发和利用。因此，持续开发和利用我国热带地区芳香植物资源，对于发展我国国民经济具有重要的意义，对进一步推进乡村振兴，实践"两山"理论有重要的社会和生态价值。

为方便读者阅读，本书按双子叶植物和单子叶植物进行分类，分为上下两编进行介绍。对50余种中国热带地区特色芳香植物的最新研究进展进行了全面、系统的总结，包括来源及产地，植物形态特征，种植技术要点，采收加工，生药特征，化学成分研究，现代药理研究，传统功效、民间与临床应用，药物制剂与产品开发，其他应用与产品开发等内容。

希望本书能对我国相关领域工作者以及对芳香植物有兴趣的读者

提供有价值的参考。同时，恳请广大专家和读者对本书中的错误提出宝贵建议和意见，以供再版时修改完善。

编者

2023 年 8 月

Contents

上编　双子叶植物类热带特色芳香植物

下编　单子叶植物类热带特色芳香植物

上编｜双子叶植物类热带
特色芳香植物

白　　兰

一、来源及产地

木兰科植物白兰 *Michelia alba* DC.，又名白玉兰、玉兰花、白兰花、缅桂、白缅花、白缅桂、把玉兰、把兰、黄桷兰等。生于路旁或庭园中，广泛种植在中国海南、广东、广西、云南等地，也较大面积分布在福建、江西、浙江、湖南、贵州等省份。原产于喜马拉雅山及马来半岛、印度、孟加拉国、斯里兰卡、印度尼西亚的爪哇岛等亚热带地区。

二、植物形态特征

该植物为多年生乔木，树枝广展，呈阔伞形树冠；嫩枝和嫩芽密被黄白色柔毛；叶薄革质，正面无毛，背面疏生微柔毛，长椭圆形或者披针状椭圆形，叶尖呈长渐尖或尾状渐尖，叶长 14～26 cm，宽 5.5～9.5 cm，干时两面网脉均很明显；叶柄长 1.5～2 cm，托叶痕达叶柄中部。花白色，极香；花被片 10 片，披针形；雄蕊花药药隔顶端伸出成长尖头；雌蕊群有毛，心皮多数，常部分不发育，成熟时随着花托的延伸，形成蓇葖疏生的聚合果；蓇葖果熟时呈鲜红色。花期在 4 月下旬至 9 月。

三、种植技术要点

（一）场地选择

该植物喜光照，不耐阴，喜温暖湿润，不耐寒，生长最适宜温度为 15～28 ℃。越冬的温度应不低于 10 ℃，忌积水。场地宜选择地势较高、光照充足、水源充足、排灌便利、周围植被茂密、空气清新无污染地段。山区宜选择南坡中部、地貌平坦、砂质土壤带微酸性或弱碱性、湿度较高、无遮光影响的山口处[1-2]。

（二）繁殖和种植技术

1. 育苗技术

该植物多以压条法、嫁接法进行繁殖育苗。由于白兰树体高大，枝条离地面高，弯曲易劈裂，因此宜采取高压法繁育。于 3—4 月或 6 月，选择发育良好健壮的枝条，在其发根处刻伤或环状剥皮（宽3 cm），去掉其韧皮部，用湿润的腐殖土或肥沃菜园土拌少量苔藓在其伤口处涂抹均匀，用无色透明的薄膜包扎，先扎紧下端，再将薄膜翻上包住培养土，上端封口以保持湿润，也可敞口及时供应水分；及时检查，见有须根长出后，将其剪下另行栽植。嫁接多采用靠接法，宜选择繁殖容易、抗寒抗病性强的紫玉兰或黄玉兰作为砧木；于5—8月选择生长健壮且正处于盛花期的白兰树上发育良好的一年生枝为接穗，与紫玉兰或黄玉兰靠接。嫁接培育初期，因切口处尚未愈合，所以不能打药；嫁接20天后，需对嫁接苗施一次氮磷钾复合肥，氮磷钾的比例为20∶15∶15；注意浇水，可采用滴灌方式，每天1次，每次5～10 min；50～60天接穗愈合后，切离母体。需要注意的是，无论是压条法还是嫁接法获得的新植株都应及时遮阴、防风，加强管理，以获得健壮幼苗。

2. 种植定植技术

一般于春季3月通过盆栽的方式进行定植，可采用质地坚硬的水泥板组装成的盆进行栽种。盆的直径一般约为40 cm，先在盆内铺厚20～30 cm的土，盆地排水孔可盖上瓦片，垫上一层石砾、煤渣等，保证其通气排水；然后将定植幼苗的营养钵除去，放置于盆中央，再加5 cm厚度的土，并将其压实。定植后，施一次氮磷钾比例为20∶15∶15的复合肥，每株20～25 g，然后淋1次定根水，浇透。盆栽时，株距一般控制在2.3 m左右，行距一般为2.5 m左右。

3. 幼苗期及成年期管理

（1）幼苗期管理。

从定植到1年内生长期为幼苗成长阶段，该时期要做好浇灌、施肥、除草修剪和病虫害防治工作。

一般施用氮磷钾比例为15∶15∶15的复合肥，每5天施肥1次，为避免伤根，每株施肥20 g左右，将肥料施在树根两侧，且保证每10天灌溉1次，每次要浇透、浇足。

为保证白兰树多开花，促进其横向生长，定植后3个月左右，当主干枝长到1 m以上时，常在距离地面1 m的高度对树冠进行打顶；待截口处长出2～3个侧枝时，再对侧枝继续打顶，以保证每个侧枝继续分出2～3个新侧枝；之后每半年修剪1次，将向上生长的、多余的枝条剪除，促进树形的横向发展。

一般在6个月左右，白兰树就会开花，此时花的数量较少，待其生长到1年以上，高度在2 m左右，就进入了成年植株时期。

（2）成年期管理。

成年植株时期的管理要做好修剪、施肥、浇灌、除草和病虫害防治等方面的工作。一般每半年修剪1次，促进其萌发新枝条，对树冠内膛的细弱枝、病虫害枝和下垂枝进行剪除。

成年植株时期需要适当增加肥料，每株施用氮磷钾复合肥 40～50 g，磷和钾的比例为 15∶25，施撒在白兰树根部附近，并进行浇水。其中在 6—7 月和 9—10 月的盛花期，可每 3～4 天施用饼肥 1 次，大树一次用 1 kg 干饼肥，小树则相应减少；梅雨季应少施肥，以防烂根落花。如叶片有失绿症状，可用 0.6% 的硫酸亚铁进行叶面喷施，连续 3 次，1 周后叶片可转绿。

（三）病虫害防治

幼树时期害虫主要是介壳虫，其主要危害叶片，发现虫害时，应立即进行治疗。一般可通过喷洒总有效成分 28% 的噻嗪酮/杀扑磷乳油 800～1000 倍液进行预防，其中噻嗪酮和杀扑磷的含量分别为 20% 和 8%，每隔 1 周左右，对全株喷洒 1 遍。

成年植株一般采用预防的方式，通过喷洒 50% 多菌灵可湿性粉剂 1000 倍液，或喷洒 70% 甲基硫菌灵可湿性粉剂 800 倍液能够有效预防炭疽病。一般每年开花前 2 个月喷洒，每周喷洒 1 次，连喷 4～5 次即可，在采摘前 1 个月应停止施用各种农药，以保证花开鲜艳、美观。

四、采收加工

（一）采收加工

一般在定植后第二年的 5 月就可以进行采收，可连续采收 8～10 年，每年的 6—8 月为盛花期，其中 6—7 月产花最多，且品质最好。一般在上午 6:00—9:00 进行采收，用手轻轻将其从花梗处摘下，注意不要伤及花瓣；花柄宜短，花朵不带叶，要采收花瓣洁白、饱满，花瓣呈微开状的花朵，过早或过迟都不宜[1-2]。采收、运输和生产过程中应以薄层放置于花筛或花架上，不要紧压，以便上下透气，避免发热变质，一般薄层放置的厚度以不超过 3 朵花重叠的厚度为宜，以便更好地晾干[3]。

此外，白兰叶片的采收也是在生长旺盛的季节进行，此时叶片多，且芳香油的含量也较高。

（二）精油加工

1. 白兰花精油加工

一般采用石油醚室温间歇浸提，加工设备可采用鼓式转动浸花机，一次浸提与二次洗涤，时间分别为 180 min 和 60 min；浸提液浓缩成膏，二次洗液可循环使用，花与提取溶剂比例为 1∶3～1∶3.5。在浸提过程中，注意要将从花中游离出的水分放出，一般需要放水 2～3 次，以保证浸提效率和产品质量。经过浸提、洗涤和回收花渣中的石油醚后，将花渣从浸花机中放出，放入蒸馏锅中，经常压蒸汽蒸馏 5 h，可得白兰花花蕊油；如采用低温浸提法，所得产品质量接近鲜花香气，且色泽较浅；也可采用水中蒸馏法，蒸馏 5～6 h，得到白兰花精油。

2. 白兰叶精油加工

白兰树叶精油加工可采用常压水蒸气蒸馏法，蒸馏 5 h 左右，可得到白兰叶精油，得率为 0.20%～0.28%，浅黄色至浅棕黄色，具有白兰花正常气息，透明无杂质。

五、生药特征

花狭钟形，长 3～4 cm，红棕色至棕褐色。花被片内轮较小，外轮呈狭披针形；雌蕊心皮多数，彼此分离，柱头黄棕色，外弯，花柱密被灰黄色细绒毛；雄蕊多数，花药条形、褐色，花丝短，易脱落。花梗长 2～6 mm，密被灰黄色细绒毛。质脆，易破碎。气芳香，味淡。

六、化学成分研究

白兰花、茎、叶中都含有挥发油，挥发油为白兰抑菌和抗虫作用的主要活性成分，主要包含倍半萜类化合物、萜烯类化合物和萜醇类化合物。芳樟醇为挥发油中含量最高的成分，其次为石竹烯氧化物、β-榄香烯、甲基丁香酸、β-石竹烯、β-红没药烯、顺-呋喃型芳樟醇氧化物、δ-杜松烯、β-芹子烯、τ-木罗醇、α-胡椒烯和大香叶烯 D 等。花中所含非挥发性成分为小白菊内酯、1, 10-epoxyparthenolide、广玉兰内酯、(7S, 8S)-3-methoxy-3′, 7′-epoxy-8, 4′-oxyneoligna-4, 9, 9′-triol、(6-羟基-1H-吲哚-3-基) 氧代乙酸甲酯、(1H-吲哚-3-基) 氧代乙酰胺、4-甲氧基-苯甲醛、7-羟基-5-甲氧基-色原酮、原儿茶酸、1H-indole-3-carboxaldehyde、arteminorin D、2-(苯并三唑-1-基) 四氢呋喃、邻苯二甲酸二 (2-乙基己基) 酯、邻苯二甲酸二异丁基酯、β-谷甾醇[4]。

白兰种子挥发油成分大多为烯类，间伞花烃含量为 34.68%，对伞花烃含量为 55.16%，β-丁香烯含量为 9.26%。

根和茎皮含黄心树宁碱、氧化黄心树宁碱、柳叶木兰碱和白兰花碱。

部分化合物结构式如下：

| β-红没药烯 | 芳樟醇氧化物 | 小白菊内酯 |

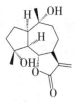

广玉兰内酯　　　　　　　　（6 – 羟基 –1H – 吲哚 –3 – 基）氧代乙酸甲酯

七、现代药理研究

（1）抗氧化、抗炎、抗衰老和增强免疫作用：黄酮类物质是植物体内重要的天然化合物，具有明显的抗炎、清除自由基、抗衰老、增强免疫力等作用。

（2）镇痛、抗焦虑、镇静催眠、抗肿瘤作用：白兰挥发油中含量最大的成分是芳樟醇，其具有多种药理活性，还是维生素 E 的合成中间体。

（3）抑菌作用：白兰挥发油对大肠杆菌、金黄色葡萄球菌、枯草芽孢杆菌、水稻黄单胞菌这 4 种细菌及斜卧青霉菌、白色念珠菌、小麦赤霉菌、大豆根腐致病菌、玉米弯孢致病菌、水稻纹枯病菌等均有抑制作用。

（4）皮肤保护作用：白兰活性成分之一（ – ） – N – 甲酰吗啉能抑制人表皮黑色素细胞酪氨酸酶活性和黑色素的活性，且对人体细胞无明显细胞毒性[5]。

八、传统功效、民间与临床应用

在中国，该植物的花、根、叶均可入药。花能化湿、利尿、止咳化痰，能治百日咳、胸闷、口渴、前列腺炎、白带异常；根主治泌尿系统感染、小便不利、痈肿；根皮入药可用于治疗便秘；叶对治疗慢性支气管炎有很好的功效。在印度尼西亚和马来西亚，白兰也作药用，树皮用于治疗发热、梅毒、淋病和疟疾。

在中国民间，常取白兰叶 500 g，加水 1000 g，经 2 次蒸馏，取回蒸馏液 125 g（浓度为 1:4），即为玉兰露，可治疗慢性气管炎。

九、药物制剂与产品开发

目前无相关药物制剂与产品上市。

十、其他应用与产品开发

（1）食品：白兰花油可作为食品辅料，白兰花又是制菜的配料，食之可有助止咳、化痰、利尿。

（2）化妆品原料：白兰花油和白兰叶油均可作为化妆品原料。

（3）茶叶：白兰花花香浓烈，是熏制茶叶的重要原料，用于中国花茶的熏香剂。干白兰花仍具浓香，可与茶叶同泡饮之。

（4）香精：白兰花也可提制成白兰花浸膏，供高档化妆品作香精使用。

参考文献

［1］王敏林，邹晓君，严万兵，等．疏伐施肥对白兰林凋落物层养分和土壤生化性质的影响［J］．安徽农业大学学报，2021，48（3）：474－479．

［2］吴华俊，邹晓君，陈海英，等．疏伐施肥对白兰林下植物多样性的影响［J］．山西林业科技，2020，49（4）：30－33．

［3］贺雅娟．皖南山区白兰花高产优质种植技术［J］．安徽农学通报，2002，8（2）：42－43．

［4］黄相中，尹燕，刘晓芳，等．云南产白兰花和叶挥发油的化学成分研究［J］．林产化学与工业，2009，29（2）：119－123．

［5］侯冠雄．白兰花化学成分及其挥发油抗菌拒食活性研究［D］．云南中医药大学，2018．

含　笑

一、来源及产地

木兰科植物含笑 *Michelia figo*（Lour.）Spreng.，又名香蕉花、寒霄、含笑花。含笑属植物主要分布在亚洲南部和东南部，在中国主要产于西南部和东南部，以云南最多，也有种植于长江流域。

二、植物形态特征

该植物为常绿灌木。芽、嫩枝、叶柄、花梗均密被黄褐色绒毛。叶革质，狭椭圆形或倒卵状椭圆形，正面有光泽、无毛，背面中脉上留有褐色平伏毛，其余脱落无毛，先端钝短尖或渐尖，基部楔形或阔楔形，长 4～10 cm，宽 1.8～4.5 cm，叶柄长 2～4 mm，托叶痕长达叶柄顶端。花直立，花被片 6 片，长椭圆形，花瓣长 12～20 mm，宽 6～11 mm，淡黄色而边缘有时红色或紫色，具甜浓的芳香，肉质，较肥厚。雄蕊长 7～8 mm，药隔伸出成急尖头。雌蕊群柄长约 6 mm，被淡黄色绒毛，雌蕊群无毛，长约 7 mm，超出于雄蕊群。聚合果长 2～3.5 cm；蓇葖果卵圆形或球形，顶端有短尖的喙。花期 3—5 月。果期 7—8 月。

三、种植技术要点

（一）场地选择

该植物喜温暖湿润、通风透光的气候环境，耐高温、耐寒，忌水渍，宜选择肥沃深厚、排水良好的酸性土壤进行种植。

（二）繁殖和种植技术

1. 育苗技术

该植物主要繁殖方式有扦插、嫁接和种子繁殖；扦插时，以母株上所剪取的树冠外围叶芽饱满、无病虫害、健壮、当年生半木质化穗条为插穗，剪成长 5～8 cm，带 2～3 个芽、2～3 片老叶的茎段，每片老叶剪去一半，保留顶芽，春季或夏季进行扦插，扦插后要保持土壤湿润。种子繁殖宜选择每年 2 月下旬至 3 月上旬进行播种，播种前，选择 0.5% 浓度的高锰酸钾溶液，浸泡 2 h，然后放入温水浸泡24 h，待种子膨胀后，搓去红色假种皮，再把种子捞出晒干，以钙镁磷肥拌种、播种。

2. 定植技术

定植于每年3月进行，以少量基肥施穴，株行距150 cm×150 cm。定植时浇足定根水，培好土，并立好支柱，定植后每7～10天浇水1次，5—6月注意松土、除草、防治病虫害，7—8月及时进行抗旱、保墒，雨季进行穴施复合肥。

3. 幼苗及成年植株管理

（1）幼苗管理。

播种苗长至5 cm时进行间苗，应及时进行补苗。间苗可分两次进行，第二次为定苗，在第一次间苗10天左右后进行，遵循"间小留大、间密留稀、间劣留优、保持等距"原则。5—8月进行适当遮阴，搭遮阴篷，布50%的遮阳网，于9月中下旬撤去遮阳网。灌溉或雨后进行松土除草，松土厚度应浅于覆土厚度。5—7月应半个月除草1次，8—9月应每个月除草1次。苗期灌溉应少量多次，梅雨季节注意清沟排淤，夏季适当增加浇灌次数，秋季少浇水，冬季不浇水。6—8月结合灌溉进行追肥，对播种苗和嫁接苗根部追施尿素水溶液，每间隔15天追肥1次，连续追肥2～3次，8月底后停止追肥。

（2）成年植株管理。

种植后前两年注意除草、追肥和培土抚育，每株追施复合肥0.5 kg，保持土壤湿润。

（3）病虫害防治。

含笑的主要病害为炭疽病、藻斑病、叶枯病和煤污病。防治炭疽病和藻斑病时，应根据其不同生长阶段，适当施磷钾肥，提高幼苗抗病害能力。发病期治疗时，喷洒0.5%的波尔多液或5%的百菌清可湿性粉剂，每10天喷洒1次；每年初春时期，对幼苗喷洒0.3%的石硫合剂进行预防，每15天1次。发生叶枯病后喷洒65%森锌可湿性粉剂防治；防治煤污病时，应使植株通风，喷洒50%退菌特可湿性粉剂，每10天喷洒1次，连续喷洒2～3次。

含笑的主要虫害为甲壳虫，防治时应及时修剪，保持通风，喷洒40%氧化乐果乳油溶液。

四、采收加工

该植物每年3—5月采收，选择成熟饱满花朵。摘除花蕊，将花瓣与茶叶进行窨制加工，制作花茶[1]。

五、生药特征

成品为其干燥花，狭钟形，长1.2～2 cm，淡黄色；花被片6片，较厚，芳香；雄蕊多数，花药条形，淡黄棕色，花丝短，易脱落；雌蕊群无毛，心皮多数，分离，柱头黄绿色；花梗长 2 ～6 mm，密被灰黄色细绒毛；质脆，易破碎；气芳香，味淡。

六、化学成分研究

含笑含有丰富的挥发油，挥发油类成分为含笑的主要活性成分，主要分为单萜类化合物和倍半萜类化合物。

含笑鲜花中含量最高的成分为 α－松油烯（30.59%）、2－甲基乙酸丙酯（18.19%）、马兜铃烯（8.48%）；其次为 2－甲基丙酸乙酯、β－月桂烯、β－石竹烯、γ－榄香烯、α－石竹烯、β－香桦烯、α－芹子烯、8－丙烯－1，5－二甲基－环癸－1，5－二烯、δ－杜松烯、大牻牛儿烯、长蠕孢吉码烯、榄香醇、丁香烯环氧化物、9，10－去氢异长叶烯等。其中，α－松油烯为含笑鲜花挥发油中的主要抑菌活性成分；2－甲基乙酸丙酯及 2－甲基丙酸乙酯等酯类化合物则是花与叶挥发油类成分中的区别所在，该花因此具有草莓、奶油的香气。

含笑叶挥发油中含量最高的成分为马兜铃烯（28.51%）、α－松油烯（12.73%）、双环大牻牛儿烯（10.25%）、石竹烯（8.35%）；除此之外还含有甲苯、异松油烯、1，5－二甲基－环癸－1，5－二烯－8－丙烯、γ－榄香烯、长蠕孢吉码烯、α－石竹烯、9，10－去氢异长叶烯、榄香醇、双环［4，4，0］－2－异丙基－5－甲基－9－甲基－1－烯、丁香烯环氧化物、桑托利纳三烯、E，E－环氧化法呢烯、（Z）－3－十七碳－5－炔等[2]。

部分化合物结构式如下：

2－甲基乙酸丙酯

七、现代药理研究

（1）抗氧化活性：含笑挥发油中含有单萜、倍半萜类，醇类，酯类，以及单萜、倍半萜类含氧衍生物，具较强的抗氧化活性。

（2）抑菌活性：总酚含量和抑菌能力存在一定的正相关性。

（3）血管扩张活性：含笑叶的甲醇提取物具有良好的血管舒张特性，其不是通过刺激环氧合酶、腺苷酸环化酶或鸟苷酸环化蛋白酶而产生的，此外该成分的血管舒张作用对阻断剂具有耐药性[2-3]。

八、传统功效、民间与临床应用

在中国，含笑树皮为传统中药，有解热、消炎之功效，可以用于喉炎、鼻炎、结膜炎等症；花蕾药用有祛瘀生新、活血止痛之功效，临床用于主治月经不调、痛经、胸肋间作痛等症。

民间用法有：取含笑花 6～9 g，煎汤后内服，可提高人体新陈代谢，美容保健，提神醒脑；取含笑花晒制好后，花瓣用于泡茶，具有很好的排毒降脂功效，可加快肠胃蠕动。

九、药物制剂与产品开发

暂时无药物制剂上市。

十、其他应用与产品开发

1. 含笑花精油

其制备方法为取 1.5 kg 含笑花用水蒸气蒸馏法提取精油，得油率约为 0.17%。精油香气浓郁，用无水硫酸钠干燥后保存在棕色瓶中，4 ℃冷藏，即得。含笑花精油对枯草芽孢杆菌、大肠杆菌和总状毛霉抑制效果较佳，抑菌率分别达 70.36%、60.24% 和 65.52%；对金黄色葡萄球菌、黄曲霉具有一定的抑制作用，对米根霉无抑制效果。含笑花精油可用于护肤品等领域。

2. 保鲜剂

含笑叶和花中提取的精油，具有浓烈的香味，已应用于草莓、苹果、圣女果等果实的保鲜，且鲜果保鲜效果高效、无毒、无污染。

参考文献

[1] 张冬莲，念波，汪志威，等. 不同加工工艺对含笑花茶品质的影响 [J]. 中国茶叶加工，2019 (1)：31 - 36.

[2] 杨波华，马英姿，杨蕾，等. 含笑花精油的抑菌活性及其化学成分分析 [J]. 湖南农业大学学报（自然科学版），2011，37 (3)：337 - 341.

[3] SILVIO C, LARA T, ELISABETTA C, et al. Vasodilator activity of Michelia figo Spreng. （Magnoliaceae）by in vitro functional study [J]. Journal of ethno-pharmacology，2004 (91)：263 - 266.

胡　椒

一、来源及产地

胡椒科植物胡椒 *Piper nigrum* Linn.，又名古月、黑川、白川、浮椒、玉椒、味履支。原产于东南亚，现广泛种植于热带地区，在中国台湾、福建、海南、广东、广西及云南等地均有种植，其中海南是主产区，种植面积和产量占全国80% 以上。

二、植物形态特征

该植物为多年生木质攀缘状藤本。茎无毛，节显著膨大，常生不定根。叶厚，近革质，形状变异较大，多常阔卵形，长 10 ～15 cm，宽 5 ～9 cm，稍偏斜，两面均无毛；叶脉常 5 ～7 条，最上 1 对互生，较上的一条离叶基 2 ～3.5 cm 发出，下 1 条离叶基 1.5 cm 或稍离基部发出，余者均自叶基出，最外 1 对极柔弱，网状脉明显；叶柄无毛；叶鞘延长，长常为叶柄之半；具托叶。花杂性，常雌雄同株；穗状花序常短于叶，总花柄短，长 5 ～15 mm，花序梗与叶柄等长；苞片匙状长圆形，先端阔而圆，基部贴生于肉质的花序轴上，仅边缘分离；雄蕊 2 枚。浆果球形，无柄，直径 3 ～4 mm，成熟时红色，未成熟时干后变黑色。花期 6—10 月。

三、种植技术要点

（一）场地选择

宜选择排水良好的平地或缓坡地种植，喜深厚、肥沃、有机质含量高的红壤土或沙壤土[1]。

（二）繁殖和种植技术

1. 育苗技术

该植物主要繁殖方式为扦插，选择健壮无病害的 1 ～3 年生母株主蔓为种苗，种植前，将其浸泡在高美施有机肥 500 倍液中 10 ～15 min。

2. 定植技术

该植物在每年 3—5 月份或 8—10 月份进行定植，种植密度 2 m × （2 ～

2.5) m，每亩种植 133 ～ 167 株。定植时宜选择阴天或晴天傍晚，土壤湿度不宜过大。常采用双苗定植法，先推平原土堆，在土堆中央挖出"V"形斜面小穴，在梯田时小穴斜面与梯田走向一致，两条种苗气根向下，将节根埋入土中，然后由下而上将表土压碎，最后施以少量有机肥，压实土壤；定植 30 天后，检查成活率，及时补种[1]。

3. 幼苗及成年植株管理

（1）幼苗管理。

胡椒定植前后，最晚至小椒抽出新蔓时，进行插柱（柱长 2.5 m 以上），一般插于离椒头 15 ～ 20 cm 处，入土 70 cm 以上。对中、小椒应及时进行绑蔓；结果椒每年绑蔓 1 ～ 2 次，并及时摘花、摘叶和整形修剪，促使植株健壮生长；保证通风透气，以利于开花结果、减少病虫害。幼龄椒施肥以氮肥为主，配合适量磷肥和钾肥，按照勤施、薄施、多施液肥的原则，冬季施 1 次钾肥，提高植株抗寒能力。每株施火烧土 10 ～ 15 kg 或草木灰 1 ～ 2 kg，撒施于树冠下植株周围，随后进行浅松土[2]。

（2）成年植株管理。

整形修剪除草：及时剪去多余芽和蔓，整形时留蔓 6 ～ 8 条，剪蔓 4 ～ 5 次；及时剪除老弱枝和徒长枝。对于部分二龄植株，待冠幅达到 120 cm 以上时，保留植株下部花穗。及时排水防旱；每年除草 4 ～ 6 次，保持椒园无杂草。

施肥：注重有机肥的施用，对长势不好、开花多以及产量高的胡椒尽量增加施肥量，而对于长势旺盛、开花少以及产量低的胡椒可适当推迟施肥或不施肥。每年 6 月中旬至下旬的雨前或雨后，主攻花肥，可使用有机肥 15 ～ 25 kg，过磷酸钙 0.5 ～ 1.0 kg，7 月底采果结束时施胡椒专用复合肥 0.5 ～ 1.0 kg。每年 8—9 月施 2 次辅助攻花肥，入冬前 11 月施攻果肥；次年 2 月底至 4 月，施壮果肥，每株施草木灰 2.0 ～ 2.5 kg 或胡椒专用复合肥 0.3 ～ 0.5 kg。

连作障碍：胡椒种植也存在连作障碍，可将胡椒与苦丁茶、小粒种咖啡、槟榔、菠萝蜜和油茶等进行混作；及时松土、培土、除草、覆盖稻草或杂草、熏烟防寒[3]。

（三）病虫害防治

1. 病害

该植物主要病害为胡椒花叶病、胡椒炭疽病、胡椒枯萎病和慢性萎蔫病。防治时选择健康无病害种苗，加强管理，合理施肥和排灌，不在高温干旱时割蔓，及时拔除烧毁病株。胡椒炭疽病还可通过喷施 1% 波尔多液、1% 霜疫灵或 70% 甲基托布津 600 ～ 800 倍液进行防治。

2. 虫害

该植物主要虫害有粉蚧、黄腊蚧、红蜡蚧、盲蝽、蚜虫和刺蛾。常喷洒

0.1%～0.3%乐果药液或48%毒死蜱800～1000倍液防治粉蚧；可通过喷施48%毒死蜱800～1000倍液防治黄蜡蚧和红蜡蚧，另外注意保护这些害虫的天敌[4]。

四、采收加工

(一) 采收

海南地区每年5—7月采收，云南地区每年3—5月，其他地区为每年1—2月，可分批采收，随熟随收。采收初期，每穗果实转黄，其中有3～5粒红果时，便可采收；中后期，每穗果实全转黄即可采收，一般7～10天采收1次，整个收获期采收7～8次[5]。

(二) 加工

将接近或刚成熟、果皮尚硬、色尚未转黄的胡椒果穗直接晒干或烘干即得黑胡椒；将成熟胡椒粒放入加工池或装入麻袋，在缓慢的流水中浸泡、洗净、脱皮、烘干去皮即得白胡椒；对于青胡椒鲜果，还可经过脱粒、挑选、清洗、杀青、干燥制成脱水青胡椒，品质更好[6]。

五、生药特征

黑胡椒：果实近球形，表面暗棕色至灰黑色，具隆起的网状皱纹，先端有细小的柱头残基，基部有自果柄上脱落的痕迹。质地坚硬。外果皮可以剥离，内果皮灰白色或淡黄色，断面黄白色，粉性，中央有小空隙。气芳香，味辛辣。

白胡椒：果核近圆球形，最外层为内果皮，表面灰白色，平滑，先端与基部间有多数浅色线状脉纹。

六、化学成分研究

胡椒鲜果及其加工品、胡椒叶、胡椒花、胡椒梗中均含有大量挥发油性成分，以单萜、倍半萜类化合物为主。其次为有机酸和脂肪类化合物，挥发油是其最主要的活性成分之一。胡椒的果实、梗、叶和花中均含有α-蒎烯、β-蒎烯、β-石竹烯、β-榄香烯、D-大根香叶烯、左旋-β-蒎烯等成分，这些成分有些具有较好的生物活性。β-石竹烯具有局麻和抗炎活性，β-榄香烯为非细胞毒性的抗肿瘤药物。其他挥发油类成分包含D-香芹烯、β-松油烯、桉叶油醇、α-柠檬醛、β-月桂烯、β-柠檬醛、(+)-香茅醛、莰烯、松油醇、水芹烯、罗勒烯、葎草烯、3-侧柏烯、3-蒈烯、反式-松香芹醇、α-环氧蒎烷、异戊酸香叶酯、喇叭茶醇、香茅醇、香叶醇、顺马鞭草烯醇、杜松烯、桧烯、红没药烯、芫荽醇、萜品烯-4-醇等。

生物碱是胡椒中最重要的活性成分之一，其中胡椒碱含量最高、活性最强。

其次为胡椒新碱、N-哌啶-7-（3,4-亚甲二氧基苯基）-2E,4E,6E-庚三烯酰胺、胡椒油碱A、胡椒油碱B、N-哌啶-9-（3,4-亚甲二氧基苯基）-2E,8E-壬二烯酰胺、N-哌啶-11-（3,4-亚甲二氧基苯基）-2E,10E-十一碳二烯酰胺、胡椒林碱、胡椒内酰胺-C 5:1（2E）、piperolactam C 7:1（6E）、胡椒内酰胺-C 10:1（9E）、荜茇明宁碱、N-异丁基-9-（3,4-亚甲二氧基苯基）-2E,4E,8E-壬三烯酰胺、N-反式-阿魏酰基哌啶、阿魏波因、1-桂皮酰基哌啶、N-反式阿魏酰基酪胺、1-［（2E,4E,13Z）十八烷三烯酰基］哌啶、N-异丁基-2E,4E,13Z三烯十八酰胺、墙草碱等。

胡椒果实和胡椒叶中还分离到了木脂素类、三萜类、黄酮类化合物如（-）-kusunokinin、荜澄茄脂素、裂榄宁、月桂酸、棕榈酸、（-）-3,4-二甲氧基-3,4-次甲二氧基荜澄茄素、二羟基苯乙酸葡萄糖苷、5,7-二甲氧基黄酮、扁柏脂素、野漆树苷[7]。

部分化合物结构式如下：

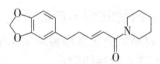

胡椒碱　　　　　　　　　　　　胡椒新碱

荜澄茄脂素　　　　　　　　　　（-）-kusunokinin

七、现代药理研究

（1）抗癌作用：胡椒碱能通过影响凋亡信号的激活和抑制细胞周期的进程，抑制多种类型癌细胞的增殖和存活。

（2）抗氧化作用：黑胡椒的不同溶剂提取物均具有一定的抗氧化活性并呈现明显的量效关系。

（3）抗菌作用：胡椒中的生物碱及挥发油具有较强的抑菌作用。

（4）抗炎与免疫调节作用：胡椒碱通过对T淋巴细胞增殖相关的多个关键

信号通路的抑制作用，发挥其在治疗 T 淋巴细胞介导的自身免疫和慢性炎症疾病上的抗炎作用。

（5）对中枢神经系统的调节保护作用：胡椒及其所含的酰胺类成分在神经退行性疾病方面显示了较好的神经保护作用。

（6）降血脂和降糖作用：胡椒乙酸乙酯和水提取物可以显著降低人体质量、脂肪百分比，并可改善高脂饮食诱发的高脂血症[7]。

八、传统功效、民间与临床应用

胡椒果实入药，温中散寒、下气止痛、止泻、开胃、戒毒，用于脘腹冷痛、呕吐、泄泻、食欲不振、反胃、消化不良、寒痰食积、鱼虾中毒等症；外用可治小儿哮喘、龋齿疼痛、湿疹、冻疮等。胡椒茎、叶为健胃祛风药，用于腹痛、齿痛。在古代中国和印度的民间医学中，胡椒被用作减轻或者治疗疼痛、风湿、流感、肌肉疼痛、寒战和发烧的天然药物。

九、药物制剂与产品开发

1. 以胡椒为主要原料的常见中成药

（1）复方蛤青注射液。

其处方如下：黑胡椒 5 g、蟾蜍 40 g、黄芪 50 g、白果 20 g、苦杏仁 25 g、紫菀 25 g、前胡 15 g、五味子 15 g、附子 5 g。成品为黄棕色的澄明液体。补气敛肺，止咳平喘，温化痰饮。用于肺虚咳嗽，气喘痰多，老年慢性气管炎、肺气肿。对喘息性支气管炎更宜，对反复感冒者有预防作用。

（2）胃活灵片。

其处方如下：白胡椒 20 g、砂仁 40 g、枳实 40 g、陈皮 40 g、莪术 40 g、五灵脂 40 g、青皮 40 g、香附（醋炙）40 g、木香 20 g、丁香 20 g、厚朴（姜汁炙）20 g、猪牙皂 20 g、肉桂 10 g、沉香 10 g、巴豆霜 10 g。成品为糖衣片，除去糖衣后显棕黄色至褐色，味辛；温里散寒，行气止痛，用于脘腹胀满疼痛、呕吐嘈杂、不思饮食。

2. 其他含有胡椒原料的中成药或方剂

如小儿止泻贴、胡椒理中丸、手掌参三十七味丸、丹绿补肾胶囊、蟾马正痛酊、帕朱胶囊、藿香万应散、红花如意丸等。

十、其他应用与产品开发

1. 保健食品

（1）舒睡软胶囊。配方包括酸枣仁、丁香、肉豆蔻、黑胡椒、肉桂、大豆油等，有助于改善睡眠。

（2）强力大蒜素片。配方包括大蒜粉、洋葱粉、姜、橄榄叶、肉桂粉、黑胡椒、卵磷脂、碳酸钙、二氧化硅、糊精、硬脂酸镁、羧甲基纤维素钠、柠檬酸钠等。

2. 化妆品

（1）黑胡椒精油、胡椒薄荷纯露：均以胡椒种子油为主要成分。

（2）玫瑰胡椒沐浴露：配方包括月桂醇聚醚硫酸酯钠、椰油酰胺丙基甜菜碱、油橄榄果油、玫瑰花油、红茶提取物、胡椒籽提取物、库拉索芦荟叶粉、海藻糖等。

（3）黑胡椒精油按摩膏：配方包括水、甘油、油橄榄果油、丁二醇、牛油果树果脂、氢化聚异丁烯、乙氧基二甘醇、泛醇、毛喉鞘蕊花根提取物、C20 - 22 醇磷酸酯、C20 - 22 醇、鲸蜡硬脂醇橄榄油酸酯、山梨坦橄榄油酸酯、生育酚乙酸酯、丙烯酸羟乙酯/丙烯酰二甲基牛磺酸钠共聚物、聚丙烯酸酯交联聚合物 - 6、辛酰羟肟酸、1，2 - 己二醇、1，3 - 丙二醇、视黄醇棕榈酸酯、欧刺柏果油、胡椒等。

3. 化妆品原料

胡椒基丁醚、胡椒醛、四氢胡椒碱、胡椒果粉、胡椒提取物等均可用作化妆品原料，如胡椒油树脂乳液[8]。

4. 调味品

胡椒具有强烈辛辣芳香味，为中国广泛应用的调味品，有增进食欲、助消化、增加菜肴香味和去除鱼虾腥味等作用。

5. 香精

果实精油可用于香精的调和。

6. 食品

其广泛地应用于食品加工，如黑胡椒风味烤肠，其配方为猪后腿肉、脊膘、鸡胸肉、食盐、白砂糖、味精、香辛料、食用香精、黑胡椒颗粒、大豆分离蛋白、谷氨酰胺转氨酶、淀粉等。制备得到的黑胡椒烤肠成品色泽、口感、风味俱佳；产品组织致密有弹性、肉香浓郁、黑胡椒味道爽口、口感细腻，营养丰富、老少皆宜[9]。

参考文献

[1] 李进琪. 胡椒栽培技术探讨 [J]. 农业开发与装备，2019（8）：157.

[2] 萧自位，张洪波，田素梅，等. 云南德宏地区两种胡椒栽培模式寒害研究 [J]. 热带农业科技，2017，40（2）：15 - 17.

[3] 祖超，王灿，鱼欢，等. 适宜与胡椒混作的作物初探 [J]. 中国热带农业，2018（2）：45 - 52.

［4］丁利. 胡椒的病虫害防治技术［J］. 农民致富之友，2017（10）：194.

［5］周华，张洪波，郭铁英，等. 云南德宏地区胡椒栽培技术［J］. 中国热带农业，2012（4）：69－74.

［6］刘红，宗迎，朱红英，等. 脱水青胡椒的制备［J］. 热带农业科学，2011，31（9）：61－64.

［7］于岚，郝正一，胡晓璐，等. 胡椒的化学成分与药理作用研究进展［J］. 中国实验方剂学杂志，2020，26（6）：234－242.

［8］陈星星，宋丽，谷风林，等. 胡椒油树脂乳液的制备［J］. 热带作物学报，2021，42（3）：854－861.

［9］江峰，秦鹏飞，刘瑞红，等. 黑胡椒风味烤肠的研制［J］. 肉类工业，2020（10）：6－9.

岗　　松

一、来源及产地

桃金娘科植物岗松 *Baeckea frutescens* L.，又名铁扫把、扫把枝。广布于东南亚及中国南部如江西、福建、广东、广西、海南等地。

二、植物形态特征

该植物为多年生灌木，嫩枝纤细，多分枝。高达 1.5 m，全株无毛。叶小，无柄，或有短柄，直立或斜展，对生；叶片狭线形或线形，长 5～10 mm，宽 1 mm，先端尖，腹面有沟，背面突起，有透明油腺点，干后褐色，中脉 1 条，无侧脉。花小，白色，单生于叶腋内，直径 2～3 mm；花梗基部有 2 个小苞片，苞片早落；萼管钟状，萼齿 5，膜质，细小三角形，先端急尖；花瓣 5，圆形，分离，长约 1.5 mm，基部狭窄成短柄。雄蕊 10 枚或稍少，成对与萼齿对生；短于花瓣；子房下位，3 室，花柱短，宿存，每室有 2 胚珠。花期夏、秋季。蒴果小，长约 2 mm。种子扁平，有角。

三、种植技术要点

（一）场地选择

其常生长于野外坡地或灌木丛，喜温暖湿润、光照充足的环境，怕寒、怕水涝，耐贫瘠、耐旱，宜选择排水良好的酸性土壤或红壤土种植。

（二）繁殖和种植技术

1. 育苗技术

岗松的主要繁殖方式为种子繁殖和扦插。种子繁殖时，常采摘由青绿色变棕褐色并呈微裂时的果实，晒干并敲开取种，除去果壳及杂质，即可播种。播种前用高锰酸钾溶液对其消毒，喷雾法湿润土壤，再进行播种，覆土以不见种子为宜；播种时选择黄心土进行育苗。扦插时，于每年 11～12 月中旬，选择直径 1.5 cm 以上的 1～2 年生无病害健壮植株作为母树，在温室或大棚内制作扦插床，保证遮光度为 50%～60%；剪取 6～8 cm 木质化绿枝作为扦插穗，穗条上保留上部 3 cm 叶片，去除其余叶片，按照 4 cm×6 cm 株行距进行扦插，扦插深度为 3 ～4 cm；叶片不能交叉重叠，压实扦插基质，浇足定根水，保持空气湿度在 90% 以上[1-2]。

2. 定植幼苗及成年植株管理

（1）幼苗管理和定植。

幼苗期应搭遮阴篷，防止风吹日晒和雨淋，待幼苗长至 1 ～ 2 cm 即可移植；幼苗高 4 ～ 5 cm 时进行间苗，每穴留苗 4 ～ 5 株，苗高 7 ～ 8 cm 即可出圃定植。每年 4—5 月进行定植，密度宜控制在每亩 5000 株。

（2）成年植株管理。

每两个月中耕除草 1 次，每年追肥 4 次，分别在 4—5 月和枝叶收获前 2 个月进行。

（三）病虫害防治

1. 病害

岗松抗逆性强，主要病害为根腐病和黄叶病，应保持土壤疏松透气、排水便利，喷施 50% 退菌特 1000 倍液或多菌灵可防治。

2. 虫害

其主要的虫害为螨虫，喷施杀虫剂即可防治[3]。

四、采收加工

每年秋季进行采收，采收后及时阴干或烘干[4]。

五、生药特征

其以附有少量短嫩枝的叶入药，长度为 5 ～ 10 mm。叶片线型或线状锥型，全体黄绿色，无毛，全缘，先端尖，叶基渐狭型，叶面有沟槽，背面突起，侧脉不明显，具有透明的油腺点，无柄或具短柄。叶序对生，以气香、色绿者为佳。

六、化学成分研究

枝叶含大量挥发油类成分，分为单萜类化合物如对伞花烃，含氧原子单萜化合物如橙花醇，倍半萜化合物如愈创薁，以及含氧倍半萜化合物如西岗醇等。另外还有白桦脂酸、齐墩果酸、熊果酸。

岗松全株中含黄酮类化合物，如 5 - 羟基 - 6 - 甲基 - 7 - 甲氧基 - 二氢黄酮、5 - 羟基 - 7 - 甲氧基 - 8 - 甲基 - 二氢黄酮、6，8 - 二甲基山奈酚 - 3 - O - α - L - 鼠李糖苷、槲皮素、槲皮素 - 3 - O - α - L - 鼠李糖苷、杨梅素、杨梅素 - 3 - O - α - L - 鼠李糖苷。岗松叶中含黄酮类化合物如槲皮素 - 3 - O - β - D - 吡喃木糖苷、槲皮素 - 3 - O - α - L - 呋喃阿拉伯糖、山奈酚 - 3 - O - α - L - 吡喃鼠李糖苷、槲皮素 - 4' - O - β - D - 吡喃葡萄糖苷、山奈酚 - 3 - O -

α－L－呋喃阿拉伯糖。

岗松叶中含环戊酮类及呋喃酮类化合物，如 methyl－1－hyroxy－3－methoxy－2、2，4－trimethyl－5－oxocyclopent－3－ene－1－carboxylate、5－hydroxy－3－methoxy－2，4，4－trimethycyclopent－2－en－1－one3，5，5，5'，5'－pentam-ethyl－[2，3'－bifuran]－2，4'(5H，5'H)－dione；甾醇类如 β－谷甾醇；酚类如没食子酸、百里香酚；鞣制类如没食子酸乙酯；芳香族类如 1，3－二羟基－2－(2'－甲基丙酰基)－5－甲氧基－6－甲基苯等化合物。

部分化合物结构式如下：

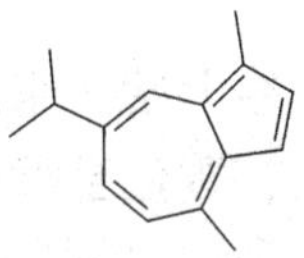

愈创薁

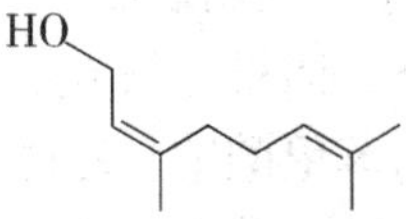

橙花醇

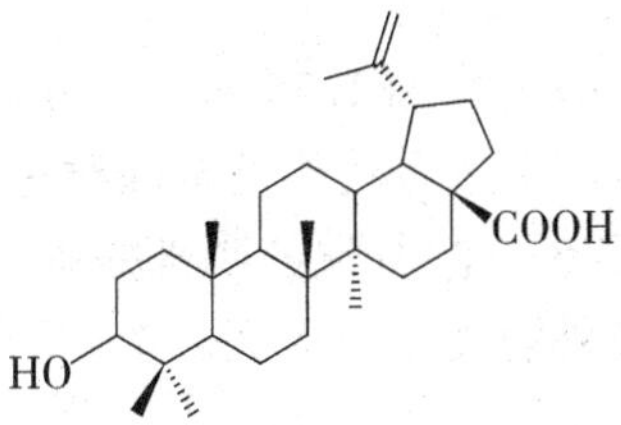

白桦脂酸

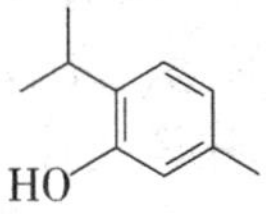

百里香酚

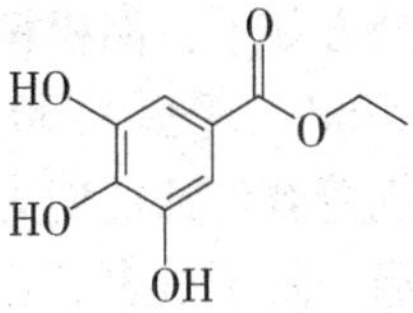

没食子酸乙酯

七、现代药理研究

（1）抑菌作用：桉叶素－松油醇复合成分对金黄色葡萄球菌及大肠杆菌等能引起皮肤感染的多种病原菌具有抑制作用。

（2）抗氧化、抗炎及细胞保护作用：黄酮类化合物为岗松的主要活性成分之一，具有上述生物学活性。

（3）抗肿瘤作用：间苯三酚类衍生物具有抗肿瘤作用[5]。

八、传统功效、民间与临床应用

该药味苦、辛，性凉，利尿通淋、清热解毒、化瘀止痛及杀虫止痒，常用其治疗跌打损伤、瘀青肿胀。民间用以治肠炎腹泻、脚癣和皮肤瘙痒，并用其治蛇虫咬伤。岗松精油对阴道滴虫和伤寒杆菌、副伤寒杆菌、宋内氏痢疾杆菌、弗氏痢疾杆菌等均有抑制作用。岗松叶常用于治疗发热、妇女经闭、产后妇女肢体酸痛、四肢麻木及类风湿性疾病。

九、药物制剂与产品开发

1. 常用于妇科的以岗松为主要原料的中成药

（1）复方岗松洗液。

其处方如下：岗松、苦豆草、黄柏、苦地丁、蛇床子、冰片。成品为乳黄色至棕黄色的液体；气芳香。其功能为清热解毒、泻火燥湿、杀虫止痒，用于湿热下注所致的阴痒、带下；症见外阴阴道灼热瘙痒，阴道分泌物增多、黄稠而臭等症，以及滴虫性、霉菌性、非特异性阴道炎见上述证候者。

（2）复方岗松止痒洗液。

其处方如下：岗松、贯众、黄藤、苦参、地肤子、漆大姑、冰片、苦楝皮、蛇床子。辅料为苯甲酸钠、乙醇、聚山梨酯 80。成品为棕黄色至黄棕色的液体；气芳香，清热燥湿，杀虫止痒。其功能为用于湿热、虫邪所致的带下、阴痒等症的辅助治疗。

（3）复方黄松洗液。

其处方如下：岗松精油 5 mL、大叶桉油 2.5 mL、满山香油 1.25 mL、蛇床子油 0.5 mL、千里光 30 g、地肤子 20 g、黄柏 10 g 等。成品为乳黄色至棕黄色液体；气芳香。其功能为清热燥湿、祛风止痒。用于湿热下注所致的阴部瘙痒，或灼热痛，带下量多、色黄；霉菌性、滴虫性阴道炎及外阴炎见以上证候者。

2. 用于其他疾病的方剂

（1）银胡感冒散。

其处方如下：岗松 6818 g、大叶桉叶 6818 g、金银花 159 g、连翘 136 g、青蒿 159 g、荆芥 159 g、薄荷 136 g、柴胡 136 g、广藿香 114 g、艾叶 91 g、桔梗 114 g、陈皮 68 g。其功能为辛凉解表，清热解毒。用于风热感冒所致的恶寒、发热、鼻塞、喷嚏、咳嗽、头痛、全身不适等。

（2）肠胃散。

其处方如下：肉桂叶 516 g、吴茱萸 322 g、艾叶 322 g、砂仁 194 g、丁香 194 g、陈皮 258 g、茯苓 194 g、岗松 333 g，大叶桉叶 333 g。其功能为温中散寒、燥湿止泻。用于寒湿泄泻，证见大便次数增多、粪质稀薄、腹痛肠鸣、舌苔薄白或白腻的患者。

十、其他应用与产品开发

1. 岗松精油消炎祛痘修复面膜液[6]

其成分如下：岗松精油、甘油、芦荟油、EDTA 二钠、丙烯酸酯类/碳 10 - 30 烷醇丙烯酸酯交联聚合物、水蛭黏液提取物、丁二醇、马齿苋提取物、春榆根提取物、八角精油、茴香精油、火麻仁油。

制备方法如下：

组分 A：甘油 3.00%～5.00%、芦荟油 0.50%～1.00%、EDTA 二钠 0.02%～0.06%、丙烯酸（酯）类与碳 10－30 烷醇丙烯酸酯交联聚合物的混合物 3.00%～7.00%、去离子水 80.00%～85.00%；

组分 B：去离子水 5.00%～10.00%、水蛭黏液提取物 1.00%～3.00%、丁二醇 1.00%～3.00%、马齿苋提取物 0.10%～1.00%、春榆根提取物 0.10%～1.00%；

组分 C：岗松精油 0.10%～0.50%、八角和茴香精油 0.10%～1.00%、火麻仁油 0.10%～1.00%；

组分 D：苯氧乙醇/辛甘醇 0.10%～0.50%、香精 0.01%～0.06%；

组分 E：去离子水 0.50%～1.00%、三乙醇胺 0.10%～0.50%。

按配方量加入 A 组分，加热至完全溶解；降温至 30～50 ℃，将 B 组分混合均匀后加到 A 组分中，中和至透明；将 C 组分混合均匀后加入，混合均匀至半透膏体；按配方量，分别加入 D 组分和 E 组分，搅拌均匀，然后脱泡、出料即可。上述面膜液具有消炎、抑菌、祛痘的天然成分，进行护肤的同时改善敏感肌肤。

2. 岗松精油滋润护肤乳液[7]

其成分如下：岗松精油、山茶精油、甘油、脂肪酸聚氧乙烯酯、十六烷酸异丙酯、环氧基硅氧烷、山梨醇脂肪酸酯、脂肪醇聚氧乙烯醚、对羟基苯甲酸丙酯、维生素 E、维生素 B、去离子水。按照乳液的制备方法可制得岗松精油滋润护肤乳液。其可美白养颜、止痒杀螨，具有良好的护肤效果，易被皮肤吸收。

3. 岗松环保香精[8]

其成分如下：岗松精油、香茅精油、松针精油、桉叶精油。取岗松精油 15～30 份，香茅精油 1～25 份，松针精油 10～20 份，桉叶油 5～10 份，混合均匀，即得。其可使室内空气清新、防臭驱蚊。因其毒性很小，持久，适于儿童使用。

参考文献

[1] 周佳文. 岗松种植管理技术 [J]. 乡村科技，2021，12 (12)：91－92.

[2] 秦荣秀，周丽珠，赖沛荣，等. 广西不同产地岗松的生物量和得油率研究 [J]. 安徽农业科学，2017，45 (26)：138－139.

[3] 邓恢. 岗松生长特性及播种育苗技术 [J]. 林业科技开发，2004 (6)：64－65.

[4] 周丽珠，梁忠云，李军集，等. 不同产地和季节对岗松油成分影响初探

[J]．广西林业科学，2010，39（2）：97－99．

［5］荣涛，严明，何玲．岗松的有效成分及其药理活性和作用机制研究进展
[J]．临床合理用药杂志，2018，11（25）：180－181．

［6］勾玲，卢海啸，莫小节，等．一种含岗松精油的消炎祛痘修复面膜液及其
制备方法：CN 110368331 A［P］，2019－10－25．

［7］李锦庆，陈家章，丁戈．岗松精油滋润护肤乳液及其制备方法：CN
106420427 A［P］．2017－02－22．

［8］丁戈，陈家章，李锦庆．岗松环保香精：CN 106689235 A［P］．2017－
05－24．

水　翁

一、来源及产地

桃金娘科植物水翁 *Cleistocalyx operculatus*（Roxb.）Merr.，又名水榕，主要分布在中国广东、广西及云南等省区。

二、植物形态特征

该植物为多年生高大乔木。喜生于水边。树干多分枝，小枝近圆柱形或四棱形，嫩枝压扁，有沟。叶柄长 1～2 cm，叶薄革质，长圆形至椭圆形，长 11～17 cm，宽 4.5～7 cm，先端急尖或渐尖，基部阔钝或渐狭，全缘，两面多透明腺点，干时背面常有黑色斑点；侧脉 9～13 对，纤细，仅在背面明显，脉间相隔 8～9 mm，网脉明显，以 45～65°开角斜向上。多个聚伞花序组成圆锥花序，常生于无叶的老枝上；末端的花枝呈四棱形。花小，无梗，2～3 朵簇生；花蕾卵形，萼管半球形或钟状，萼裂片合生呈帽状，顶端尖，有腺点；雄蕊多数，花丝状，长 5～8 mm；子房下位。浆果阔卵圆形或近球形，直径 10～14 mm，成熟时紫黑色。花期 5～6 月。

三、种植技术要点

（一）场地选择

水翁喜温暖湿润的气候，为固堤树种之一，对土壤要求不严，一般潮湿的土壤均能种植，忌干旱[1]。

（二）繁殖和种植技术

1. 育苗技术

水翁的繁殖方式一般为种子繁殖。秋季采下成熟果实，去皮取出种子，洗净，稍晾干，然后与种子 3 倍的湿沙拌匀，进行沙藏层积处理。播种前用新高脂膜拌种（可与种衣剂混用），驱避地下病虫，隔离病毒感染，加强呼吸强度，提高种子发芽率。春播于 3 月下旬至 4 月中旬进行，按行距 30 cm、开深 3 cm 左右的沟，播入种子覆土后镇压、浇水，保持土壤湿润。

2. 定植技术

当苗高 50 cm 左右，按行株距 4 m×4 m 定植。定植时需挖穴、下基肥。

3. 幼苗及成年植株管理

种后注意护苗，防止人畜践踏；结合间苗、补苗，保证全苗。苗期需经常松土除草、合理施肥，并在植物表面喷施新高脂膜，增强肥效，防止病菌侵染，提高抗自然灾害能力，提高光合作用效能，保护幼苗苗壮成长。在树幼龄期间，应除草、施肥，以利其加速生长；在水翁花的花蕾期喷洒花朵壮蒂灵可促使花蕾强壮、花瓣肥大、花色艳丽、花香浓郁、花期延长。

（三）病虫害防治

目前水翁花的病虫害较少见。

四、采收加工

初夏采集带花蕾的花序，淋湿堆放数日，稍晒后再堆放闷 1～2 天，然后再晒再闷，直至全干变成黑色。夏、秋采伐干枝，去掉粗皮及木心，留二层皮晒干；待足干后，筛净残存枝梗。

五、生药特征

花蕾呈卵形或球形，两端尖，长 5 mm，直径 3.5 mm。萼筒倒钟形或杯形，棕色至棕黑色，外表皱缩，有 4 条以上纵向棱突起；除去帽状体，见重叠的雄蕊，花丝棕黑色，中央有 1 锥形花柱。质地干硬，气微香，味苦；以黄黑色、无枝梗者为好。干燥树皮厚度约 1 cm，外被栓皮层，表面黄白色，皮部棕红色，纤维性，其间密布白色粉尘状物，易纵向撕裂成条，弹之有粉尘飞出。叶片薄革质，长圆形至椭圆形，长 11～17 cm，宽 4.5～7 cm，先端急尖或渐尖，基部阔楔形或略圆，全缘或稍有波状弯曲，两面多透明腺点。叶柄长 1～2 cm，干后呈枯绿色，皱缩或有破碎。气微，味苦。

六、化学成分研究

水翁含有黄酮类、酚类、三萜类、木脂素、甾醇、挥发油等多种成分。水翁中已分离出超过 50 种挥发油类成分。花蕾中含量最高的挥发油类成分为 β-罗勒烯-Z，约为 36.39%；其次为 2，7-二甲基-辛二烯、3，4-二甲基-2，4，6-辛三烯、香叶醇、4，10-二甲基-7-异丙基二环 [4，4，0]1，4-癸二烯、蛇麻烯、γ-依兰油烯、α-愈创木烯、δ-愈创木烯、别-香树烯、δ-杜松烯等。水翁叶中含量最高的挥发油类成分为 β-罗勒烯-Z，约为 53.18%；其次为 2，5，5-三甲基1，6-庚二烯、6-甲基3，5-庚二烯酮-2、3，4-二甲基2，4，6-辛三烯、小茴香烯、乙酸葛缕酯、香叶醇、顺式-石竹烯、蛇麻烯、橙花叔醇、2，6，8，8－四甲基－7－甲撑基等。其中α－蒎烯、β－蒎烯、月桂烯、β－罗勒烯－E在花、叶中均存在。

水翁花中含黄酮类化合物如去甲氧基荚果蕨醇、7－羟基－5－甲氧基－6，8－二甲基黄烷酮、2'，4'－二羟基－6－甲氧基－3'，5'－二甲基查耳酮、(Z)－6－羟基－4－甲氧基－5，7－二甲基橙酮；还有酚酸类、三萜类、木脂素、甾醇类化合物如没食子酸乙酯、没食子酸、齐墩果酸、2α，3β－齐墩果酸、3β－反式对羟基肉桂酰氧基－2α－羟基齐墩果酸、桂皮酸、β－谷甾醇等。

部分化合物结构式如下：

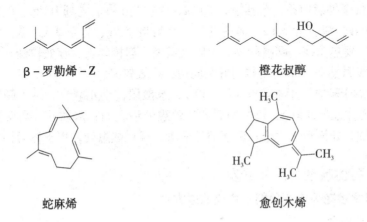

β－罗勒烯－Z　　　　　　　　　橙花叔醇

蛇麻烯　　　　　　　　　　　愈创木烯

七、现代药理研究

近年来对水翁花的药理研究较多，且逐渐深入，研究发现其具有多种药理活性，如抗炎、解热镇痛、抗内毒素、降血糖及保肝等，具体如下：

（1）抑菌作用：水翁花对化脓性球菌和肠道致病菌均有较强的抑制作用。

（2）对膜脂氧化和神经细胞氧化损伤的保护作用：水翁花水提取物不仅对小鼠肝微粒体膜脂氧化有很强的抑制作用，而且对因药物诱导神经细胞的氧化损伤亦有很强的保护作用。

（3）强心作用：水翁花提取物能增强心脏的收缩功能，同时可降低心脏的收缩频率。

（4）抗炎、解热抗镇痛作用：水翁花具有较好的解热、抗炎、镇痛作用。

（5）抗内毒素作用：水翁花水提液可显著减少内毒素所致大鼠死亡数，具有良好的抗内毒素作用。

（6）降血糖作用：水翁花中单体DMC在饱腹状态时能抑制葡萄糖在小肠内的运转，逆转慢性葡萄糖性损伤的胰岛β细胞分泌胰岛素[2-3]。

八、传统功效、民间与临床应用

其花蕾清香，可清热、散毒、消食滞，常用于治疗伤风、感冒；其叶煎水用以洗疥疮；其花在广东地区作为凉茶原料使用，如佛山民间喜将水翁花收藏起来备用，每在夏季煎作凉茶饮以解暑。其他民间验方或用法如下：

（1）外感风热：若发热为主，兼咳嗽，水翁花 15 g、鸡蛋花 10 g；加入银翘散则治风热，与新加香薷饮合用则治风热夹湿，配入藿朴夏苓汤则治暑湿，疗效较好。

（2）悦康外感凉茶：包括滑石 10 kg、水翁花 5 kg、连翘 10 kg、芦根 10 kg、板蓝根 10 kg、淡竹叶 5 kg、薄荷 3 kg、大青叶 5 kg、甘草 1 kg 等。用于外感风热感冒、发热头痛、咽喉肿痛、上呼吸道炎、扁桃体炎，疗效较佳。

（3）暑月热病：水翁花与狗肝菜同用，疗效较好。

（4）临床验方：干水翁叶 15～30 g，水煎服，小儿减半，用于肠胃炎、小儿食滞；鲜水翁叶 120 g，捣烂用酒煮热敷患处治乳痈；水翁叶、马樱丹叶各适量，水煎洗患处治年久烂疮；鲜水翁叶适量，捣烂敷患处，用于枪刀伤。

九、药物制剂与产品开发

1. 以水翁花为主要原料的中成药或方剂

（1）六和茶。

其配方如下：水翁花 650 g、岗梅 1806 g、鬼羽箭 217 g、贯众 650 g、土牛膝 1445 g、连翘 180 g、毛麝香 650 g、金银花 217 g、金锦香 217 g、荆芥 434 g、土茵陈 650 g、香薷 217 g、蟛蜞草 1987 g、薄荷 650 g、地胆草 1987 g、青蒿 2168 g、木棉花 217 g、淡竹叶 650 g、苍术 217 g、栀子 217 g、布渣叶 180 g、夏枯草 1734 g、山楂 434 g、黄芩 217 g、白茅根 542 g、甘草 217 g。将以上原料切断或切片粉碎成粗粉，过筛，混匀，即得。成品为片段状及粗粉状的混合物。其功效为清热祛湿、解暑消食，用于感冒发热、头痛身倦、四肢不适、食滞饱胀。

（2）清热凉茶。

其配方如下：水翁花 103 g、苦瓜干 69 g、鸭脚木 69 g、白茅根 69 g、连翘 34 g、淡竹叶 103 g、榕树须 69 g、木蝴蝶 17 g、猪笼草 103 g、岗梅 69 g、相思藤 86 g、凤尾草 52 g、布渣叶 69 g、甘草 17 g、广金钱草 69 g。将以上十五味，分别切碎、混匀，即得。成品为混合饮片；水煎液味甘、微苦。其功效为清热解暑、祛湿消滞，用于感冒发热、口舌臭苦、大便秘结。

（3）翁花袋泡茶。

其配方如下：水翁花、金银花、广藿香、苦杏仁等。其功效为宣肺解表、清热化湿，用于感冒发热、微恶风寒、头痛口渴、身倦纳呆、咳嗽咽痛等症。翁花袋泡茶是广州中医药大学第一附属医院的院内制剂。

2. 含有水翁原料的其他方剂或成药

该类主要有神农茶颗粒（冲剂）、源吉林甘和茶、伤科万花油、跌打万花油、梅翁退热颗粒（片）、甘和茶、外感平安颗粒等。

十、其他应用与产品开发

1. 药膳

水翁花鲫鱼汤：配方包括水翁花 5 g、鲫鱼 1 条、生姜片、食盐少许。将鲫鱼常规加工，洗净后放入锅内，煎至两面金黄时，将水翁花洗净，放入锅内，加适量清水，武火煮沸后，文火煮 45 min，加入姜片稍煮，出锅前加入食盐。

2. 水瓮花小猪饲料[4]

其成分如下：水瓮花、玉米、豆粕、麸皮和骨粉、车前草、芸香草、溪黄草、五爪龙、山薄荷、矮地茶、槐花、南瓜子、火麻麸、鱼腥草、龙胆草、柴胡、双歧杆菌、嗜乳酸杆菌、人参酵素、燕麦、藜麦和水。成品含有高蛋白，且适口性强，容易消化。

3. 水瓮鲜奶豆腐[5]

其配方为水翁花 0.8 kg、黄豆 100 kg、红豆 20 kg、土豆 10 kg、鱼粉 5 kg、鲜牛奶 10 kg、蘑菇 5 kg、罗汉果 3 kg、薄荷 1 kg、白糖粉 1 kg、桑白皮 1 kg、虎杖叶 1 kg、蜜桶花 1 kg、款冬 0.8 kg、丝瓜 3 kg、卤水 1 kg、雪樱子 0.12 kg、刺蒺藜 0.24 kg、菱角叶 0.24 kg、黄芪叶 0.48 kg、青瓜 0.36、紫米 1.2 kg、黑芝麻 0.12 kg、鸡肉糜 1.2 kg。所得成品味道鲜美，能提高机体免疫力，延缓衰老，具有清热润肺、平肝潜阳、祛痰息风、益五脏的功效。

参考文献

[1] 国家中医药管理局《中华本草》编委会. 中华本草：第 5 册 [M]. 上海：上海科学技术出版社，1999：627.

[2] 罗清，戴卫波. 水翁花化学成分、药理作用研究进展 [J]. 亚太传统医药，2020，16（9）：197 - 200.

[3] 罗清，梅全喜. 广东省地产药材水翁花的研究概述 [J]. 亚太传统医药，2009，5（2）：130 - 131.

[4] 陆尔英. 一种小猪饲料及其制备方法：CN 106912700 A [P]. 2017 - 07 - 04.

[5] 罗捷华. 一种香菇鲜奶豆腐及其制备方法：CN 104054832 A [P]. 2014 - 09 - 24.

桃金娘

一、来源及产地

桃金娘科植物桃金娘 *Rhodomyrtus tomentosa* （Ait.）Hassk.，又名香桃木、山稔、岗稔、桃娘、稔子、仲尼。原产于地中海沿岸，在中国云南、广东、广西、海南等省区均有广泛分布，主要生长于小山冈上。

二、植物形态特征

该植物为多年生灌木，高 1～2 m 或较矮小。嫩枝有灰白色柔毛。叶对生，革质，叶片椭圆形或倒卵形，长 3～8 cm，宽 1～4 cm；叶背面有灰色茸毛，正面初时有毛，以后变无毛，发亮，先端圆或钝，叶尖常微凹入，有时稍尖，基部阔楔形；离基三出脉，直达先端且相结合，边脉离边缘 3～4 mm，中脉有侧脉 4～6 对，网脉明显；叶柄长 4～7 mm。花有长梗，常单生，先紫红色后粉白色，直径 2～4 cm；萼裂片 5，宿存；基部常有 2 枚卵形小苞片；花瓣 5，雄蕊红色；子房下位，3 室，花柱基部被绒毛。浆果卵状壶形，长 1.5～2 cm，宽 1～1.5 cm，熟时紫黑色。种子每室 2 列。花期 4—5 月。

三、种植技术要点

（一）场地选择

该植物常生长于低海拔的丘陵、山地或山坡灌木丛，喜光，耐热，对土壤要求不严格，在贫瘠、含盐量高、干旱的土壤中也生长良好。

（二）繁殖和种植技术

1. 育苗技术

该植物主要繁殖方式为扦插。选择树冠外围中上部 1 年生或半年生木质化、健壮、发育良好的无病害枝条，阴天或晴天早晨剪取枝条，将穗条剪成 15～20 cm，下端剪口宜在节下 2 mm 处斜剪，用 50 mg/L 的萘乙酸溶液浸泡 10 h，或 ABT6 号 50 mg/L 的溶液浸泡 1 h 后进行扦插。宜选择春、秋季节扦插，每株行距 3 cm×5 cm，插穗深度以插穗 1/3 为宜，插后压实土壤，浇足定根水。

2．定植技术

定植穴按照 40 cm×40 cm×30 cm 进行种植定植，定植时施基肥，一般施用堆肥或腐熟肥；注意雨季应排水防涝，开花期干旱季应注意灌水。秋末剪去晚秋梢、过密枝及弱小枝条和枯枝。定植后第二年春季打顶促进基部分枝，及时除草培土，春季幼苗萌发前进行第一次培土，待枝条长出四五片叶时，结合除草进行第二次培土。

3．幼苗及成年植株管理

（1）幼苗管理。

苗期做好水肥管理、除草、间苗和防水防涝。待种子子叶长出后，应适当遮阴；待长出 3～4 片真叶后，喷施 20%～30% 尿素水溶液，促进幼苗拔高；后期改施 40% 复合肥，促进幼苗复壮。7—9 月份注意人工除草，及时去除花芽和弱小枝条[1-2]。

（2）成年植株管理。

每年 4 月施专用长效肥料；5 月花芽分化期在叶面喷施 0.10% 硼酸和 0.15% 磷酸二氢钾溶液 2 次，每次间隔 6 天，促进花芽分化；待果实发育至横径达 0.8 cm以上，喷施 0.15% 硼酸和 0.30% 磷酸二氢钾溶液 2 次，每次间隔 8 天，促进果实发育和糖分积累。生长期和果实膨大期注意保持土壤湿润，但晚秋后适当减少灌溉，注意排水防涝；注意及时修剪过密枝、衰老枝、细弱和带有病虫害的枝条[2]。

（三）病虫害防治

病害：主要的病害为炭疽病、果腐病、煤烟病和锈病。炭疽病、果腐病和煤烟病的防治为喷施 75% 百菌清 800 倍液、50% 代森锰锌或 50% 甲基托布津 1000 倍液；锈病防治方法为及时摘除病叶，喷施多菌灵 800 倍液、50% 代森铵 100 倍液或 50% 退菌特 1000 倍液。

虫害：主要的害虫为蚜虫、蓟马和果蝇。蚜虫和蓟马可通过喷施 10% 吡虫啉 5000 倍液或 40% 速扑杀 1000 倍液防治；果蝇可通过喷施 10% 氯氰菊酯 500 倍液或 50% 辛硫磷乳油 1000 倍液防治[2]。

四、采收加工

桃金娘果实果皮呈现黑紫色即可采收。由于果实成熟时间分散，可分批多次采收，每隔 1～2 天采收 1 次，注意应轻摘、轻拿、轻放[3]。

五、生药特征

果实长圆球形，一端稍尖，直径约 1 cm；表面土黄色或暗绿褐色，质较硬；顶端有宿存萼片 5 枚及花柱残迹。内有种子多数，黄白色，扁平；味淡、微甜，气微香。

六、化学成分研究

桃金娘叶中含量最大的挥发油类成分为萜类化合物，占挥发油总量 70.07%，含量较大的活性成分有3-甲基-α-蒎烯、反-石竹烯、香橙烯、杜松烯等。根中含挥发油类成分如23-O-顺式-对-香豆酰基-2α，3β-二羟基齐墩果烷-12-烯-28-酸、23-O-反式-对-香豆酰基-2α，3β-二羟基齐墩果烷-12-烯-28-酸、3β-O-反式-阿魏酰基-2α，23-二羟基齐墩果烷-12-烯-28-酸、3β-O-反式-对-香豆酰基-2α，23-二羟基齐墩果烷-12-烯-28-酸、3β-O-顺式-对-香豆酰基-2α，23-二羟基齐墩果烷-12-烯-28-酸、山楂酸、阿江榄仁酸、2α，3β-dihydroxytaraxer-20-en-28-oic acid。

桃金娘叶中含黄酮类化合物，如杨梅素-3-O-α-L-鼠李糖苷、杨梅素-3-O-α-L-呋喃阿拉伯苷、杨梅素-3-O-β-D-葡萄糖苷、四角风草子素；可水解鞣质类化合物如 pedunculagin、casuariin、tomentosin、castalagin；多糖类化合物如半乳糖醛酸、鼠李糖、阿拉伯糖、木糖、甘露糖、葡萄糖及半乳糖，其中半乳糖醛酸和阿拉伯糖含量较高；醌类化合物如1，4，7-三羟基-2-甲氧基-6-甲基蒽-9，10-二酮、2-(1′，3′，5′-三羟基-7-甲基蒽-9，10-二酮)-1′，3′，5′-三羟基-7-甲基蒽-9，10-二酮；花青素类化合物如矢车菊-3-O-葡萄糖苷、芍药素-3-O-葡萄糖苷、锦葵素-3-O-葡萄糖苷、矮牵牛素-3-O-葡萄糖苷、飞燕-3-O-葡萄糖苷和花葵素-3-葡萄糖苷；酚类化合物如 rhodomyrtosones A/B/C/D、rhodomyrtone、3，3，4-三甲氧基鞣花酸、α-生育酚[4]。

部分化合物结构式如下：

反-石竹烯

rhodomyrtone

α-生育酚

七、现代药理研究

桃金娘中含有丰富酚类、单宁类、花青素、黄酮类及挥发油，均具有多种药理活性。具体如下：

（1）抗氧化作用：桃金娘提取物富含黄酮苷、酚类、维生素 C 等抗氧化活性成分，能与活性氧发生氧化还原反应，或与产生羟基自由基必需的金属离子结合，从而抑制活性氧自由基的产生。

（2）抗菌、降糖作用：桃金娘精油对革兰氏阳性菌和革兰氏阴性菌以及真菌均具有较强的抑制活性；也有很强的降糖作用。

（3）保肝作用：桃金娘多糖具有保肝降酶和抗氧化功能，对大鼠急性肝损伤有较好的保护作用。

（4）改善肺疾病：标准桃金娘精油不仅能够改善黏液纤毛清除功能，还具有一定的抗炎作用，能够改善大鼠气道炎症[4]。

八、传统功效、民间与临床应用

其根祛风活络、收敛止泻。用于急、慢性肠胃炎，胃痛，消化不良，肝炎，痢疾，风湿性关节炎，腰肌劳损，功能性子宫出血，脱肛；外用治烧烫伤。

其叶收敛止泻、止血。用于急性胃肠炎、消化不良、痢疾；外用治外伤出血、跌打损伤；入茶对于鼻窦炎、皮炎有疗效。

其果补血、滋养、安胎。用于贫血、病后体虚、神经衰弱、耳鸣、遗精。

九、药物制剂与产品开发

1. 以桃金娘为原料的常见中成药

（1）鸡骨草肝炎冲剂。

其处方如下：桃金娘根 469 g、鸡骨草 469 g、茵陈 469 g、地耳草 469 g、鸭脚艾 469 g、鹰不泊 781 g。以上六味，对茵陈提取挥发油后，药渣与其余鸡骨草等五味加水煎煮 2 次，每次 2 h，过滤；滤液浓缩至适量，加乙醇使含乙醇量 60%，放置，过滤；滤液回收乙醇，浓缩成稠膏，加蔗糖适量，混匀，制成颗粒，干燥，再喷入茵陈挥发油，混匀，即得。成品为棕褐色的颗粒，气清香，味甜，其功效为舒肝、清热、利湿、祛黄，用于黄疸和无黄疸型急性传染性肝炎。

（2）桃金娘油肠溶微囊[5]。

其处方如下：桃金娘油 2 g、海藻酸钠 4 g、单硬脂酸甘油酯 0.5 g、氯化钙 2.5 g、壳聚糖 0.5 g、1%醋酸溶液适量、蒸馏水适量。成品为微黄色透明肠溶软胶囊，里面有无色至微黄色的油质液体，可用于治疗急、慢性鼻窦炎。

2. 其他含桃金娘原料的中成药

花红胶囊（片、颗粒）、复方岗稔片等。

十、其他应用与产品开发

1. 桃金娘果脯[6]

①选果。挑选果实个体完整饱满、没有残缺或畸形干瘪、无腐烂、无异味、没有病虫害的成熟果实。②清洗、打孔。将果实放在盘子中，用流动的清水清洗3遍，洗干净后，取出晾干。用竹签在果实四周均匀打孔，每果约打10个孔，便于糖液渗透。③硬化、脱涩。选用2%甘草汁与5%食盐水混合液对桃金娘果实进行硬化、脱涩处理。将桃金娘果实置于混合液中，于50℃恒温水浴锅中浸泡脱涩，时间12 h，然后用清水缓缓冲洗。④配制糖液。配置质量－体积浓度为60%的葡萄糖、白砂糖和木糖醇糖液。⑤渗糖。将脱涩清洗后的果实浸入糖液中，放置于50℃恒温水浴锅中浸泡，浸糖时间为16 h。⑥晾干。浸糖结束，将果实从糖液中取出，置于通风干燥处、晾干。⑦预冻。准备洁净培养皿，将糖液浸泡后的果实晾干置于培养皿中，放入－4℃冰箱预冻处理。⑧真空冷冻干燥。采用真空冷冻干燥机进行处理，冷冻干燥时间30 h。⑨密封包装。冻干结束后取出果脯，将冻干好的果脯用密封包装瓶密封保存。

2. 桃金娘饮料[7]

将干燥保存的桃金娘干果粉碎后过40目筛，然后以水为溶剂进行浸提，料液比1∶20（g/mL）、浸提时间55 min、浸提温度75℃。浸提后4层纱布过滤得桃金娘果浸提液。将白糖、柠檬酸、蜂蜜等辅料预处理后与桃金娘水提液混合，其中，桃金娘干果浸提液添加量为55%，白砂糖添加量为12%，柠檬酸添加量为0.012%，蜂蜜添加量为8%，加水补充至全量，充分混匀后静置10 min。然后经过硅藻土过滤、灌装、杀菌等环节，最后制得成品。制得的桃金娘饮料香气色泽诱人、澄清透明、口感良好，各理化指标和卫生指标均符合国家有关标准。

3. 桃金娘精油

其精油可作为化妆品，也可用作香气和香味的修饰剂。干叶片和精油在露酒中也可应用。

4. 色素

桃金娘果实中提取的色素，适宜做酸性饮料及食品的着色剂。

5. 食品配料

桃金娘花可作为色拉和料理的配料。

6. 化妆水

桃金娘叶片浸出液是很强的消毒液，可作收敛化妆水。

参考文献

［1］陈天贵，彭娟．桃金娘人工种植的气候条件及前景［J］．江西农业，2018
　　（16）：47－48．

［2］罗文扬．桃金娘及其盆栽技术［J］．现代农业科技，2018（3）：153－154．

［3］康仕成．桃金娘的特征特性与种植管理技术［J］．东南园艺，2021，9
　　（6）：57－60．

［4］肖婷，崔炯谟，李倩，等．桃金娘的化学成分、药理作用和临床应用研究
　　进展［J］．现代药物与临床，2013，28（5）：800－805．

［5］蔡翠芳，曾雪萍，何海冰，等．复凝聚法制备桃金娘油肠溶微囊［J］．沈
　　阳药科大学学报，2011，28（7）：505－511．

［6］王玉玲，杨松桃，蔡月琴，等．桃金娘果脯制作工艺［J］．闽南师范大学
　　学报（自然科学版），2020，33（4）：56－61．

［7］毛献萍，黄志强，高志明．桃金娘饮料加工技术研究［J］．食品研究与开
　　发，2012，33（3）：74－77．

丁　香

一、来源及产地

桃金娘科植物丁香 *Syzygium aromaticum*（L.）Merr. & L. M. Perry，又名钉子香、丁子香、公丁香、雄丁香、丁香蒲桃；主产于坦桑尼亚的桑给巴尔地区、马达加斯加、斯里兰卡、印度尼西亚以及中国广东、海南等地。

二、植物形态

该植物为常绿乔木。单叶对生，叶片革质，叶柄明显，卵状长椭圆形，全缘，密布油腺点。叶片长卵形，长 5 ～ 10 cm，宽 2.5 ～ 5 cm，先端渐尖，基部狭窄，常下展成柄。聚伞花序或圆锥花序，芳香，呈红色或粉红色；花 3 朵 1 组，花蕾初起白色，后转为绿色，当长到 1.5 ～ 2 cm 长时转为红色；花冠白色，稍带淡紫色，短管状，4 裂，花芳香；花萼呈筒状，肥厚，萼托长，顶端 4 裂，裂片呈三角形，初起为绿色后转紫色；雄蕊多数；子房下位，与萼管合生，花柱粗，柱头不明显。浆果卵圆形，红色或深紫色，稍有光泽；长 1 ～ 1.5 cm，先端有宿存萼片。种子 1 枚，呈椭圆形。花期 3—6 月，果期 6—7 月。

三、种植技术要点

（一）场地选择

丁香喜高温、潮湿、静风、温差小的环境，最低气温要求不低于 15 ℃。幼龄树喜阴不耐热。宜选择肥沃疏松、富含有机质、排水良好的土壤。

（二）繁殖和栽培技术

1. 育苗技术

目前常用的繁殖技术主要为播种繁殖和高空压条繁殖。于 7—8 月收集已成熟的果实（紫黑色果实不宜收集），应随采随播（如无法及时播种，可将其放入湿润的细沙或椰衣纤维屑末内贮藏）。一般以带肉的鲜果播种，30 ～ 40 天出苗；若剥出果肉，去除种皮播种，则需要开沟点播，将种子平放，胚根处朝下，行株距 15 cm × 10 cm，3 天后胚根入土深度可达 1 cm，10 天后出苗，出苗率可达 90% 以上。压条应选择 20 年树龄以内、长势强壮的高产结果树为压条材料，在抽新叶前的 5 月份进行，用生根剂萘乙酸 50 mg/L 和 10% 蔗糖，配以 6–苄氨基腺嘌呤 4～6 mg/L、吲哚丁酸 3 g/L，发根率达 15%～100%[1-2]。

2. 栽培定植技术

宜选择地下水位低、静风、排水良好、土壤疏松肥沃的地块栽培。土质为红壤或黄壤土，不宜在板结或有石砾的土壤定植；栽培前，可在种植穴内掺入河沙和有机质基肥，每间隔 3 个月施有机肥 1 次。定植前按照行株距 6 m×6 m 正方形或三角形挖穴，每穴施农家肥 10～15 kg，掺磷矿粉 5～10 g，与表土混匀覆下备植。宜阴雨天进行定植，将带苗的土团置于穴中，填土压实，幼苗定植时忌修剪枝叶，以免影响丁香生长和树型。

3. 幼苗及成年植株管理

（1）幼苗管理。

出苗前应搭好遮阴篷，高 2 m，用椰叶、葵叶或稻草盖顶，保持 50% 的荫蔽度。刚出的幼苗，晴天应每天用喷壶浇水 1～2 次，水力不宜过猛，防止种子露出；之后每 2 天浇 1 次水，待幼苗长至 12～17 cm 后，可 7～10 天浇 1 次水，保证苗床湿润、表土不板结；每隔 1～2 个月施稀尿素液 1 次。

（2）成年植株管理。

成年植株可通过间作绿肥覆盖，以减少土壤水分蒸发，夏季和秋季可防止水土流失，冬季可保湿保温。1～3 年树龄需保持 50% 荫蔽度，可间作套种香蕉、木薯、玉米、大豆或多年生绿肥植物等。春季 2—3 月追施农家肥 10～15 kg 或尿素 5～10 g/株，沟施；秋季 7—8 月，施加氮肥和堆肥，10—12 月施加磷酸钙和草木灰。干旱季节要及时灌溉，雨季应及时排涝，防止积水。有台风侵扰的地区应种防风林，树龄较小时应用绳子或竹子固定丁香植株。成年植株应及时修剪，以便于田间管理，保证主干向上生长；及时将主干上离地面 56～70 cm 以下的侧枝剪除，对于分叉主干，可去弱留强、去斜留直，切勿随便修折上部枝叶。

（三）病虫害防治

丁香的主要病害为褐斑病。其主要在高温高湿季节易发病，可在发病前或发病初期用 1∶1∶100 波尔多液、75% 百菌清可湿性颗粒溶液或 65% 代森锌可湿性粉剂 500 倍液喷防，并及时清洁田园，销毁病残株[1-2]。

四、采收加工

1. 采收

丁香定植后 5～6 年开花结果，20 年前后为盛产期，树龄可达 100～130 年，海南地区采收期一般在 7—8 月。

2. 加工

一般现花芽后 6 个月含苞待放的花蕾即可采收，剪下饱满、绿色微带红色的花蕾，晒 4～6 天即为公丁香；经自然授粉，花瓣、花丝、花柱脱落，逐渐膨大成紫红色的幼果，采收晒干后即为母丁香。

五、生药特征

丁香以其花蕾和果实入药。花蕾称公丁香或雄丁香，果实称母丁香或雌丁香。花蕾开始呈白色，渐次变绿色，最后呈鲜红色时可采集，将采得的花蕾除去花梗晒干即成。

干燥的花蕾略呈短棒状，长 1.5～2 cm，红棕色至暗棕色。上部花冠近圆球形；径约 6 mm，具花瓣 4 片，覆瓦状抱合。下部为圆柱状略扁的萼管，长 1～1.3 cm，宽约 5 mm，厚约 3 mm，基部渐狭小，表面粗糙，刻之有油渗出；萼管上端有 4 片三角形肥厚的萼。将花蕾剖开，可见多数雄蕊，花丝向中心弯曲，中央有一粗壮直立的花柱。将花蕾揉碎后可见黄色细粒状的花药；质坚实而重，入水即沉；断面有油性，用指甲划之可见油质渗出。气味强烈芳香，味辛。

六、化学成分研究

丁香中含有大量挥发性成分，主要为丁香酚、乙酸丁香酚酯、β - 石竹烯和 α - 蛇麻烯。

丁香的非挥发性成分则主要是黄酮、酚酸、有机酸及微量元素等。其中黄酮类含量最高[3]。

七、现代药理研究

（1）抗菌作用：丁香对金黄色葡萄球菌、白色假丝酵母菌、大肠杆菌及单增李斯特菌等具有较强的抑制作用。抗菌的机制主要是丁香酚等酚类物质对细胞膜的渗透性和不可逆地破坏质膜的完整性。

（2）抗炎镇痛作用：丁香在醋酸扭体、福尔马林以及热板实验中均有显著镇痛作用。

（3）抗氧化作用：丁香对超氧阴离子自由基及低密度脂蛋白糖基化终产物和戊糖素具有较好的抑制效果。

（4）抗肿瘤作用：丁香对人结肠癌、乳腺癌、肝癌、胃癌细胞增殖均有抑制作用，且其抑制作用具有时间和剂量依赖性。

（5）神经保护作用：丁香酚可通过调节下丘脑—垂体—肾上腺皮质和脑内单胺系统发挥抗应激作用，达到减轻东莨菪碱诱导的大鼠健忘症及大鼠海马胆碱能功能障碍、谷氨酸 - 中性粒细胞毒性和线粒体功能障碍。

（6）杀虫作用：丁香具有很好的杀螨虫活性。

（7）其他作用：丁香还具有促进透皮吸收、促进伤口愈合、降血脂、保肝等作用[3]。

八、传统功效、民间与临床应用

丁香味辛，性温；温中降逆、补肾助阳，用于脾胃虚寒、呃逆呕吐、食少吐泻、心腹冷痛、肾虚阳痿。

九、药物制剂与产品开发

1. 以丁香为原料的常见中成药

（1）八宝惊风散。

其处方如下：丁香26 g、天麻（制）66 g、黄芩106 g、天竺黄150 g、防风105 g、全蝎（制）26 g、沉香106 g、钩藤106 g、冰片18.3 g、茯苓106 g、麝香1.32 g、薄荷80 g、川贝母106 g、金礞石（煅）106 g、胆南星106 g、人工牛黄30 g、珍珠50 g、龙齿120 g、栀子80 g。以上十九味，珍珠水飞或粉碎成极细粉；冰片、麝香、牛黄研细；天麻等其余十五味粉碎成细粉，过筛，与上述粉末配研，过筛，混匀，即得。成品为黄棕色的粉末；气芳香，味苦。其功效为祛风化痰、退热镇惊，用于小儿惊风、发烧咳嗽、呕吐痰涎。

（2）人参再造丸（蜜丸）。

其处方如下：母丁香50 g、人参（去芦）100 g、蕲蛇（黄酒浸制）100 g、广藿香100 g、檀香50 g、玄参100 g、细辛50 g、香附（醋制）50 g、地龙25 g、熟地黄100 g、三七25 g、乳香（醋制）50 g、青皮50 g、豆蔻50 g、防风100 g、何首乌（制）100 g、川芎100 g、片姜黄12.5 g、黄芪100 g、粉甘草100 g、黄连100 g、茯苓50 g、赤芍100 g、大黄100 g、桑寄生100 g、葛根75 g、麻黄100 g、骨碎补（炒）50 g、全蝎75 g、僵蚕（炒）50 g、制附子50 g、琥珀25 g、龟板（制）50 g、草（解）100 g、白术（麸炒）50 g、沉香5 g、天麻100 g、肉桂100 g、白芷100 g、没药（醋制）50 g、当归50 g、草豆蔻100 g、威灵仙75 g、乌药50 g、羌活100 g、橘红200 g、六神曲（麸炒）200 g、朱砂（水飞）20 g、血竭15 g、麝香5 g、冰片5 g、牛黄5 g、天竺黄50 g、胆南星50 g、水牛角浓缩粉30 g。成品为黑色的大蜜丸；味甜、微苦。其功效为祛风化痰、活血通络，用于中风口眼歪斜、半身不遂、手足麻木、疼痛、拘挛、言语不清。

2. 其他含有丁香原料的中成药

如泻痢保童丸、炎立消胶囊、藿香祛暑软胶囊、祛风膏、八宝五胆药墨、羚黄宝儿丸、强龙益肾胶囊、吐泻肚痛散、温中镇痛丸、藿香祛暑水、白花蛇膏、慢惊丸、木香分气丸、十香暖脐膏、舒郁九宝丸、五香丸、祛暑片、万应茶、胃活灵片等。

十、其他应用与产品开发

1. 壳聚糖 – 丁香精油微乳液复合膜[4-5]

壳聚糖 – 丁香精油微乳液的主要成分为丁香精油 1.0 g、乙醇 3.0 g、吐温 80 6.0 g。该品的制备方法为将丁香精油和乙醇充分混合，加入吐温 80 后继续搅拌 30 min，即得丁香精油微乳液。其后，将壳聚糖加入冰醋酸（1%，V∶V）中，配制 2%（m∶V）的壳聚糖溶液。然后，按照 1% 的比例（V∶V）加入甘油作为塑化剂，并加入吐温 80 促进精油的溶解。混匀后，加入丁香精油微乳液。在 10000 r/min 下均质 4 min 后，将成膜溶液倒入玻璃板中（20 cm×20 cm），凝固后放到 40 ℃ 烘箱中干燥 24 h。冷却到室温后，小心撕下薄膜，在 25 ℃ 条件下贮藏在干燥器中备用。成品可有效抑制猪肉冷藏期间总菌数增长，同时较好地延缓猪肉脂质氧化，可用于猪肉的防腐保鲜。

2. 丁香 – 肉桂提取液复合涂膜剂[6]

丁香 – 肉桂提取液复合涂膜剂的主要配料为丁香、肉桂、瓜尔豆胶、普鲁兰多糖。首先制备植物提取液：称量 50.00 g 过 40 目筛的肉桂、丁香材料，加入 250 mL 无水乙醇，60 ℃ 恒温 1 h，减压抽滤，收集滤液；10000 r/min 离心 10 min，收集上清液，40 ℃ 蒸发浓缩至稀膏状，清水洗脱定容至 25 mL，即制成 2.00 g/mL 的植物提取液（1 mL 提取液中相当于含原植物材料 2.00 g），4 ℃ 保藏备用。然后制备丁香 – 肉桂提取液复合涂膜剂：称取 1.88 g 瓜尔豆胶、0.62 g 普鲁兰多糖，使其溶于 450 mL 蒸馏水中，80 ℃ 恒温 1 h，利用搅拌器不断搅拌（转速 300 r/min），待其溶解完全后，分别加入 4.16 mL 丁香提取液、8.34 mL 肉桂提取液，搅拌均匀后定容至 500 mL 备用，即得丁香 – 肉桂提取液复合涂膜剂。成品能有效提高辣椒抗病性，有利于防腐保鲜，延长辣椒贮藏期。

3. 化妆品

丁香花苞精油、丁香舒缓水漾面膜等。

4. 化妆品原料

丁香花提取物、丁香油、丁香花末、丁香茎油等。

5. 食品

丁香作为调味品中常用的香辛料之一；是果蔬、肉制品保鲜行业很好的选择。

参考文献

[1] 古召龙. 粤东地区丁香引种栽培技术 [J]. 现代农业科技，2012（22）：172 – 178.

［2］ 常晖，马存德，王二欢，等. 经典名方中丁香药材的考证［J］. 华西药学杂志，2021，36（3）：341－350.

［3］ 李莎莎，李凡，李芳，等. 丁香的化学成分与药理作用研究进展［J］. 西北药学杂志，2021，36（5）：863－868.

［4］ HE SK，REN XY，LU YF，et al. Microemulsification of clove essential oil improves its in vitro and in vivo control of Penicillium digitatum［J］. Food control，2016（65）：106－111.

［5］ 何守魁，刘欣悦，李慧珍，等. 壳聚糖－丁香精油微乳液复合膜的制备及其对猪肉的保鲜作用［J］. 食品安全质量检测学报，2022，13（17）：5650－5655.

［6］ 易有金，何心，罗程印，等. 丁香－肉桂提取液复合涂膜剂对辣椒的采后保鲜作用［J］. 现代食品科技，2022，38（10）：140－147.

细叶桉

一、来源及产地

桃金娘科植物细叶桉 *Eucalyptus tereticornis* Smith，又名羊草果树、小叶桉。在中国海南、广东、广西等地均有种植。

二、植物形态

该植物为多年生大乔木。树皮平滑，灰白色，长片状脱落，干基有宿存的树皮；嫩枝圆形，纤细，下垂。幼态叶片卵形至阔披针形，宽达 10 cm；过渡型叶阔披针形；成熟叶片狭披针形，长 10 ～ 25 cm，宽 1.5 ～ 2 cm，稍弯曲，两面有细腺点，侧脉以 45°角斜向上，边脉离叶缘 0.7 mm；叶柄长 1.5 ～ 2.5 cm。伞形花序腋生，有花 5 ～ 8 朵，总梗圆形，粗壮，长 1 ～ 1.5 cm；花梗长 3 ～ 6 mm；花蕾长卵形；萼管较短；雄蕊长 6 ～ 9 mm，花药长倒卵形，纵裂。蒴果近球形，宽 6 ～ 8 mm，果缘突出萼管 2 ～ 2.5 mm，果瓣 4。

三、种植技术要点

（一）场地选择

常生长于海拔 600 m 以下的丘陵或平原地带，喜温暖气候，不耐湿热，耐旱、耐寒、耐盐碱，宜选择土层厚度在 60 cm 以上的酸性、微酸性土壤种植。

（二）繁殖和栽培技术

1. 育苗技术

该植物主要繁殖方式为种子繁殖。

2. 栽培定植技术

该植物按照株行距 2 m×2 m 进行种植，定植前，每穴施复合肥 0.3 kg[1-2]。

（三）病虫害防治

该植物常见病虫害为灰霉病，茎腐病，叶斑病。

（1）灰霉病。常危害幼苗，病害蔓延速度很快，呈块状、片状大量发生。防治时应保持苗床的通风透气，适当控制叶面的水分；交替使用百菌清、克菌丹 800 ～ 1000 倍液效果良好。

（2）茎腐病。危害时茎表皮逐渐变成暗褐色，严重时变成黑褐色斑块。病苗叶子发黄，并逐渐枯死。防治时应少施氮肥，提高其抗病能力，可用 600 ～ 800 倍敌克松、甲基托布津或代森锌喷淋苗木根茎部，或及时拔除并进行焚烧处理。

（3）叶斑病。发病时老叶退绿，出现黄褐色斑块，严重者叶片脱落。可用 150 倍波尔多液或 1000 倍的甲基托布津或苯丙咪唑药液喷淋进行防治。

五、生药特征

幼嫩叶卵形，厚革质，长 11 cm，宽达 10 cm，有柄；成熟叶卵状披针形，厚革质，不等侧，长 10 ～ 25 cm，宽 1.5 ～ 2 cm，侧脉多而明显，以 45°斜向上，两面有细腺点，叶柄长 1.5 ～ 2.5 cm，叶片干后呈枯绿色。揉碎后有强烈香气，味微苦而辛。

六、化学成分研究

细叶桉叶的主要成分为挥发油类，如蒎烯、樟脑萜、百里香素、柠檬烯、松香芹醇、松油醇、龙脑、蓝桉醇等。

此外，细叶桉果实中可能含有多肽、糖类、皂苷、糅质、有机酸、挥发油、黄酮类、蒽醌、酚类、萜类、强心苷等化学成分，主要有二十九烷、1，1′-（1，2-乙基）二十氢萘、3（-1-甲酰基-3，4-亚甲二氧基苯基）苯甲酸甲酯、二十七烷、十五烷、甲氧基肉桂酸乙酯、9-甲基十九烷等[3-4]。

七、现代药理研究

（1）抗氧化作用：细叶桉挥发油用 2，2-二苯基 1-苦基肼（DPPH）法实验，其自由基清除率为 63.77%，表明其具有一定的抗氧化能力。

（2）抗肿瘤作用：用 MTT 法对腺癌人肺泡基底上皮 A549 癌症细胞系的抗增殖活性进行研究，细叶桉挥发油具有一定的抗肿瘤作用[5]。

八、传统功效、民间与临床应用

该药味辛、微苦，性温。其功效为消炎杀菌、祛痰止咳、收敛杀虫，用于预防流行性感冒、流行性乙型脑炎；防治疟疾、肠炎、腹泻、痢疾、皮肤溃烂、痈疮红肿、丹毒、乳腺炎、外伤感染、皮癣、神经性皮炎，还可治钩端螺旋体病、气管炎、咳嗽，可杀蛆、熏蚊。

九、药物制剂与产品开发

治疗鸡风寒型咳喘症的药物[6]

其成分如下：细叶桉 16 g、半夏 15 g、茯苓 21 g、生姜 17 g、皂荚 14 g、苏子 14 g、陈皮 25 g、厚朴 20 g、白芥子 14 g、桔梗 16 g、霞天膏 13 g、冬瓜子 16 g、紫苏叶 16 g、西河柳 15 g、杏仁 15 g、旋复花 17 g、白前 14 g、下田菊 21 g、鹅不食草 17 g、台蘑 13 g、西瓜皮 12 g、荆芥 17 g、欧泽芹 16 g、防风 15 g 和甘草 17 g。其制备方法为将所有原料药材按比例投入搅拌机中搅拌，混合，后送入粉碎机中粉碎，将粉碎后的中药组合物装入多功能提取罐中，加入相对于其质量 6 倍量的水，煮沸 3 h，蒸汽压力为 0.8 MPa 处理，过滤，得到第一过滤液和滤渣。向获得的滤渣中再次加入相对于其质量 6 倍量的水，煮沸 3 h，蒸汽压力为 0.8 MPa 处理，过滤得到第二过滤液和滤渣。将第一过滤液和第二过滤液合并，浓缩去除水分，获得干膏，采用超微粉磨机粉碎，粉碎至 30 μm 以下，获得的药物粉末即为一种治疗鸡风寒型咳喘症的药物。其功效可化痰止咳平喘、解表散寒，对于鸡风寒型咳喘症具有显著疗效。

十、其他应用与产品开发

细叶桉驱蚊空气清新剂[7]

其成分如下：细叶桉叶 8 g、夜来香花 10 g、化香树叶 10 g、土荆芥 8 g、驱蚊草 8 g、逐蝇梅 5 g、七里香 5 g、青蒿 5 g、石菖蒲 3 g、紫苏 3 g、洋甘菊 3 g、茉莉花 5 g、金银花 5 g。其制备方法为将前十种药材按照规定剂量切碎后加入到 350 g 去离子水中，浸泡 2 h；煎 3 h 后加入后三种药材，在 85 ℃条件下保温 4 h；然后冷却至室温后过滤，去掉药渣，并将得到的滤液浓缩至 160 g，待浓缩的滤液冷却至 14 ℃时加入 8 g 95% 的医用酒精，混合均匀后即得成品。它解决了现有某些空气清新剂危害人体健康的问题，适用于居室、学校、医院、宾馆、写字楼等人群密集区。

参考文献

[1] 欧阳林男，陈少雄，何沙娥，等. 六种桉树在中国的潜在适生区 [J]. 桉树科技，2022，39（1）：1 - 8.

[2] 吴志文. 广元市桉树的分布与生长情况调查 [J]. 四川林业科技，2014，35（1）：36 - 39 + 48.

[3] 罗世琼，余正文，赵超. 贵州不同产地的细叶桉精油化学成分及代谢特征研究 [J]. 时珍国医国药，2009，20（1）：52 - 54.

[4] 周燕园，梁臣艳，陆海林，等. 细叶桉果实 CO_2 超临界流体萃取物化学成

分的 GC – MS 分析［J］. 中国药房, 2011, 22（27）: 2548 – 2550.

［5］ ANJU, AMIT KUMAR, POONAM YADAV, et al. Chemical composition, in vitro and in silico evaluation of essential oil from Eucalyptus tereticornis leaves for lung cancer［J］. Natural product research, 2022, 37（10）: 1656 – 1661.

［6］ 李佃场, 黄河. 用于治疗鸡风寒型咳喘症的药物及其制备方法: CN 103830713 A［P］. 2014 – 06 – 04.

［7］ 徐诚. 具有驱蚊效果的中药空气清新剂: CN 104096251 A［P］. 2014 – 10 – 15.

白千层

一、来源及产地

桃金娘科植物白千层 *Melaleuca cajuputi* subsp. *cumingiana* （Turcz.） Barlow，又名脱皮树、千层皮、玉树、玉蝴蝶。原产于澳大利亚新南威尔士北海岸，目前在中国广西、广东、福建、海南、台湾等省区均有较大规模的引种。

二、植物形态特征

该植物为多年生常绿高大乔木。树皮灰白色，厚而较疏松，呈海绵质，薄片状层层剥落。幼枝及幼叶常被白色柔毛。单叶互生、少对生，狭椭圆形或披针形，长 5 ～ 10 cm，宽 1 ～ 1.5 cm，两端渐尖或顶端急尖，全缘；基出纵脉 3 ～ 7 条，多油腺点，香气浓郁；叶柄极短。穗状花序顶生，花序轴常有短毛，于花后继续生长成一有叶的新枝；花乳白色，密集，无梗；萼管裂片 5 片，有毛或无毛，萼齿 5 个，长约 1 mm；花瓣 5 片，阔卵圆形，先端圆，脱落；雄蕊多数，基部合生成 5 束与花瓣对生；雌蕊 1 个，常 5 ～ 8 枚成束；子房下位，顶端隆起，被毛，3 室，花柱线形，比雄蕊略长。蒴果近球形，直径 5 ～ 7 mm。花期每年多次。

三、种植技术要点

（一）场地选择

1. 种植场地的选择

中国北回归线上下 50 km 为白千层适宜的种植区域，宜选择在海拔 800 ～ 2000 m、年降水量 600 ～ 1100 mm、当年有效积温 4000 ～ 5500 ℃、无霜期达 8 个月以上的地区种植，最适宜生长温度为 15 ℃。

2. 空气和土壤

种植时，选择酸性、耐干旱贫瘠的土壤、渍水地或水田、缓坡地造林，土壤厚度在 1 m 以上，无石块，土壤肥沃、疏松、排水持水性良好，坡度在 25°以下缓坡地改成台地最佳。造林地宜选择集中连片，每片面积在 20 km² 以上，且交通运输便利的地块。苗圃地宜选择阳光充足、排水良好、水源丰富的地块。

（二）繁殖和种植技术

1. 育苗技术

白千层的幼苗繁殖技术主要有播种繁殖、扦插和组织培养快繁技术 3 种方式。其中最常用的繁殖方式为播种繁殖。在播种前，可将种子放在驱赶白蚁的药剂中进行浸泡，然后用生根水浸泡，确保浸透。播种前还应在敌克松、多菌灵、托布津中任选其二进行使用，以 10 g 种子 1 g 农药的比例均匀搅拌，提高树种的抗病毒能力。播种的密度为 3000 粒/m^2，保持种子发芽的温度控制在 30 ℃，春季播种在 3 月中旬或下旬，秋季播种在 8 月下旬至 9 月。播种繁殖具有败育多、发芽率低的特点。扦插育苗技术可选择无病虫害、生长健壮、分支角度大、树冠冠幅大、枝叶繁茂的优良单株，宜选用黄心土作为扦插基质，该土壤土质疏松、透水性和透气性好，能防止烂根。最佳的扦插时间为 4 月、5 月和 10 月中旬，适合天气凉爽、空气相对湿度较高的时间进行。此外组织培养快繁技术具有生根率和成活率高的优势，其幼苗抗寒性明显优于扦插苗。

2. 种植定植技术

种植定植在疏密间距的选择上应做好挖穴规划，穴的规格要求长宽为 0.5 m×0.4 m，深度 0.5 m，行间距保持在 0.6 m×1.0 m。林地的土壤肥力较低，因此定植前需对种植穴施加 50 g 左右的钙镁磷肥，然后再用表土覆盖其根部。在农田种植定植时，要整顿田畦，开挖排水沟，保证农田无积水，施加一定量的有机肥或复合肥作为基肥。定植时间在冬季、春季和秋季均可，一般以冬季最好，定植后应浇透定根水，然后覆盖保温膜。有条件的可铺设滴灌带，干旱季及时浇水，雨季及时排水。

3. 幼苗及成年植株管理

（1）幼苗期管理。

幼苗期可铺盖地膜，保证土壤温度和湿度，减少杂草和白蚁等不利因素影响。幼苗管理期要注意追肥，可施加 0.1% 的复合肥和 0.3% 比例的磷肥勾兑而成的水溶液；在种子播种后第七天施加 1 次，然后每 3～4 天跟进施加 1 次。待幼苗长至 4 cm 长度时，将其移植到容器杯中，保证温度、湿度、营养和空气条件适中，施加一定的有机肥和复合肥；待树苗长至 15 cm 后即可转移到林地或农田种植。移栽前，应对树苗根部或种植穴施加 50 g 肥料，种植天气最好选择在阴雨环境下，保证土壤湿度，从而有利于树苗根须与土壤结合。

（2）成年期管理。

待苗高 15 cm 时可出圃造林，选择以谷地为佳，每亩定植 800～1200 株，种植后要进行 1～2 次追肥，追肥以混合肥为主，一般每亩施尿素 35 kg 或碳铵 90 kg、过磷酸钙 40 kg、氯化钾 15 kg。冬肥应施持效性的有机肥。每年施肥 2 次，除草 2 次，春季除过冬草，夏季除黄霉草。施肥过程中不宜单施氮肥，应氮肥、磷肥和钾肥均施，加施微量元素锌和铁肥则有利于提高精油的得油率。灌水需充分，特别是冬季要加强灌水，提高树木的抗低温冻害能力；雨季来临前，需整理四边排水沟和畦沟，做好排涝工作。

（三）病虫害防治

白千层较抗病，主要虫害为白蚁，采用灭蚁灵诱杀包进行防治，每亩20～30包即可。防治宜在种植前2个月间进行，将表土铲开5～6 cm，铺上白蚁喜食的枯枝杂草，并在杂草上放一些汤水或米汤，然后放上诱杀包再用杂草覆盖即可。种植3～4年后易发生卷心虫虫害，需用1.8%阿维菌素乳油3000～4000倍液、40.7%毒死蜱乳油1200倍液、苏云金杆菌乳剂500～1000倍液或可湿性粉剂500～2500倍液喷杀[1-2]。

四、采收加工

1. 采收

该植物可根据生长情况、市场行情和植物含油量等条件确定采收时间，每年采收1～2次，以冬季采收较为适宜。采收的高度对树木死亡率影响较大，最佳采收高度为50 cm，最佳采收季节为11月上中旬。采收时应选择晴天，宜在早晚进行，注意避免伐根劈裂，采收后应立即中耕松土，并根据生长情况适当浇水和追肥，肥料以氮肥和农家肥为主。

2. 精油加工

新鲜枝条比干枝更易切碎，采收后应及时进行粉碎、蒸馏提取，目前主要采用水蒸气蒸馏法对白千层植物中的精油进行提取。其中常压蒸馏有利于蒸汽轻组分的比例，高压蒸馏有助于提高重组分的比例。采收后，加工处理的时间对精油品质影响不大。

五、生药特征

叶为狭椭圆形或披针形，长5～10 cm，宽1～1.5 cm，两端渐尖或顶端急尖，全缘；基出纵脉3～7条，两面同色，多油腺点，香气浓郁；叶柄极短。树皮为灰白色，厚而疏松，海绵质，可薄片状层层剥落。

六、化学成分研究

白千层的挥发油成分的标志性成分之一为1，8-桉叶素，其他主要成分为α-蒎烯、α-松油醇、β-月桂烯、愈创木醇、石竹烯、石竹烯氧化物、萜品烯、喇叭茶醇、异喇叭茶醇、β-桉醇、β-蒎烯、芳樟醇、α-桉醇、γ-松油烯和4-松油醇，主要成分的总含量达到80.78%。

白千层中含三萜类如3β，22β-二羟基-7，24-大戟二烯醇、3α，28-二

羟基 $-20-$ 蒲公英甾烯二醇、3α，$27-$ 二羟基 -28，$20\beta-$ 蒲公英甾内酯、$3\alpha-$ 羟基 -27，$28-$ 二羧基 -13（18）$-$ 齐墩果烯二酸、2α，3β，$23-$ 三羟基 $-12-$ 烯 $-28-$ 齐墩果酸、白千层酸、白桦脂酸、桦木醇；黄酮类如 leucadenone A/B/C/D；甾体类如 $\beta-$ 谷甾醇、胆甾醇；水解丹宁类如 1，$2-di-O-galloyl-3-O-digalloyl-4$，$6-O-$（S）$-hexahydroxydiphenoyl-\beta-D-glucose$。

部分化合物结构式如下：

$\beta-$ 谷甾醇

七、现代药理研究

白千层具有多种药理活性，具体如下：

（1）对自由基的清除作用：在一定浓度范围内，白千层叶挥发油对羟基自由基、超氧阴离子的清除随浓度增加而增加。

（2）抑制肿瘤细胞：白千层叶石油醚部分对人肺腺癌细胞 SPCA-1、人肝癌细胞 BEL-7402、人胃癌细胞 SGC-7901 3 种细胞有较强抑制活性。

（3）抑菌活性：白千层精油对立枯丝核菌、小孢拟盘多毛孢菌、水稻稻瘟病菌和香蕉枯萎病菌均具有较强的抑菌活性[3-5]。

八、传统功效、民间与临床应用

白千层主要入药部位为叶、茎、精油。精油可镇痛、驱虫及防腐，用于治牙痛、耳痛、风湿痛及神经痛等。茶树油是从白千层的枝叶中加工提炼出的一种芳香油，具有抗菌、消毒、止痒、防腐等作用，是洗涤剂、美容保健品等化妆品和医疗用品的主要原料之一，需求广泛。

九、药物制剂与产品开发

1. 白千层复方药液[6]

其处方如下：白千层叶、金银花、茵陈、绿茶等。

其制法如下：

白千层挥发油的提取：采用挥发油提取法制备白千层挥发油提取液，向 50 g

白千层粉末中加入蒸馏水 500 mL 浸泡 20 min，冷凝回流提取 6 h，收集药液及挥发油。

绿茶和金银花提取液的提取：取干燥好的 50 g 绿茶和金银花粉末，分别加入 500 mL 70 % 乙醇和 60 % 乙醇浸泡 20 min，通过超声波提取法制备绿茶和金银花的有效成分提取液，趁热将提取液于离心机 3600 r/min 离心 15 min，保留上清液。

茵陈提取液的制备：取 50 g 已干燥好的茵陈粉末，加入 500 mL 蒸馏水，采用超声波水提法制备茵陈提取液，将提取液于离心机 3600 r/min 离心 15 min，保留上清液。

将以上提取液以一定比例混合均匀，即成。

复方药液对于白色念珠菌的最佳配比是：白千层精油（1.5% 体积分数），金银花浓度为 125 mg/mL，茵陈浓度为 250 mg/mL，绿茶浓度为 62.5 mg/mL。而复方药液对于金黄色葡萄球菌的最佳配比是：白千层精油（6% 体积分数），金银花浓度为 62.5 mg/mL，茵陈浓度为 250 mg/mL，绿茶浓度为 250 mg/mL。

2. 白千层茶[7]

其处方如下：白千层 13 份、水皂角 8 份、菟丝子 10 份、补骨脂 8 份。

其制法如下：首先将上述的（干品）白千层、水皂角、菟丝子、补骨脂、分别碾成粉末，颗粒度控制在 80 ～ 120 目之间。将碾碎后的粉末按比例混合搅拌均匀，置于封闭容器中，通以蒸汽 100 ～ 140 min，蒸汽压力控制在 950 ～ 1200 kPa 之间，温度控制在 90 ～ 120 ℃，利用低温真空干燥法将粉末干燥，真空密封，即得成品。其成品滋补益肾、强身健体、清肝明目。

十、其他应用与产品开发

化妆品：常见的如白千层精油、白千层滋养香氛液、白千层与檀香木香氛洗发水、白千层靓肤乳等。

化妆品原料：白千层果提取物、白千层油可作为化妆品原料。

参考文献

[1] 韦曼华，吴伟能，汪迎利，等. 广东地区互叶白千层种植技术规程 [J]. 亚热带植物科学，2016，45（2）：191 – 194.

[2] 邱汉杰. 互叶白千层高精油优良无性系扦插育苗实验 [J]. 福建林业科技，2015，42（2）：128 – 131.

[3] 向亚林，余细红，赵晓峰，等. 白千层精油的化学成分与抑菌活性研究 [J]. 热带作物学报，2019，40（2）：388 – 395.

[4] 范超君. 白千层叶的化学成分及药理活性研究 [D]. 海南师范大学，2012.

［5］沈丹，杨学东．白千层属植物化学成分及药理活性研究进展［J］．中草药，2018，49（4）：970－980．

［6］刘梓贤，古映雪，陈滢璐，等．白千层复方药液抑菌作用研究与应用［J］．广东化工，2020，47（19）：40－41．

［7］王浩贵．一种白千层茶：CN 1718069 A［P］．2006－01－11．

蒲　　桃

一、来源及产地

桃金娘科植物蒲桃 *Syzygium jambos*（Linn.）Alston，又名印度黑莓、水蒲桃、香果、风鼓、水石榴、檀木、南蕉、水葡桃、水桃树。原产于亚洲的热带地区（马来西亚、印度、印度尼西亚等国家），在中国多见于广东、广西、云南。

二、植物形态特征

该植物为多年生乔木。主干极短，多分枝；小枝压扁或近四棱形。叶片革质而亮，披针形或长圆形，全缘；叶面多透明细小腺点，先端长渐尖，基部楔形；侧脉每边 12～16 条，以 45°开角斜向上，靠近边缘 2 mm 处相结合成一边脉，在背面明显突起，网脉明显；叶柄粗厚。数花组成聚伞花序顶生，花绿白色，花蕾梨形，顶部圆形，基部稍狭；萼管倒圆锥形，裂片 4 个，半圆形，顶端钝；花瓣阔卵形，分离，里面极凹陷长约 14 mm；雄蕊多数，伸出花瓣之外，长 2～2.8 cm，花药椭圆形，长 1.5 mm；子房凹陷，花柱与雄蕊等长。浆果，淡绿色，成熟时淡黄色，有油腺点。种子 1～2 颗。花期 3—4 月，果实 5—6 月成熟。

三、种植技术要点

（一）场地选择

蒲桃常生长于海拔 600～1500 m 的疏林中，生长最适温度为 22～32 ℃；喜光照充足、温暖湿润的环境，耐瘠薄，耐高温，耐干旱；种植宜选择酸性或碱性土壤[1-2]。

（二）繁殖和种植技术

1. 育苗技术

该植物主要繁殖方式为扦插。选择 2 年生的优良母株，采集无病虫害和机械损伤的半木质化或稍微木质化嫩枝条，剪成 10～15 cm 的插穗，插穗上部保留 2～3 片叶子，叶片剪取 1/2。扦插基质宜选择黄心土和沙壤土混合比例 1∶1 的基质，扦插后注意遮阴；宜在春季和秋季进行扦插[3]。

2. 种植定植技术

株行距按照 50 cm × 50 cm × 40 cm 进行定植，定植后浇透水，及时灌溉，除杂草和防治病虫害。

3. 幼苗及成年植株管理

每年 4—5 月、8—9 月需对植株进行扩穴除草 1 次，除草后每株施尿素 0.2 ~ 0.4 kg 或钙镁磷复合肥 0.3 ~ 0.5 kg，用细土覆盖，连续抚育施肥 3 年[4]。修剪整形要到位，一般在主干离地面 60 cm 左右处短截，促其萌发新梢，每年采果后，要定期剪除枯枝、病虫枝、过密枝等。

（三）病虫害防治

1. 病害

蒲桃主要病害有煤烟病、炭疽病、果腐病等。一旦受煤烟病危害，可将受害叶片和枝剪除，减少感染源。另外，在煤烟病发病严重的果园要减少或尽量不用含有碳水化合物的营养剂进行叶面喷洒。炭疽病防治可选用 56% 特克多可湿性粉剂、50% 多菌灵可湿性粉剂、50% 退菌特、50% 托布津或 75% 百菌清。在蒲桃幼果（吊钟期）喷药后进行果套袋。果腐病可用的药剂包括代森锌、乙磷铝、瑞毒霉等。

2. 虫害

常见虫害为东方果实蝇，可撒布 25% 马拉松可湿性粉剂，或 5% 倍硫磷乳剂 200 倍液混合蛋白水解物（或 3% 红糖水），每 7 天喷撒 1 次，喷洒小树并喷及树冠。果园附近的草丛或树丛叶片上均要喷撒，以毒杀成虫。

四、采收加工

果皮：夏季果实分批成熟，采收成熟果实，除去种子，把果皮晒干或烘干。种子：夏季采收成熟果实，取出种子，晒干。叶：全年均可采，晒干或鲜用。根皮：全年均可采挖，削取根皮、洗净、切段，鲜用或晒干。

五、生药特征

叶：干燥叶片革质，披针形或长圆形，叶面多透明细小腺点；长 12 ~ 25 cm，宽 2.5 ~ 6.5 cm，先端长渐尖，基部楔形，侧脉每边 12 ~ 16 条，以 45° 开角斜向上，靠近边缘 2 mm 处相结合成一边脉，侧脉间相隔 7 ~ 10 mm，在背面明显突起，网脉明显；叶柄粗厚，长 6 ~ 8 mm。果实：浆果卵形或球形，淡绿色，成熟时淡黄色，有油腺点；种子 1 ~ 2 颗，多胚。

六、化学成分研究

目前关于蒲桃的化学成分研究主要集中在蒲桃果实、种子、花、叶子以及树皮的挥发油类成分。蒲桃种仁、种壳中均含有α-异松香烯和1，2-苯二甲酸两种成分。蒲桃种壳含量最高的是正十六烷酸，为31.89%；蒲桃种仁中含量最高的是β-石竹烯，为18.62%。其次为α-蒎烯、β-杜松烯、α-古芸烯、丁香烯、α-蛇麻烯、β-芹子烯等。蒲桃鲜叶、干叶、花及茎的挥发油组成主成分为是丁香烯-5-醇、葎草-5，8-二烯-3-醇、十六酸和植醇。

除挥发油类成分外，蒲桃叶子含山奈酚、槲皮素、没食子酸甲酯、3-O-甲基鞣花酸；果实中含2α-O-顺-对-香豆酰基马斯里酸、2α-O-反-对-香豆酰基马斯里酸、齐墩果酸、山楂酸、阿江榄仁酸、3β-O-顺-对-香豆酰基马斯里酸、3β-O-反-对-香豆酰基马斯里酸、熊果酸、科罗索酸、积雪草酸、Guavenoic acid、白桦脂酸、麦珠子酸、3β-O-反-对-香豆酰基麦珠子酸、clovane-2β，9α-diol、棕榈酰胺、胡萝卜苷、β-谷甾醇；种子含没食子酸、鞣花酸、柯里拉京、jamutannins A、jamutannins B；根茎中含白桦脂酸、麦珠子酸、阿江榄仁酸；树皮含三萜类化合物如无羁萜、羽扇醇、β-香树脂醇乙酸酯、桦木酸，鞣酸类化合物如1-O-galloyl castalagin 和 casuarinin[4]。

部分化合物结构式如下：

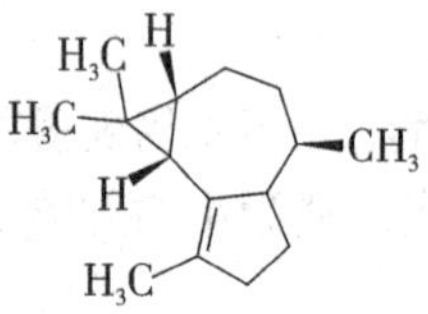

α-古芸烯 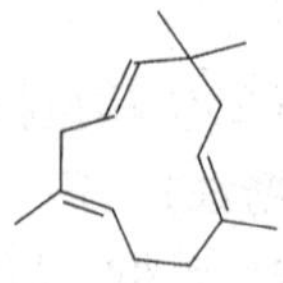　　　　　　　α-蛇麻烯 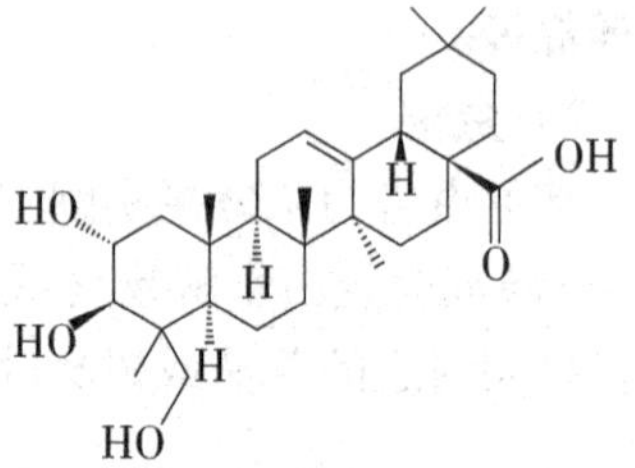　　　　　　阿江榄仁酸

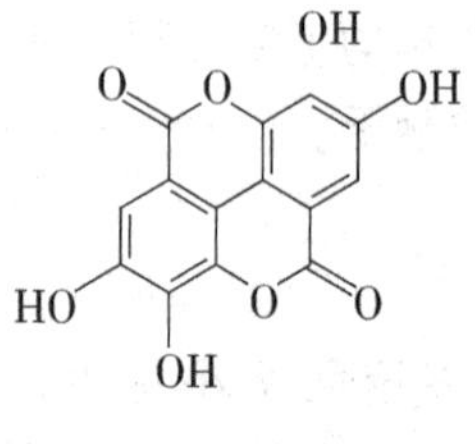

鞣花酸 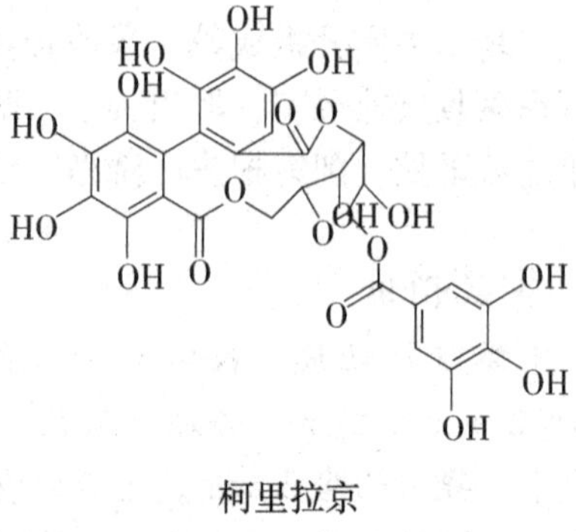　　　　　　　　　　　柯里拉京

七、现代药理研究

蒲桃主要含有挥发油类、黄酮类和萜类化合物，具有多种作用，具体如下：

（1）降血糖作用：蒲桃种子的乙醇提取物对四氧嘧啶糖尿病大、小鼠能降低其血糖水平，也能降低外源性葡萄糖引起的血糖升高，而对正常小鼠血糖影响小，其降糖作用可能与增加血清胰岛素含量有关。

（2）抗氧化作用：蒲桃果实和叶中均能清除自由基，抗氧化。

（3）抑菌作用：蒲桃叶、茎皮和种子均具有不同程度的抑菌作用。其中茎皮的抗菌活性较为显著，对金黄色葡萄球菌、腐生葡萄糖球菌、小肠结肠炎耶尔森菌、摩根摩根菌、大肠杆菌等均具有抗菌作用。

（4）镇痛抗炎作用：蒲桃叶醇提物对由热产生的皮肤疼痛具有长久的镇痛作用，且起效时间和疗效可以与强效阿片类镇痛药吗啡相媲美[4]。

八、传统功效、民间与临床应用

蒲桃的茎、果皮、种子、根皮、叶均可供药用。蒲桃茎功效为温中散寒、降逆止呕、温肺止咳，用于胃寒呃逆、肺虚寒咳；蒲桃果皮可以暖胃健脾、补肺止嗽、破血消肿，主治胃寒呃逆、脾虚泄泻、久痢、肺虚寒嗽、疽瘤；蒲桃种子可以健脾止泻，主治脾虚泄泻、久痢、糖尿病；蒲桃根皮功能为凉血解毒，主治肠炎、痢疾、外伤出血；蒲桃叶可以清热解毒，主治口舌生疮、疮疡、痘疮。蒲桃果实在民间广泛用作降血糖药物，用于治疗糖尿病已有百年历史。成熟果实可生食，也可制成蜜饯。

十、药物制剂与产品开发

1. 以蒲桃为原料的常见中成药或方剂

（1）前列宁胶囊。

其处方如下：薤蒉子 58.7 g、石韦 41.2 g、蒲公英 41.2 g、刺柏 29.3 g、诃子 29.3 g、刀豆 22.8 g、芒果核 17.5 g、蒲桃 17.5 g、大托叶云实 17.5 g、紫草茸 11.4 g、藏茜草 17.5 g、红花 11.4 g、豆蔻 5.9 g。其功效为清热解毒、化瘀通淋，用于热毒瘀阻所引起的尿频、尿急、尿痛等症。

（2）十味豆蔻丸。

其处方如下：豆蔻 25 g、山奈 50 g、光明盐 20 g、荜茇 25 g、螃蟹 40 g、冬葵果 75 g、芒果核 40 g、蒲桃 40 g、大托叶云实 40 g、麝香 2 g。其功效为补肾、排石，用于肾寒症、膀胱结石、腰部疼痛、尿频、尿闭。

2. 其他含有蒲桃的中成药或方剂

如仁青芒觉、十三味薤冥丸、十八味诃子丸、十三味马蔺散、二十八味槟榔丸、沙溪凉茶、珍宝解毒胶囊等。

十、其他应用与产品开发

1. 化妆品原料

蒲桃果汁、蒲桃叶提取物均可用于化妆品原料。

2. 蒲桃茶[5]

蒲桃茶的成分为蒲桃和白茶。其制备方法为茶叶采摘后，把采下的新鲜茶叶按照常规制法制备白茶；当年的5—6月份，挑选果皮为淡绿色、黄白色、无病虫害、无损伤且直径约为3 cm的成熟蒲桃果实，洗净，晾干，将果肉、果核挖去，保留果皮原本的外形，依次进行漂洗和冲洗后风干处理，得风干蒲桃果皮，备用。将白茶进行蒸压处理，其中蒸压处理的时间为15 s，温度为120 ℃。将6 g蒸压白茶装进风干蒲桃果皮后，得初级蒲桃茶，再进行烘干处理，得蒲桃茶。其中烘干的温度为60 ℃，时间为48 h，蒲桃茶的含水量为5%。成品能够满足饮用口感，还具有无添加剂、对人体无害的优势。

3. 蒲桃降血糖固体饮料[6]

其成分为蒲桃果实、蜂胶、壳聚糖和麦芽糊精。其制备方法为首先制备蒲桃果实的乙醇提取物；将上述物质加水混悬，再用乙酸乙酯萃取2次，合并萃取液浓缩干燥得乙酸乙酯萃取成分；将上述物质上ODS层析柱。甲醇水溶液洗脱除杂，浓缩干燥成蒲桃果实有效成分。在水中加入蒲桃果实有效成分、蜂胶以及壳聚糖，超声搅拌20 min，得活性部位混合液；将上述物质先在1 ℃下进行预冷冻40 min，接着在−45 ℃条件下冷冻成固体，真空干燥得活性粉体；将活性粉体与麦芽糊精混合后加入黏合剂水进行制粒，得到30目的颗粒，并在50 ℃下进行干燥，即得成品。其以蒲桃果实有效成分为主要原料，同时复配蜂胶和壳聚糖等降糖成分，具降血糖作用。

参考文献

[1] 吴建宇. 园林树种金蒲桃扦插繁育技术研究 [J]. 广西林业科学，2019，48（3）：389 – 392.

[2] 郑志颖. 海南蒲桃扦插育苗试验 [J]. 防护林科技，2021（5）：63 – 65.

[3] 曾远城，黄礼祥. 海南蒲桃种植 [J]. 中国林业，2009（8）：43.

[4] 林大都，成金乐，彭丽华. 蒲桃的研究进展 [J]. 安徽农业科学，2015，43（10）：76 – 78.

[5] 俸健平. 一种蒲桃茶及其制备方法和应用：CN 112889962 A [P]. 2021 – 06 – 04.

[6] 张声源，庄远杯，凌梅娣，等. 一种含蒲桃果实有效部位的降血糖固体饮料及其制备方法：CN 110050933 A [P]. 2019 – 07 – 26.

枫　　香

一、来源及产地

金缕梅科植物枫香 *Liquidambar formosana* Hance.，又名枫树、枫仔树、三角枫，主产于亚洲的亚热带地区，在中国分布于黄河以南，西至四川、贵州，南至广东，东至台湾。

二、植物形态特征

该植物为多年生高大乔木。树皮灰褐色，方块状剥落；小枝被柔毛，芽的鳞状苞片常有树脂，干后棕黑色，有光泽。叶掌状，3 裂，中央裂片较长，薄革质，阔卵形，先端尾状渐尖；两侧裂片水平展开，基部心形；叶背面有短柔毛，或变秃净仅在脉腋间有毛；掌状脉 3 ～ 5 条，在背腹两面均显著，网脉小脉明显可见；叶柄常有短柔毛；托叶线形，被毛，早落。雄花头状或短穗状花序，多个排成总状，雄蕊多数；雌花头状花序；萼齿 4 ～ 7 个；子房被柔毛，花柱长先端常卷曲。头状果序圆球形，木质，直径 3 ～ 4 cm；蒴果 22 ～ 43 个，下半部藏于花序轴内，有宿存萼齿及针刺状花柱。种子多数，褐色，多角形或有窄翅。花期在冬末春初。

三、种植技术要点

（一）场地选择

该植物常生长于海拔 100 ～ 1000 m 的山谷和山麓，宜生长于年平均气温 15 ～18 ℃的地区；喜温暖湿润气候，喜光照，耐干旱和瘠薄；宜选择土层深厚、肥沃、湿润的酸性或中性土壤种植。

（二）繁殖和种植技术

1. 育苗技术

枫香主要繁殖方式有种子繁殖和扦插。种子繁殖时，选择生长 10 年以上、无病虫害、长势健壮、树干笔直、树冠圆满的优势树作为采种母株；在每年 3 月下旬播种，播种前将种子用 40 ℃温水浸泡催芽，24 h 后捞出用竹篮沥干，并覆盖一层纱布，连续 4 天每天清晨用 40 ℃温水浇透，当露出芽嘴后，即可将其与半干半湿的沙土混合均匀后进行撒播。扦插宜在每年 5 月中下旬，剪取 1 年生枫香半木质化硬枝，截取长度 8～10 cm 插穗，剪取 1/2 的叶片，保留 1～2 个芽，在装好基质的无纺布营养袋中用木签或竹签先打好小孔，放入插穗；扦插深度为 4～5 cm，每袋插 1 条插穗，插后用手稍压实基质，浇透水。

2. 种植定植技术

定植一般在每年 2 月下旬，定植时，扶正幼苗，确保幼苗笔直，株行距保持在 2 m×3 m 左右，造林密度每亩在 111 株左右。

3. 幼苗及成年植株管理

（1）幼苗管理。

及时清除苗圃地杂草，每年 4—7 月除草 2～3 次，宜在降雨后进行；除草时忌扰动幼苗根部土壤，谨慎使用除草剂。幼苗出土后每隔 7 天喷施 1 次复合肥，每亩 1 kg；5—6 月份为枫香的生长期，此时苗高 5 cm 左右，每隔 10 天喷施 1 次复合肥，每亩 2 kg；7—9 月为快速生长期，7 月至 9 月上旬，每隔 10 天喷施 1 次氮肥，每亩 2 kg，晴天傍晚或阴天进行施肥；9 月中旬每隔 10 天喷施 1 次，每亩 2 kg。苗高 3～5 cm 时应及时间苗补苗，宜选择阴雨天气进行。

（2）成年植株管理。

造林后当年夏天和造林后第二、三年的 7—8 月份，每年进行砍灌抚育 1 次，可将铲除的杂草覆盖于幼树的根际，保湿固土；应及时松土除草，雨水过多注意排涝，持续干旱应及时浇灌。

（三）病虫害防治

1. 病害

枫香主要的病害为茎腐病、黑斑病、根腐病和猝倒病，可采用广谱性杀菌剂进行防治，如喷施 2000 倍百菌清或 800～1000 倍多菌灵。

2. 虫害

枫香主要的虫害为麻皮蝽、毒蛾、红伊夜蛾、蝼蛄和蛴螬，可采用糖醋液进行诱杀或喷施 50% 辛硫磷乳油和 1000 倍甲胺磷进行毒杀，及时人工摘除虫茧，集中烧毁，保护天敌，或通过灯光诱捕[1-4]。

四、采收加工

每年 4 月上旬或 10 月下旬，当果实由绿色转为稍带青色的黄褐色、尚未裂开时采收。将果实置于阳光下晾晒，3～5 天后去除种子，置于阴凉干燥处保存。

五、生药特征

枫香干燥聚花果由多个小蒴果集合而成，圆球形，直径 2～3 cm，基部有总果梗，有时折断；表面灰棕色或暗棕色，上有多数喙状针刺，长约 5 ～ 8 mm，常折断；苞片卷成筒状，内藏多数小蒴果，顶部开裂，呈蜂窝状小孔。蒴果细小，直径 1 ～ 2 mm，体轻，顶端有一裂孔，内有种子 2 枚。种子淡褐色，有光泽；气微，味淡。

六、化学成分研究

挥发油类化合物为枫香的主要活性成分之一。枫香树脂中含量最高的挥发油类成分为 4 - 甲基己醇（26.06%）和莰烯（15.12%）；其次为戊二烯基环戊烷、柠檬烯、对伞花烃、4 - 松油醇、樟脑、龙脑、α - 金合欢烯、甲酸酯、乙酸乙酯等。枫香叶中含量最高的挥发油类成分为 4 - 松油醇（27.17%）和 1，8 - 盖二烯（9.39%）；其次为（Z）- 3 - 己烯醇、β - 侧柏烯、α - 松油烯、乙酸松油 - 4 酯、α - 异松油烯、α - 松油醇、β - 波旁烯、β - 石竹烯、γ - 石竹烯、γ - 依兰油烯、β - 荜橙茄烯等。

黄酮类化合物也是枫香树叶中重要的活性成分之一，如杨梅树皮素 - 3 - O - (6″ - O - 没食子酰) 葡萄糖苷、紫云英苷、三叶豆苷、槲皮素 - 3 - O - (6″ - O - 没食子酰) 葡萄糖苷、异槲皮苷、杨梅树皮素 - 3 - 葡萄糖苷、芸香苷、水晶兰苷、三叶草苷、黄芪苷、芦丁、异槲皮素、山柰酚 - 3 - O - β - D - 葡萄糖苷、槲皮素 - 3 - O - (6″ - O - 没食子酰) - β - D - 半乳糖苷、槲皮素 - 3 - O - (6″ - O - 没食子酰) - β - D - 葡萄糖苷、杨梅苷、金丝桃苷、(2S) - 5，7，4' - trihydroxyflavan - 7 - O - β - D - glucopyranoside、(2S) - 5，7，4' - trihydroxyflavan - 5 - O - β - D - glucopyranoside、木樨草素 - 4' - O - β - D - 吡喃葡萄糖苷、黄芩新素 Ⅱ、山柰酚。

枫香树叶含萜类化合物如齐墩果酸、arjunglucoside Ⅱ、水晶兰苷、乌苏酸等；含酚酸类化合物如儿茶素、没食子酸、对羟基苯甲酸、3 - 甲氧基 - 4 - 羟基苯甲酸、3，5 - 二羟基 - 4 - 甲氧基苯甲酸、3，4 - 二羟基苯甲酸、3，4 - 二羟基 - 5 - 甲氧基苯甲酸、苯基 - β - D - 吡喃葡萄糖苷；木脂素类成分如南烛木树脂酚 - 3α - O - β - D - 葡萄糖苷、(6R，7S，8S) - 7α - [(β - glucopyranosyl) oxy] lyoniresinol[5]。

部分化合物结构式如下：

3 - 甲基己醇   β - 波旁烯   脱氢白菖蒲烯

七、现代药理研究

枫香具有多种药理作用。主要如下：

（1）抗炎镇痛作用：不同剂量的枫香提取物对小鼠足趾肿胀和醋酸致小鼠疼痛显示一定的抗炎镇痛作用。

（2）抗氧化功能：枫香树叶中含有的鞣质具有抗氧化作用。

（3）提高免疫力：枫香树叶水提取物能增强小鼠的非特异性免疫，在一定程度上能促进细胞免疫功能。

（4）止血作用：枫香树叶乙醇提取物制成止血粉，通过止血实验，发现对出血（创面、股动脉、断肢）有一定效果[5-6]。

八、传统功效、民间与临床应用

枫香根、叶、果均可入药，有祛风除湿、舒筋活络之效。叶为止血良药，民间用于治疗急性胃肠炎、痢疾、产后风等疾病。

中医经典书籍及临床经验中的经方验方简要归纳如下：

（1）在福建南部民间，枫香树叶可用于痈肿发背；在福建东部民间，枫香树叶用于治中暑。枫香树根用于治痈疔、肿毒凝结。

（2）在江西民间，枫香树叶用于痢疾、泄泻；枫香树根治乳痈。

（3）在湖南民间，枫香树叶用于治小儿脐风；枫香树根用于治风湿关节痛、风疹。

九、药物制剂与产品开发

1. 以枫香为原料的常见中成药

（1）枫香汤。

其处方如下：枫香500 g、芎䓖90 g、大黄90 g、黄芩90 g、当归90 g、人参90 g、射干90 g、甘草（炙）90 g、升麻120 g、蛇床仁60 g。该药清热祛湿，用于治疗隐疹。

（2）枫香丸。

其处方如下：枫香30 g、川乌头（炮裂，去皮脐）15 g、藁本15 g、白蒺藜（微炒去刺）30 g、淫羊藿15 g、小荆子15 g、莽草（微炙）15 g、赤箭15 g、白鲜皮30 g、景天花15 g、蛇床子30 g、羚羊角屑30 g。该药祛风止痒、清热，用于治疗风隐疹不可忍。

2. 其他含有枫香原料的方剂或中成药

如八味三香散、少林跌打止痛膏、沉香安神胶囊、四香祛湿丸、小金片、八仙油、麝香跌打风湿膏、肠炎宁糖浆等。

十、其他应用与产品开发

1. 食品或食品添加剂的应用

枫香树叶含有大量易提取的可食用天然黑色素。长期以来，民间就有相关习俗，即利用枫香树叶所研磨出的汁液来对糯米、米糕等食品进行加工。每年的清明节、三月三等传统节日，广西、海南等地的部分居民会采集新鲜的嫩枫香叶，将鲜嫩的枫香叶捣烂过滤出汁液，用过滤出的新鲜枫香树叶汁浸泡糯米。过夜，将滤出泡好的糯米进行蒸煮，得到颜色乌黑发亮、味道清香诱人的黑糯米饭。

2. 香料或化妆品原料的应用

（1）枫香精油：为淡黄色至黄色液体，可以作为日用香料、室内清新香薰扩香油，也用作化妆品原料，有保湿、控油、补水、滋润的作用。

（2）枫香树脂：是一种天然香料。

3. 印染中的应用

这是布依族传统的一种枫香染技艺。在中国布依族的习俗文化中，将从枫香树上得到的枫香油，与牛油按比例小火熬制，用毛笔在麻布或棉布上绘制纹样，绘制时使油温控制在 50 ℃左右，绘制完毕即用蓝靛上色，再对布脱脂，其成品是布依族传统精神文化和物质文化传承的载体。

参考文献

[1] 徐金林. 枫香培育技术及其在园林绿化中的应用 [J]. 现代农业科技，2020（9）：174-175.

[2] 郑启钢. 枫香幼苗培育及造林技术 [J]. 中国林副特产，2019（4）：44-45.

[3] 王立君. 枫香生物学特性及育苗技术要点 [J]. 南方农业，2017，11（17）：23-25.

[4] 李顺利. 皖南山区枫香种子育苗技术 [J]. 现代农业科技，2021（4）：124-125.

[5] 廖圆月，张丽慧，袁铭铭，等. 枫香树属植物药理活性及临床应用进展 [J]. 江西中医药大学学报，2016，28（3）：99-101.

[6] 王丹，马晓宁，李艳娟，等. 养生中药路路通的研究进展 [J]. 中国疗养医学，2017，26（3）：246-248.

使君子

一、来源及产地

使君子科植物使君子 *Quisqualis indica* Linn.，又名使君、史君子、使君仁、建君子，主产于中国福建、台湾、海南、广西、广东等省区，在国外印度、缅甸及菲律宾也有分布。

二、植物形态

该植物为多年生攀缘状灌木。幼时常呈灌木状，被锈色短柔毛。叶对生或近对生，叶片膜质，卵形或椭圆形，长 5 ～ 11 cm，宽 2.5 ～ 5.5 cm，腹面无毛，背面沿叶脉有时疏被棕色柔毛，侧脉 7 或 8 对，明显；叶柄无关节，叶片脱落后，残存的叶柄基部呈坚硬的刺状体。穗状花序顶生，有小花十余朵，组成伞房花序式；苞片脱落；花萼绿色，长 5 ～ 9 cm，萼管细长，被黄色柔毛，先端具广展、花时外弯、三角形的萼齿 5 枚；花瓣 5 片，初为白色，后转红色，先端钝圆；雄蕊 10 个，不伸出，外轮着生于花冠基部，内轮着生于萼管中部；子房下位，纺锤形，5 棱，花柱柔弱，下部与萼管贴合，上部分离。果卵形，黑褐色，5 棱，成熟时外果皮脆薄，顶部裂开为 3 ～ 5 瓣。种子 1 颗，白色，圆柱状纺锤形。花期初夏，果期秋末。

三、种植技术要点

（一）场地选择

该植物常生长于山谷林缘、溪边或平原地区向阳的路边；喜温暖、阳光充足的环境，喜高温，忌风寒和冻害，喜土质疏松、肥沃、排水良好的砂质壤土，最适温度为 20 ～ 35 ℃[1]。

（二）繁殖和栽培技术

1. 育苗技术

使君子主要的繁殖方式为扦插繁殖。剪取树冠外围生长健壮、无病虫害的 2 年生木质化枝条，将其剪成含 3 ～ 5 个芽的插穗，长度 12 ～ 18 cm，保留 1 ～ 2 片半叶；扦插基质宜选择表土和珍珠岩 1∶1 混合基质[2-3]。

2. 栽培定植技术

定植时株行距宜按照 10 cm × 10 cm 进行，大田定植时可按照 200 cm × 200 cm 进行；选择向阳、湿润、排灌便利、土层深厚的砂质壤土。

3. 幼苗及成年植株管理

（1）幼苗管理。

及时灌溉，保证土壤湿润，施肥遵循薄施勤施原则，花蕾出现后即可停止施肥。

（2）成年植株管理。

及时灌溉，保证土壤湿润，夏季生长旺期，宜每天浇水 1 次，秋季可适当减少浇水；适度施肥，宜薄施勤施；及时修剪枝条，每次修剪枝条一半的长度。

（三）病虫害防治

使君子的病虫害较少，偶尔会有蛾类和蝶类的幼虫，可选择喷施甲胺磷或辛硫磷 1000 倍液防治[4]。

四、采收加工

每年秋季种子成熟，果皮变紫黑色时采收，将采收后的果实晒干或烘干[3]。

五、生药特征

果实椭圆形或卵圆形，具 5 纵棱；偶有 4～9 棱，长 2.5～4 cm，直径约 2 cm；表面黑褐色至紫褐色，平滑，微具光泽；顶端狭尖，基部钝圆，有明显圆形的果梗痕；质坚硬，横切面多呈五角星形，棱角处壳较厚，中间呈类圆形空腔。种子长椭圆形或纺锤形，长约 2 cm，直径约 1 cm；表面棕褐色或黑褐色，有多数纵皱纹；种皮薄，易剥离；子叶 2 片；黄白色，有油性，断面有裂隙。气微香，味微甜。

六、化学成分研究

使君子中含有丰富的酚类物质，主要为鞣质（单宁）、没食子酸和没食子酸乙酯等。其他化学成分如甾体类，主要为植物甾醇，如豆甾醇和赤桐甾醇；脂肪酸类，如饱和脂肪酸和不饱和脂肪酸等。

使君子干燥成熟果实中含有大量挥发性成分，主要为烷烃类、烯类、酸类、醇类、酮类、酯类等。

氨基酸为使君子的主要活性成分，使君子中含有多种氨基酸，包括使君子氨酸、γ-氨基丁酸、L-脯氨酸、天冬氨酸、精氨酸、谷氨酸、丝氨酸、甘氨酸、亮氨酸、缬氨酸、丙氨酸、苏氨酸、组氨酸、赖氨酸等。其中使君子氨酸又称使君子酸，常以钾盐形式存在，即使君子酸钾，是使君子驱虫的有效成分。

其他化合物有，如萜类化合物白桦脂酸和熊果甲酯；有机酸如苹果酸、枸橼酸；生物碱如葫芦巴碱、L－天冬素，以及 D－甘露醇、蔗糖、葡萄糖、果糖、戊聚糖等；葫芦巴碱既是使君子的主要活性成分，也是其质量评价指标。另外使君子中还含有多糖和黄酮类化合物[5]。

七、现代药理研究

（1）驱虫：使君子是常用的驱虫药，尤其对蛔虫有显著的驱治作用；对蛲虫、绦虫、阴道毛滴虫、螨虫、球虫、棉铃虫、鱼类指环虫等有一定的毒杀作用。

（2）对中枢神经的作用：使君子氨酸对海马神经元的突触传递功能有一定影响，并能使海马神经元去极化引起重复放电伴传导增强，与学习记忆功能密切相关；还能有效导致星形胶质细胞释放一氧化氮。一氧化氮是中枢神经系统的重要信使，可使氧自由基失活并对神经元 NMDA 受体进行调控，从而减少钙离子毒性内流，起到保护神经元的作用。

（3）抗肿瘤作用：使君子提取物能够抑制肿瘤细胞生存和生长所需的酶如鸟氨酸脱羧酶，因此对直肠癌、肺癌、白血病、淋巴癌、前列腺癌、卵巢癌等多种细胞具有抑制作用。

（4）抗病毒作用：使君子提取物能够作用于 HIV1 病毒吸附进入细胞、逆转录和成熟等病毒生命周期的全过程，对 HIV 蛋白酶和逆转录酶也有抑制作用。

（5）抑菌作用：使君子水提物对常见肠道杆菌以及加德纳菌抑制作用明显。

（6）抗氧化作用：使君子多糖具有较强的抗氧化活性，对羟自由基和超氧自由基有显著的清除作用。

（7）其他作用：使君子可降低正常小鼠的小肠推进率，提示药物可抑制肠运动，对肠运动亢进的脾虚患者有一定作用[5]。

八、传统功效、民间与临床应用

使君子果实入药，味甘、性温，归脾、胃经，能杀虫消积，对人体内的蛔虫有明显的驱除作用，常用于蛔虫病、蛲虫病、虫积腹痛、小儿疳积。

九、药物制剂与产品开发

1. 以使君子为原料的常见中成药

（1）健儿疳积散。

其处方如下：使君子肉 50 g、雷丸 25 g、苦楝皮 25 g、榧子 50 g、海螵蛸 50 g、小茴香（炒）10 g、莲子 50 g、徐长卿 5 g、炉甘石（煅，水飞）25 g、鸡内金（炒）25 g。其制备方法为以上十味，粉碎成细粉，过筛，混匀，即得。成品为褐黄色粉末；气微香，味苦，微辛。该药能驱蛔虫、消积健脾，用于小儿疳积、消化不良、脾胃虚弱。

（2）磨积散。

其处方如下：使君子仁 120 g、鸡内金（醋炙）240 g、白扁豆（去皮）240 g、木香 60 g、砂仁 120 g、三棱（麸炒）60 g、莪术（醋炙）60 g、水红花 240 g。其制备方法为以上八味，粉碎成细粉，过筛，混匀，即得。成品为浅棕黄色的粉末；气微香，味微甘；能消疳，磨积；能用于小儿宿食积滞引起的停食停乳、不思饮食、面黄肌瘦、腹胀坚硬、虫积腹痛。

2. 其他含有使君子原料的中成药

如保儿安颗粒、保赤一粒金丸、妇宝金丸（妇宝金丹）、消积化虫胶囊、小儿健身片、五疳丸、消积肥儿丸、保儿安颗粒、化虫丸、泉州茶饼、杀虫丸、消积化虫散、漳州神曲等。

十、其他应用与产品开发

1. 使君子探头消毒液[6]

主要成分为使君子 5 g、苦参 5 g、黄连 5 g、黄柏 5 g、百部 5 g、土茯苓 5 g、女贞子 10 g、艾叶 5 g、地肤子 5 g、丁香 3 g、甘草 3 g、脂肪醇 0.625 g、聚乙烯基吡咯烷酮 0.625 g、碳酸钠 2.0 g、碘酸钾 0.167 g、异丙醇 0.2 g。按照消毒液的制备方法即得。此消毒液具有消毒效果好，且对探头伤害低的优点。

2. 使君子兽用强效驱虫药[7]

主要成分为使君子 20 g、雷公藤 8 g、苦参 20 g、雷丸 15 g、大黄 20 g、甘草 12 g、β-环糊精 10 g。成品含多种驱虫成分，可达到彻底清除体内外原虫、寄生虫的目的。此驱虫药物不仅可用于畜禽治疗、预防方面，也可以用于水产动物寄生虫防治方面。

参考文献

[1] 陈加红. 使君子规模化栽培关键技术研究 [J]. 河南农业科学，2013，42（6）：123-125.

[2] 陈芝华，李梦璐，吕伟旗，等. 18个产地使君子果实葫芦巴碱含量测定与相关性分析 [J]. 浙江中西医结合杂志，2018，28（11）：972-975.

[3] 廖美兰，唐庆，林茂，等. 使君子扦插育苗试验 [J]. 热带农业科学，2019，39（3）：12-15.

[4] 包又包. 君子如花亦如屏——我的使君子种植经验 [J]. 中国花卉盆景，2013（10）：32-33.

[5] 刘本涛，李本杰，曹云，等. 使君子化学成分、药理与毒副作用研究进展

[J]. 壮瑶药研究，2022（1）：21 – 32.

[6] 苏晓婷，杨峰，张风华，等. 一种探头消毒液及其制备方法：CN 103875741 A［P］. 2014 – 06 – 25.

[7] 陈国明，杨克栋，唐天忠，等. 一种兽用强效驱虫药物及其制备方法：CN 103623071 A［P］. 2014 – 03 – 12.

檀　　香

一、来源及产地

檀香科植物檀香 *Santalum album* L.，又名檀香树、旃檀、白檀、真檀、浴香。原产于印度、马来西亚、澳大利亚及印度尼西亚等地；在中国台湾、广东、云南、海南等地有少量引种。

二、植物形态特征

该植物为多年生常绿小乔木，多分枝，树皮褐色。枝圆柱状，具条纹，具多数皮孔和半圆形的叶痕；小枝节间稍肿大。叶膜质，对生，背面苍白色，中脉凸起，侧脉约 10 对。聚伞圆锥花序三歧，苞片 2 枚，微小，早落，位于花序的基部；花多数，初为淡黄色，后变深锈紫色；花被管钟状，4 裂，淡绿色；蜜腺 4 枚，呈圆形，着生于花被管的中部，与花被片互生。外伸雄蕊 4 枚，与蜜腺互生；花盘裂片卵圆形，长约 1 mm；子房半下位，花柱柱状，深红色，柱头浅 3～4 裂。核果球形，直径约 1 cm，外果皮肉质多汁，成熟时深紫红色至紫黑色，内果皮坚硬，具纵棱 3～4 条，具花被残痕和多少隆起的宿存花柱基。种子圆形，光滑无毛。花期 5—6 月，果期 7—9 月。

三、种植技术要点

（一）场地选择

该植物宜生长于 23～35 ℃、降雨量 600～1600 mm 的低海拔地区。喜土层深厚、土壤肥沃、排灌方便的环境，耐干旱，不耐涝。因此，种植园应选在光照充足、地势平缓，相对背风或者具有防风林的地带。

（二）繁殖和种植技术

1. 育苗技术

檀香主要的繁殖方式为种子繁殖和嫁接。种子繁殖应选择 10 年以上檀香的种子，播种前用赤霉素处理可提高发芽率、缩短发芽时间。嫁接宜采用印度紫檀或大果紫檀作为砧木进行，砧木种植株行距为 6 m×8 m 或 8 m×8 m；在每年 2～4 月进行嫁接，选择檀香结实较好的树冠中上部采集腋芽饱满的枝条作为接穗，剪去叶片，每条接穗截取长度为 12 ～ 14 cm，保留 2 ～ 3 个饱满芽，采用劈接法进行嫁接。

2. 种植定植技术

定植应选择避风且排灌良好的场所，宜选择防风林的坡地，按照株行距 4 m×4 m 或 5 m×5 m 进行开穴，穴径 60 cm，深度 50 cm，每穴施腐熟有机肥。将檀香种苗及其所带寄生植物一起种植，覆土后，用手轻轻压实，忌用脚踩实。

3. 幼苗及成年植株管理

（1）幼苗管理。

苗期加强田间抚育和水肥管理，下足基肥，及时中耕除草和松土，每年 2 次，定期追肥，每年 1 ～ 2 次，保持土壤疏松湿润，及时修剪寄生植物。适当进行遮阳，干旱季节适当修剪檀香枝条，每隔 4 天淋水 1 次。

（2）成年植株管理。

旺盛生长期及时修剪侧枝，将病枝、弱枝和过密枝及时剪除。檀香进入结香期，应减少肥料供应，少施氮肥，进行水分胁迫，保持土壤干燥；也可通过采用激素或外伤进行人工刺激结香。

（三）病虫害防治

1. 病害

檀香主要的病害为根腐病、叶灰斑病、白粉病和苗立枯病。根腐病可选择杀菌剂进行灌根处理防治；叶灰斑病的防治方法为及时清除病叶并烧毁，喷洒杀菌剂；白粉病可选择粉锈宁喷雾防治；苗立枯病在发病初期选择喷洒立枯净防治。

2. 虫害

檀香主要的虫害为檀香粉蝶、铜绿金龟子和檀香蛀心虫。檀香粉蝶幼虫和铜绿金龟子的防治方法为叶面喷施杀虫剂；檀香蛀心虫的防治方法为高浓度杀虫剂灌注蛀孔，并用黄泥封口，及时剪除虫害枝条，并集中烧毁；成虫可通过灯光进行诱杀[1-3]。

四、采收加工

种子采收时间为每年 11—12 月，在檀香树下铺设采集网，每隔半个月收集 1 次，选择粒大、紫红色且无病虫害的种子。种子采集后及时放入通气性良好的容器中，并在 7 天内进行脱皮处理，用湿沙揉搓去皮，经清水洗净去除杂质，置于阴凉通风处阴干。

五、生药特征

长短不一的心材木段，多呈圆柱形或微扁；挺直，少数微有弯曲，一般长 50 ～ 100 cm，直径 10 ～ 20 cm；表面淡黄棕色，放置日久则颜色较深，外表光滑细致，有时可见纵裂纹，有的具疤节，有刀削痕；两端平截面整齐，截断面圆形或微扁圆形，显油迹，具细长裂隙，呈放射状排列，并可见锯断痕迹；棕色年轮明显或不明显，纵向劈开断面纹理整齐，纵直而具细沟；质致密而坚实，不易折断，碎块折断后呈刺状；气清香，嚼之微有辛辣感，燃烧时更为浓烈，味微苦。

六、化学成分研究

檀香中含有丰富的倍半萜类化合物，已报道的倍半萜类化合物达 148 种，其中 α-檀香醇、β-檀香醇是其特征化学成分，同时也是其最重要的活性成分，其余尚含 α-檀香烯、β-檀香烯、蒎-β-檀香烯、α-姜黄烯、β-姜黄烯、α-佛手烯、β-法呢烯、喇叭醇、反式橙花叔醇、α-没药醇、β-没药醇、没药烯醇 A/B/C/D/E/ 等。

檀香中含木脂素类化合物如 Dihydrodehydroconiferyl alcohol、cedrusin、7, 8-threo-4, 9, 9-trihydroxy-3, 3-dimethoxy-8-O-4-neolignans、7S, 8S-Nitidanin、Bisdihydrosyringenin、7, 8-erythro--trihydroxy-3, 3-dimethoxy-8-O-4-neolignans、(7R, 8R)-5-O-demethylbilagrewin, (7S, 8S)-3-Methoxy-3', 7-epoxy-8, 4'-oxyneoligna-4, 9, 9'-triol 等；单萜类化合物如莰烯、二氢松柏醇、香茅醇、α-萜品醇、Teresantalal、β-Teresantalal、香叶醇、Santolinatriene、β-紫罗兰酮、L-香芹酮、檀烯、芳樟醇、冰片、Teresantalol、α-Teresantalic acid、β-Teresantalic acid、epi-β-Teresantalicacid 等[4]。

部分化合物结构式如下：

α-檀香醇

cedrusin

檀烯

二氢松柏醇

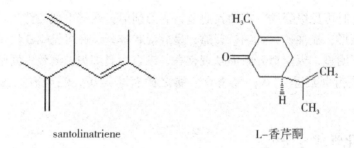

santolinatriene   L–香芹酮

七、现代药理研究

檀香药材具有广泛的药理活性，主要作用如下：

（1）调节胃肠道功能：檀香醇提取液对离体肠痉挛有拮抗作用，檀香挥发油对小鼠小肠运动亢进有抑制作用。

（2）抗癌、抗肿瘤作用：萜类化合物、木脂素类化合物在抗肿瘤及抗癌方面的作用较强。

（3）神经药理活性：主要体现在镇定安神和增强记忆力两方面。

（4）抗氧化作用：檀香精油通过直接清除自由基和激活体内外抗氧化防御系统来发挥抗氧化和应激调节作用[4]。

八、传统功效、民间与临床应用

檀香入药，民间多用于寒凝气滞、胸膈不舒、胸痹心痛、脘腹疼痛、呕吐、淋浊，具有调节胃肠道功能、抗癌、抗肿瘤、抗氧化等作用。

九、药物制剂与产品开发

1. 以檀香为原料的常见中成药

（1）梅苏丸。

其处方如下：檀香 5 g、乌梅肉 200 g、紫苏叶 30 g、薄荷叶 80 g、葛根 20 g、豆蔻 5 g、柿霜 240 g。成药为褐色的水丸；味甜、微酸。功效为清热解暑、生津止渴，用于中暑风热、头昏目眩、口干舌燥、津液不足。

（2）通窍救心油。

其处方如下：檀香、木香、沉香、乳香、苏合香、冰片、薄荷脑、樟脑、麝香。成品为淡黄色至黄棕色的黏稠液体；气特异、芳香，味辛、苦。功效为芳香开窍、理气止痛，用于胸痹心痛、痰厥昏迷、脘腹猝痛、时气瘴疬。

2. 其他含有檀香的中成药

如回春丹、脉络通、四正丸、抱龙丸、八仙油、人参再造丸（蜜丸）、泻痢保童丸、御制平安丸、温中镇痛丸、木香分气丸、祛暑片等。

十、其他应用与产品开发

1. 化妆品

如檀香修护油、檀香纯露、檀香精油、檀香泡沫洗手液、檀香茉莉头部舒畅按摩油、玫瑰檀香魅峰精华油、檀香苦橙隔离防护乳等。

2. 化妆品原料

如檀香木粉、檀香提取物、檀香籽油、檀香油等。

3. 檀香香料[5]

檀香是十分珍贵的香原料，其香气浓郁优雅，又略带凉味，具有良好的透发性，留香期长，可广泛应用于香皂、香水等日用香精中。天然檀香主要香气成分为檀香醇，目前的商品级檀香醇，均由檀香精油经真空分馏获得。

4. 檀香精油微胶囊[6]

檀香精油微胶囊的主要成分为檀香精油、β－环糊精。通过适当的方法将檀香精油微胶囊化，不仅可以让檀香精油在运输和贮藏过程中保存时间更长，避免因遇光、遇氧造成氧化损失，又可以将液态精油转化为固态精油，便于携带和使用，并提高了檀香香气成分的缓释性能。

参考文献

[1] 武丽琼. 檀香种植技术综述 [J]. 中国园艺文摘，2018，34（3）：164－166.

[2] 李建光. 珍贵树种檀香的生物学特性及其育苗技术 [J]. 现代园艺，2018（5）：54－55.

[3] 严珍花. 珍稀植物檀香种植技术初探 [J]. 绿色科技，2016（3）：49－51.

[4] 张薇，刘洋洋，邹宇琛，等. 中药檀香化学成分及药理活性研究进展 [J]. 世界科学技术－中医药现代化，2020，22（12）：4300－4306.

[5] 马洪亮，吴奇林，姜兴涛. 檀香类香料的合成及发展 [J]. 香料香精化妆品，2014（1）：44－48.

[6] 马琳，林启荣，雷丹丹，等. 一种檀香精油微胶囊的制备方法：CN 107287033 A [P]. 2017－10－24.

九里香

一、来源及产地

芸香科植物九里香 *Murraya paniculata*（L.）Jack，又名千里香、满江香、七里香、石辣椒、九秋香、九树香、过山香、黄金桂、山黄皮、千只眼。主产于亚洲热带和亚热带地区，在中国的湖南、广东、海南、广西、贵州和云南等省区的山野间有分布，中南半岛和马来半岛也有分布。

二、植物形态特征

该植物为多年生小乔木或灌木，高可达 2 ～ 8 m。枝白灰或淡黄灰色，但当年生枝绿色。羽状复叶，小叶 3 ～ 7 片，小叶互生，两侧常不对称，先端渐狭或骤尖的尾状尖，全缘，平展，背部密生腺点，腺点干后黑褐色；正面沿中脉被微茸毛，或近无毛，网状脉清晰可见，小叶柄甚短。有时具单花，有时是聚伞花序通常顶生，或顶生兼腋生，再聚集成短缩的圆锥状聚伞花序；花白色，芳香，直径 3 ～ 4 cm；花梗细长；花瓣 5 片，白色，倒披针形或长椭圆形，长 2 ～ 2.5 cm，盛花时反折；雄蕊 10 枚，长短相间，比花瓣略短，花丝白色，花药背部有细油点 2 颗；花柱长 4 ～ 6 mm，稍较子房纤细，柱头甚粗，比子房宽。果肉有黏胶质液，长 8 ～ 12 mm，横径 6 ～ 10 mm。种子 1 ～ 2 颗，种皮具有短的棉质毛。花期 4—8 月，或秋后开花，果期 9—12 月。

三、种植技术要点

（一）场地选择

九里香常生长于高海拔、较湿润的阔叶林中，喜温暖湿润、光照充足的环境，稍耐旱，忌积涝。宜选择排水良好、土层深厚、疏松肥沃的酸性或中性红黄壤土种植[1-2]。

（二）繁殖和种植技术

1. 育苗技术

九里香的主要繁殖方式为种子繁殖、扦插和压条繁殖。种子繁殖时选择树势健壮、树冠宽阔丰满、枝条分布均匀、结果枝多且呈簇状的母株采种；选择果实饱满、颜色深红的鲜果，连壳晒至半干留种。播种前置于清水中揉搓，去除果皮、漂浮的杂质和瘪粒，稍晾干后拌细沙，播种时按照株行距 15 cm ×（2～5）cm，覆土 1～2 cm 厚度；每间隔 1～2 天淋水 1 次。扦插宜在春季或 7—8 月雨季进行，剪取中等成熟、表皮灰绿色的 1 年生以上枝条作为插条，截取插条长度 10～15 cm，具有 4～5 节，剪口平整，按照株行距 12 cm×9 cm 进行扦插，浇水，保持土壤湿润。压条繁殖宜在雨季进行，将半老化枝条的一部分经环状剥皮或割伤埋入土中，待其生根发芽，于晚秋或翌年春季削离后进行定植[3]。

2. 种植定植技术

春季扦插苗扦插当年即可定植，秋季扦插苗宜翌年进行定植。每年 1—5 月春季和初夏进行定植，按照株行距 4 m × 2 m 进行开穴，定植穴大小保证幼苗根能自然舒展。穴的底部放入适量农家肥作为基肥，每穴 1 株，扶正幼苗，填土，填至一半时，将幼苗轻轻向上提，使根系舒展，随后填满穴，压实。

3. 幼苗及成年植株管理

（1）幼苗管理。

幼苗期应在杂草产生的初期及早清除，适时进行灌溉，灌溉量以浇透为原则，苗期施肥采取勤施薄施的原则，每隔 1～2 个月施肥 1 次，选择腐熟的饼肥或粪肥，稀释后施用，还可施用一定比例的化学肥料，磷肥和农家肥按照 1∶3 比例混合后施用。

（2）成年植株管理。

每年春秋季节施 2 次基肥，以腐熟有机肥为主，还可追施化肥、腐熟的饼肥和农家肥。待九里香植株长至 30 cm 以上，对分枝少于 4 枝或单枝高度超过 40 cm 的统一进行修剪，将高于 30 cm 的主枝在 30 cm 处进行修剪。

（三）病虫害防治

1. 病害

九里香常见的病害为白粉病，可用粉菌特、石灰硫黄合剂或甲基托布辛 800 倍液喷施防治。

2. 虫害

九里香主要的虫害为蚜虫、蚧壳虫和天牛。蚜虫可通过喷施敌敌畏或乐果防治；蚧壳虫可通过喷施 40% 乐果乳油 1000～1500 倍液或 80% 敌敌畏 1000～1500 倍液防治；天牛主要通过人工捕杀或喷洒石硫合剂防治。

四、采收加工

每年采收枝条 1～2 次，花朵一般宜在每天 10 点后采摘。枝叶和鲜花采收后，及时提取精油或加工香精，也可将九里香叶片晒干作为增香调料使用[3]。

五、生药特征

嫩枝呈圆柱形，直径 1～5 mm，表面深绿色或灰褐色，具纵皱纹。质坚韧，不易折断，断面不平坦。羽状复叶有小叶 3～7 片，多卷曲、破碎或已脱落；小叶片展平后呈椭圆形、倒卵形或近菱形，最宽处在中部或中部以下，长约 2～8 cm，宽约 1.5 cm；先端钝，急尖或凹入，基部略偏斜，全缘；黄绿色，薄革质，上表面有透明腺点，质脆。有时带顶生或腋生聚伞花序，花冠直径约 4 cm。气香，味苦、辛，有麻舌感。

六、化学成分研究

九里香的挥发油类成分为其最重要的活性成分。九里香叶中含量最高的挥发油成分为（-）-姜烯；其次为 α-姜黄烯、石竹烯、α-香柑油烯、β-倍半水芹烯、α-石竹烯、β-金合欢烯、β-甜没药烯、E-橙花叔醇、桉油醇、氧化石竹烯、Z-α-E-香柠檬醇、Z-金合欢醇、植醇、δ-榄香烯等，其中氧化石竹烯、Z-金合欢醇、植醇为九里香叶特有成分。九里香果含量较高的共有挥发油类成分是（-）-姜烯、α-姜黄烯、α-香柑油烯、β-金合欢烯、β-甜没药烯、β-倍半水芹烯；含量较高的特有成分为 3-甲基-2-丁烯酸-十一酯、3-甲基-2-丁烯酸-十三酯、3-甲基-2-丁烯酸-十二酯，另外还有大根香叶烯 D、异戊酸十二酯、戊酸十二酯。

九里香中含黄酮类化合物如 5，6，7，3'，4'-五甲氧基黄酮、5，7，8，3'，4'-五甲氧基二氢黄酮、5，7，3'，4'，5'-五甲氧基黄酮；香豆素类化合物如 paniculal、九里香乙素、九里香丙素、蛇床子素、脱水长叶九里香内酯、橙皮内酯、伞形花内酯、东莨菪素、murracarpin；生物碱类化合物如 panlculidines A/B/C、koenigine、bis-6-hydroxy-7-methoxygirinimbine、吉九里香碱、mukonicine、柯氏九里香卡任碱[4]。

部分化合物结构式如下：

paniculal

蛇床子素

脱水长叶九里香内酯

koenigine

吉九里香碱

七、现代药理研究

九里香具有多方面药理作用，主要作用如下：

（1）抗炎镇痛作用：九里香可抗炎镇痛，对骨关节炎有很好的疗效。

（2）抗菌作用：九里香对植物病原菌有很好的抑菌活性。

（3）杀虫作用：九里香有很好的杀虫活性，对四纹豆象、桃蚜、萝卜蚜、斜纹夜蛾都有一定的防治作用。

（4）抗生育作用：九里香中含有很多抗生育的有效物质。

（5）降血糖作用：九里香总黄酮可降低肾上腺素所导致的急性高血糖，同时可以改善血脂代谢紊乱，减轻炎性反应和氧化损伤[5]。

八、传统功效、民间与临床应用

全株可入药，味辛，微苦，性温，有小毒。功效为行气止痛、活血散瘀，用于胃痛、风湿痹痛、牙痛、跌打肿痛、蛇虫咬伤等。此外，医药上还用于强壮剂、健胃剂等。

九、药物制剂与产品开发

1. 以九里香为原料的常见中成药

（1）跌打风湿酒。

其处方如下：九里香 160 g、五加皮 50 g、红花 40 g、骨碎补 80 g、细辛 30 g、桂枝 30 g、地黄 40 g、宽筋藤 80 g、千斤拔 80 g、当归 40 g、莪术 50 g、怀牛膝 40 g、栀子 40 g、过江龙 160 g、枫荷桂 80 g、陈皮 30 g、泽兰 40 g、苍术 30 g、麻黄 20 g、木香 30 g、羊耳菊 80 g、海风藤 80 g、甘草 50 g。成品为棕黄色的澄清液体；气香，味苦、微甘。功效为祛风除湿，用于风湿骨痛、跌打撞伤、风寒湿痹、积瘀肿痛。

（2）跌打榜药酒。

其处方如下：九里香 44 g、三七 22 g、无名异 44 g、土鳖虫 22 g、鸡骨香 88 g、泽兰 44 g、薄荷 88 g、木鳖子 44 g、荜澄茄 44 g、栀子 44 g、独角莲 22 g、三棱44 g、草乌44 g、洋金花44 g、南刘寄奴44 g、芥子44 g、莪术44 g、红花44 g、姜黄44 g、甘草44 g、山奈44 g、徐长卿44 g、重楼44 g、油松节44 g、大黄44 g、朱砂根44 g、虎杖44 g、驳骨丹44 g、大茶药44 g、小罗伞44 g、鹰不泊44 g、两面针44 g、肉桂44 g、田基黄44 g、乌药44 g、韩信草44 g、骨碎补44 g、生天南星44 g、火炭母44 g、赤芍44 g、苏木88 g、桃仁44 g、当归44 g、鹅不食草44 g、功劳木44 g、膜叶槌果藤44 g、樟脑132 g、蛤爪草44 g、生姜44 g、黑老虎根44 g、自然铜44 g、高良姜44 g、麝香壳11 g。成品为黄棕色的澄清液体，气香。其功效为消肿止痛，用于跌打损伤、积瘀肿痛。

2. 其他含有九里香的中成药

如克痒敏醑、罗浮山百草油等。

十、其他应用与产品开发

（1）化妆品原料：九里香叶提取物均可用于化妆品原料。

（2）食品香精：可用于制作九里香精油。

（3）香料：叶可作为调味香料。

（4）工艺品：九里香的木材坚硬致密，可制精细工艺品。

参考文献

［1］何开家，曹斌，姜平川，等. 九里香（GAP）规范化种植技术［J］. 大众科技，2009（3）：123 –124.

［2］齐以学. 中原种植九里香［J］. 中国花卉盆景，2012（10）：26 –27.

［3］陈彩英，侯丽颖，林彬，等. 九里香的道地性与临床应用研究［J］. 辽宁中医杂志，2020，47（3）：161 –164.

［4］李艳. 千里香和九里香两种植物的化学成分研究［D］. 云南师范大学，2022.

［5］耿嘉阳，徐磊，黄伟，等. 九里香的药理作用［J］. 黑龙江科学，2016，7（17）：4 –6.

柠　檬

一、来源及产地

芸香科植物柠檬 *Citrus limon*（L.）Osbeck，又名西柠檬、洋柠檬。中国长江以南地区有栽培。原产于东南亚，现广植于世界热带地区。

二、植物形态

该植物为多年生小乔木。枝刺少或近乎无刺。嫩叶及花芽暗紫红色。叶片较大，厚纸质，卵形或椭圆形，翼叶宽或狭；叶缘具明显钝齿，顶部通常短尖。单花腋生或少花簇生；花萼杯状，4～5 浅齿裂；花瓣外面淡紫红色，内面白色；有时单性花，即雄蕊发育，雌蕊退化；雄蕊 20～25 枚或更多；子房近筒状，顶部略狭，柱头状。果椭圆形，两端狭，顶部通常较狭长并有乳头状突尖；果皮厚，通常粗糙，柠檬黄色，难剥离，富含柠檬香气的油点，瓤囊 8～11 瓣，汁胞淡黄色，果汁甚酸。种子小，端尖，卵形；种皮平滑，子叶乳白色，通常单胚或兼有多胚。花期 4—5 月，果期 9—11 月。

三、种植技术要点

（一）场地选择

该植物喜温暖湿润气候，耐阴，不耐寒，宜生长于年降雨量 800～1400 mm的地区。对土壤要求不严，但以土层深厚、疏松、含有机质丰富、保湿保肥力强、排水良好、地下水位低、pH 在 5.5～6.5 的微酸性土壤为宜[1-2]。

（二）繁殖和栽培技术

1. 育苗技术

柠檬的主要繁殖方式为种子繁殖。选择长势良好的母株柠檬果实，于阴凉处晾至半干，取种子，用清水浸泡 7 天，每天更换清水，取出沥干水分，以撒播方式播种[3]。

2. 栽培定植技术

每年春季进行定植，保持株行距 4 m×4 m，种植密度 42 株/亩。将苗木栽入穴时，保持底部根系自然舒展，表面覆盖一层细土，使其呈洼状结构；苗木四周 40 cm 处应比苗木洼地高出 10 cm 以上，防止水分和基肥流失。

3. 幼苗及成年植株管理

（1）幼苗管理。

幼苗期宜施薄肥，初期可选择淋施或滴灌方式施入氮肥，后期可将氮肥、磷肥、钾肥以 10∶3∶2 比例施放，配合松土进行施肥。栽培初期和开花期宜少量多次进行浇水灌溉，雨水过多时应及时开沟排水。幼龄期还应及时修剪，摘苗心，保留 8～10 片树叶；骨干枝条修剪时宜进行拉枝处理，防止扭梢。幼苗期还应及早摘除花蕾，反复摘除 2～3 次。每年秋季对幼龄期苗木进行环扎、断根处理，以促进花芽分化。冬季及时剪除病虫枝、扰乱树形的徒长枝和过密弱枝[1]。

（2）成年植株管理。

抹除夏梢和无叶花枝，过长夏、秋梢留叶 8～10 片摘心，结合树形培养短截延长枝，每年 9—10 月短截结果枝和落花落果枝。每年春季进行轮换修剪枝条，提高果实产量。盛果期（5～10 年树龄）及时修剪更新结果枝条，以延长丰产年限。衰老期（10～20 年树龄），每年 11 月至翌年 1 月，对干枝、枝叶较少的骨干枝和大侧枝进行回缩或更新，重剪弱枝。果实膨大期和秋梢抽发期施腐熟有机肥，并追施尿素和磷钾肥，宜采用薄肥多施的方法。旱季及时浇水，雨季注意排水。夏秋干旱季节，及时中耕，保持土壤疏松，减少水分蒸发，每年中耕 3～4 次，深度 10～15 cm，避免伤根[2]。

（三）病虫害防治

1. 病害

柠檬主要病害有疮痂病、流胶病、脚腐病、烟煤病和溃疡病。疮痂病可选择 75% 百菌清 500～800 倍液、大富生 600 倍液或甲基托布津等农药进行喷施防治；流胶病可选择 50% 甲基托布津或 50% 多菌灵 100～200 倍液涂抹植株防治；脚腐病应选择 90% 疫霉灵 100 倍液或 50% 雷多米尔 200 倍液涂抹植株防治；烟煤病的防治可用 10% 氯氰菊酯 2000～4000 倍液或 1 波美度的石硫合剂喷雾；溃疡病的防治应冬季及时清园，集中烧毁带病枝叶，剪除病枝，病喷施 1 波美度的石硫合剂或 77% 可杀得 1000 倍液[3]。

2. 虫害

柠檬主要的虫害为红蜘蛛、黄蜘蛛、白粉虱、蚜虫、蓟马、根粉蚧和凤蝶等。其中红（黄）蜘蛛的防治宜采用主杆涂抹石硫合剂，或用 73% 克螨特 1500～2000 倍液、爱刺螨 1500～2000 倍液；白粉虱可选择 25% 扑虱灵 1000 倍液或 90% 万灵 3000 倍液喷雾防治；蚜虫的防治选择 40% 氧化乐果 2000 倍液或 20% 来扫利 3000～5000 倍液；蓟马的防治可选择色板诱杀，病害严重时喷施敌敌畏乳油防治；根粉蚧选择速杀蚧 800～1200 倍液、蚧虱克 800～1000 倍液或 40% 乐斯本乳油 1000 倍液喷雾防治；凤蝶可选择 90% 敌百虫晶体 1000 倍液或

98%巴丹原粉 2000 倍液喷雾防治[4]。

四、采收加工

待果皮颜色由深绿转为淡绿时进行采收，取鲜果 500 g，加入食盐 250 g，置于瓦缸中，在日光下连续暴晒至果皮皱缩、软润、出水，即为"腌柠檬"。还可直接加工成饮料、果酱和果脯，或者提取柠檬精油[5]。

五、生药特征

柠檬的果实长椭圆形，长约 4.5 cm，直径约 5 cm，一端有短果柄，长约 3 cm，另端有乳头状突起。外表面黄褐色，密布凹下油点。纵剖为两瓣者，瓤囊强烈收缩。横剖者，果皮外翻显白色，瓤翼 8 ～ 11 瓣。种子长卵形，具棱，黄白色。质硬，味酸、微苦。

六、化学成分研究

柠檬果实中含有大量挥发油类成分，主要包括柠檬烯、（＋）－α－蒎烯、(1R)－（＋）－反式－异柠檬烯、γ－松油烯和β－蒎烯、1－甲基－4－(1－甲基乙基)－1,4－环己二烯、1－甲基－4－(5－甲基－1－亚甲基－4－己烯基)－环己烯、柠檬醛、β－月桂烯、水芹烯、松油醇、莰烯、石竹烯、蒈烯、斯巴醇、丁香酚、辛醛、壬醛、香茅醛、橙花醇和其乙酸酯类。

柠檬营养丰富，富含维生素，如维生素 C、维生素 B、维生素 P、维生素 H、维生素 E 等成分；酸类，如柠檬酸、咖啡酸等；其他成分，如黄酮类、橙皮苷、多种矿物质及微量元素等[6]。

七、现代药理研究

（1）抗菌作用：柠檬提取物对耐药金黄色葡萄球菌所形成的生物膜具有明显抑制作用。

（2）抗高血压、抗病毒、抗炎作用：果皮所含橙皮苷有抗高血压、抗病毒、抗炎作用。

（3）抗氧化、止血作用：柠檬所含咖啡酸有抗氧化、止血作用。

（4）抗焦虑和忧郁作用：柠檬精油具有抗焦虑和忧郁作用。

（5）抑制血小板聚集：柠檬含有的柠檬酸、维生素 C 和柠檬多酚等具有很强的抑制血小板聚集的作用，能改善血液循环、防止血栓形成[6]。

八、传统功效、民间与临床应用

果实入药，味酸甘、性平，入肝、胃经。其功效为化痰止咳、生津、健脾，用于支气管炎、百日咳、维生素 C 缺乏症、中暑烦渴、食欲不振等。

九、药物制剂与产品开发

1. 以柠檬或柠檬酸为原料的常见中成药

（1）柠檬烯胶囊。

柠檬烯胶囊的成分为柠檬、甜橙、柑橘、柚子、香柠檬等。该药物为硬胶囊，内容物为橙黄色的湿润颗粒；具有特异香气，味微甘、微苦；用于胆囊炎、胆管炎、胆结石、胆道术后综合征。

（2）咽康含片。

其处方如下：冬凌草 35 g、玄参 20 g、麦冬 20 g、桔梗 20 g、甘草 10 g、薄荷脑 1.2 g、冰片 0.4 g、艾纳香油 0.2 g、香兰素 0.5 g、甜蜜素 0.5 g、柠檬酸 12 g、蔗糖 750 g。其功效为热解毒、养阴利咽，用于肺经风热所致急慢性咽炎。

2. 含有柠檬酸、柠檬醛的中成药

如振源口服液、龙血竭含片、开喉剑喷雾剂、肤舒止痒膏、脉络通颗粒、红花油、芍倍注射液等。

十、其他应用与产品开发

1. 柠檬果汁水饮料[7]

柠檬果汁水饮料的主要成分为柠檬和水。该产品的制备方法包括：对鲜榨的柠檬果汁进行气化，得到气液混合物；将所述气液混合物在真空条件下，进行气液分离，得到气化小分子果汁水粒，所述气化小分子果汁水粒中含有柠檬香气成分；将所述气化小分子果汁水粒冷凝、贮藏、灭菌、灌装，得到有柠檬果淡香气口感的柠檬果汁水饮料。该产品不含糖、酸等热量成分，不但具有良好的清热解渴功效，而且柠檬香气成分淡雅丰富，同时也符合避免摄入糖、酸等成分，满足健康时尚消费人群的需要，适用范围广。

2. 柠檬罗勒奶酪酱[8]

柠檬罗勒奶酪酱的主要成分包括淡味奶酪、黄油、全脂奶粉、柠檬酱、罗勒粉、薄荷粉、果葡糖浆、白砂糖、甜菊糖、果胶、焦磷酸钠、柠檬香精、柠檬酸、水。该产品的制备方法为将所有原料在 95 ℃下熔融，控制 pH 为 5.4，并调节压力 20 MPa 均质，调节 pH 为 5.19，密封于 100 ℃杀菌 15 min，灌装冷却成型，即得目标产品。

3. 化妆品

如柠檬精油、柠檬去角质凝露、柠檬纯露、柠檬面膜等。

参考文献

[1] 李建开. 幼龄柠檬果园早结高效栽培技术 [J]. 热带农业工程，2020，44 (3)：55 −57.

[2] 李翠，刘威. 天然药物——柠檬 [J]. 生命世界，2021 (9)：42 −43.

[3] 杨国德. 瑞丽市柠檬修剪技术要点 [J]. 云南农业科技，2021 (1)：31 −33.

[4] 梁恩富. 关于柠檬栽植管理技术变革的探索 [J]. 农家参谋，2018 (7)：76.

[5] 张育业. 德化县引进台湾四季青柠檬栽培技术 [J]. 南方农业，2021，15 (18)：71 −72.

[5] 刘黎明，杨梅，赵云龙，等. 中药柠檬生物活性物质及中药药理研究进展 [J]. 双足与保健，2018，27 (18)：91 −92.

[7] 谢振文，彭华松，刘海波. 柠檬果汁水饮料的制备方法及柠檬果汁水饮料：CN 103859511 A [P]. 2014 −06 −18.

[8] 于沛沛，夏文水，姜启兴，等. 一种柠檬罗勒奶酪酱的制备方法及柠檬罗勒奶酪酱：CN 107047785 A [P]. 2017 −08 −18.

黄 皮

一、来源及产地

芸香科植物黄皮 *Clausena lansium*（Lour.）Skeels，又名黄弹、黄弹子。原产于中国南部，台湾、福建、广东、海南、广西、贵州南部、云南及四川金沙江河谷均有种植。世界各地热带及亚热带地区均有引种。

二、植物形态特征

该植物为多年生小乔木。小枝、叶轴、花序轴，未张开的小叶背脉上散生甚多明显凸起的细油点且密被短直毛。羽状复叶，硬纸质小叶 5～11 片，密布透明腺点，阔卵形或卵状长椭圆形；基部阔楔形至圆，常一侧偏斜，两侧不对称，长 6～14 cm，宽 3～6 cm；边缘波浪状或具浅圆裂齿，无毛或在背面中脉被短细毛。圆锥花序顶生；花芳香，黄白色，花蕾圆球形，星芒状，有 5 条稍凸起的纵脊棱；萼片和花瓣均 5 片，前者外面被短柔毛，后者开放时反展，两面常被黄色短毛；雄蕊 10 枚，子房上位，5 室，具花盘。浆果常圆形或椭圆形，大小不一，长 1.5～3 cm，宽 1～2 cm，淡黄至暗黄色，果皮具腺体；密被细毛或略被毛，2～5 室，果肉乳白色，半透明。种子 1～4 粒。花期 4—5 月，果期 7—8 月。

三、种植技术要点

（一）场地选择

黄皮喜温暖湿润、阳光充足的环境。宜选择年降雨量 1500 mm、平均气温 20 ℃的气候环境，土壤肥沃、排水良好、土层深厚的沙质壤土、壤土或砾质壤土种植[1]。

（二）繁殖和种植技术

1. 育苗技术

黄皮的主要繁殖方式为播种繁殖。选择无病虫害果实，从中取出种子，洗去附着果肉和胶质，即可播种，也可保温贮藏数天再播种。播种时粒距 3～4 cm，播种后覆盖细肥土或细河沙，厚度 1 cm，淋水，覆盖塑料薄膜。嫁接宜选择3—

4月上午进行，嫁接半个月内不淋水，每月施农家肥 1 ～ 2 次，及时浇灌[1]。

2. 定植技术

定植一般选择每年 2—5 月份或 9—11 月份进行，每亩 50 ～ 80 株，株行距 3 m×4 m 或 2.5 m×3.5 m。定植时按长宽各 1 m、深 0.8 m 进行挖穴，每穴埋施绿肥 50 kg、土杂肥 50 kg、石灰 500 g、磷肥 500 g。定植时避免根部与肥料接触，保持幼苗直立，根系向四周自然舒展，细土覆盖幼苗到根颈处为宜，回填表土应高出地面约 20 cm[2]。

3. 幼苗及成年植株管理

（1）幼苗管理。

种子发芽后，撤去薄膜，搭建遮阴篷，幼苗期应勤施薄施，以氮肥为主，配合施用磷肥、钾肥、钙肥、镁肥和叶面微肥。定植成活后 1 个月开始施肥，此后每次新梢萌芽前和新梢转绿后施肥；每年冬季要深施有机肥，加强土壤水分管理，干旱天气及时浇水，洪涝天气及时排水，保持土壤湿润。夏秋季节及时松土除草，深度以 5 ～ 10 cm 为宜。定植成活后，在主干高 40 ～ 50 cm 处摘心或短截定干，待主枝老熟后，在 15 ～ 20 cm 处进行摘心或短截，促进剪口下的芽萌发。

（2）成年植株管理。

成年植株采果后进行第一次施肥，宜选用"三元复合肥"（氮、磷、钾配比为 15：15：15），每株 200 ～ 300 g，或施尿素 200 g；秋梢萌发后，施第二次肥，每株施"三元复合肥"（氮、磷、钾配比为 15：15：15）200 ～ 300 g；大寒前后，施第三次肥，每株施禽畜粪 10 kg、麸饼 500 g、菇渣 10 kg、草料 15 kg、石灰 250 g；盛花期施第四次肥，每株施复合肥 150 ～ 200 g；果实膨大期施第五次肥，每株施复合肥 150 ～ 200 g。冬季及时修剪枯枝、病虫枝和弱枝，保持树体通风透光[2]。

（三）病虫害防治

1. 病害

黄皮主要的病害为炭疽病、叶斑病、煤烟病。喷施 70% 甲基托布津可湿性粉剂 1000 ～ 1500 倍液、60% 百泰水分散颗粒 1200 倍液防治炭疽病；喷施 50% 锰锌多菌灵可湿性粉剂 600 倍液、50% 异菌脲可湿性粉剂 1000 倍液防治叶斑病；喷施 53.8% 氢氧化铜干悬浮剂 1000 倍液防治煤烟病。

2. 虫害

黄皮主要的虫害为介壳虫、蚜虫、红蜘蛛、潜叶蛾和螨虫类。防治方法为加强水肥管理，增强植株抗病虫害能力；采果后剪除病虫枝，做好清园，减少虫源。喷施 10% 吡虫啉可湿性粉剂 800 ～ 1000 倍液或 20% 三氯杀螨醇乳油 800 ～ 1000 倍液防治介壳虫、蚜虫、潜叶蛾和螨虫类；喷施 5% 霸螨灵 2000 倍液、20% 螨死净 3000 倍液或三氯杀螨醇 1000 倍液防治红蜘蛛[3]。

四、采收加工

黄皮每年 6 月下旬至 7 月下旬采收，一般当成熟度在 8 ～ 9 成时采收较为适宜，选择晴天进行；采收时宜轻拿轻放，连同果穗基部并带半节结果母枝一同剪下。选择成熟度在 8 ～ 9 成时的果实加工为果脯，选择成熟度 9 成以上的加工成果汁。

五、生药特征

果实呈类圆形，直径 0.8 ～ 2.3 cm。外表面黄褐色或深绿色，具有皱纹。果肉较薄。种子扁卵圆形，长 1.1 ～ 1.4 cm，宽 8 ～ 9 mm，厚 3 ～ 4 mm，棕色或棕黄色。气微，味辛、略苦。

叶多皱缩、破碎，黄绿色至深绿色，完整者常呈阔卵形，密布半透明腺点及疏柔毛；先端急尖或短渐尖，基部常楔形，歪斜，两侧不对称；全缘或微带浅波状至圆齿状，边缘略反卷。叶脉在叶面凹下，叶背面凸起，叶脉及小叶柄被短柔毛。质脆，气香，味微苦辛[4]。

六、化学成分研究

黄皮挥发油类成分中，萜烯类化合物如萜品烯 - 4 - 醇、桧萜、γ - 松油烯、α - 松油烯是其主要特征香气成分。另外其还含有 β - 蒎烯、月桂烯、萜品油烯、石竹烯、β - 红没药醇、斯巴醇等。

生物碱类化合物是黄皮发挥药理作用的重要活性成分之一，包含酰胺类生物碱如左旋黄皮酰胺、黄皮新肉桂酰胺 B，以及黄皮的特征成分咔唑类生物碱如简单取代咔唑类、吡喃或去氢吡喃并咔唑类、1，4 - 醌 - 咔唑类及二聚体咔唑类。

此外，黄皮还含有香豆素类化合物如 8 - 羟基呋喃香豆素、欧前胡素；多酚类化合物如绿原酸、香草酸、对香豆酸、阿魏酸、7 - 羟基香豆素；黄酮类化合物如表儿茶素、芦丁、黄皮素内酯类、肉桂酰胺类和色素等。

部分化合物结构式如下：

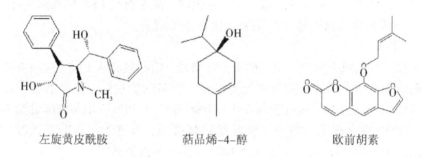

左旋黄皮酰胺　　　　　　萜品烯-4-醇　　　　　　　欧前胡素

七、现代药理研究

（1）抗肿瘤作用：黄皮提取物对宫颈癌细胞、人结肠癌细胞、黑色素瘤细胞、人表皮癌细胞、人乳腺癌细胞具有显著细胞毒活性。

（2）抗氧化活性：黄皮叶的醇提取液具有较强的抗氧化活性，不同产地黄皮叶提取物抗氧化活性相差较大。

（3）其他作用：黄皮还具有明显的降血糖、保肝等多方面的药理作用[5]。

八、传统功效、民间与临床应用

黄皮果核和果皮入药，具有利尿、消肿、通津液、止渴、益气、消暑、清热、止咳等功效。叶有解表散热、顺气化痰的功能，用于感冒、流感、疟疾和支气管炎等。

九、药物制剂与产品开发

1. 以黄皮为原料的常见中成药

（1）黄皮散。

其处方如下：黄皮、山栀子各等分。将以上两药碾粉为末，凉水调涂，用于小儿遍身火瘤及赤游。

（2）贯黄感冒颗粒。

其处方如下：贯众 209 g、黄皮叶 313 g、路边青 156 g、三叉苦 156 g、生姜 31 g 等。其功效为辛凉解毒、宣肺止咳，用于风热感冒、发热恶风、头痛鼻塞、咳嗽痰多。

2. 其他含有黄皮的中成药或方剂

如海桐皮散（主要成分为黄连、全蝎、硫黄、花椒、大腹皮、樟脑、海桐皮、白芷、轻粉、黄皮、蛇床、枯矾、榆树皮、斑蝥等）、复方黄皮叶口服液（主要成分为黄皮叶 700 g、藿香 40 g、薄荷 18 g、板蓝根 48 g、地黄 48 g 等）。

十、其他应用与产品开发

1. 香料

黄皮提取物可应用于卷烟加香过程，能够显著改善卷烟的品质，表现在与烟香协调、提升香气明亮度、烟气柔绵细腻、增加口腔津润感和回甜感等方面。

2. 化妆品原料

黄皮叶提取物可用于化妆品原料。

3. 黄皮馅料[6]

黄皮馅料风味独特，可应用于月饼等食品。以黄皮果的果肉为主要原料的馅料，能保持黄皮原有的风味。取新鲜黄皮加调料汁混合均匀后，腌制得到具有黄皮果风味的调料汁和黄皮果腌制品，然后取冬瓜纤维加入上述调料汁，与黄皮果腌制品混合，制得黄皮馅料。

4. 黄皮饮料[7]

黄皮饮料主要成分包括黄皮多糖提取物、大果山楂、山药、猴头菇；其中大果山楂、山药、猴头菇按照干货的 1∶3∶4 比例进行混合获得辅料粉末；然后按照每升黄皮多糖提取物加入 5 ～ 15 g 上述辅料粉末，并经益生菌发酵及后处理即可制成。

参考文献

［1］刘红红，覃金芳，郑宇，等. 广西玉林黄皮优质高效种植及管理技术［J］. 农业科技通讯，2020（1）：287 – 289.

［2］王开成，周兆禧. 海南黄皮高效种植管理技术［J］. 热带农业科学，2021，41（8）：16 – 19.

［3］曾飞. 浅析黄皮的种植技术和病虫害防治技术［J］. 农民致富之友，2017（10）：189.

［4］戴斌，丘翠嫦. 黄皮叶的生药学研究［J］. 中国民族民间医药杂志，1997（6）：38 – 41.

［5］张瑞明，万树青，赵冬香. 黄皮的化学成分及生物活性研究进展［J］. 天然产物研究与开发，2012，24（1）：88，118 – 123.

［6］谭光耀. 一种黄皮馅料的制备方法及黄皮饼：CN 114145329 A［P］. 2022 – 03 – 08.

［7］梁晓君，张娥珍，黄振勇，等. 一款健脾益胃黄皮饮料及其制备工艺：CN 113925119 A［P］. 2022 – 01 – 14.

两面针

一、来源及产地

芸香科植物两面针 *Zanthoxylum nitidum*（Roxb.）DC.，又名钉板刺、入山虎、麻药藤、入地金牛、叶下穿针、红倒钩簕、大叶猫爪簕。产于中国台湾、福建、广东、海南、广西、贵州及云南等省区，多见于海拔 800 m 以下的温热地带。

二、植物形态

该植物为多年生木质藤本，幼株为直立灌木。茎枝、叶轴下面及小叶两面中脉常具钩刺。奇数羽状复叶，小叶 3 ～ 11 片，小叶对生，厚纸质至革质，常宽卵形，长 3 ～ 12 cm；先端尾状，凹缺具油腺点，基部圆或宽楔形，疏生浅齿或近全缘，两面无毛。具腋生聚伞状圆锥花序；萼片和花瓣均 4 片，淡黄绿色，雄花具 4 雄蕊；雌花雌蕊具 3 ～ 4 心皮。果皮红褐色，顶端具短芒尖，具多数油腺点。种子近球形，径 5 ～ 6 mm。花期 3—5 月，果期 9—11 月。

三、种植技术要点

（一）场地选择

两面针常生长于海拔 100 ～ 400 m 低山或丘陵灌木丛和疏林地，宜选择温暖、湿润、向阳且排灌良好的平地或缓坡种植；喜土层深厚、土质疏松、富含腐殖质的赤红壤、红壤、黄棕壤、沙壤土或石灰土，土壤 pH 在 5.0 ～ 7.0 较为适宜，耐旱，忌积水[1-2]。

（二）繁殖和栽培技术

1. 育苗技术

两面针的常见繁殖方式为种子繁殖和扦插繁殖。种子繁殖时宜随采随播，将种子与湿度 60% 的河沙按照质量比为 2∶1 的比例混匀，将种子揉搓至表面粗糙，然后用 30 ～ 40 ℃温水浸泡 12 h 或用 100 mg/L 赤霉素浸泡 12 h；播种后覆盖一层细沙，用喷雾器喷水浇灌，加盖遮阳网，保证遮光度 35%。扦插繁殖选择 1 年生或 2 年生、无病虫害的强壮枝条作为插条，茎粗 1 ～ 2 cm，长 13 ～ 18 cm，具有 3～4 个节，每个插条顶端保留 2 个以上的芽点。剪去梢尖幼嫩部分，上端靠节上部 1～2 cm 处平切，下端靠节下面约 1 cm 处剪成楔形斜口，下端放入植物生长调节剂 GGR7 号（50 mg/kg）或 800 mg/L 吲哚丁酸中浸泡 30 min，按株行距 12 cm × 25 cm 进行扦插，浇水后用塑料薄膜拱棚覆盖[3-4]。

2. 栽培定植技术

宜选择每年 1—5 月或 10—11 月阴雨天进行定植，壮苗每穴定植 1 株，弱苗每穴 2 株，填土压实，再盖土略高于畦面，浇足定根水。

3. 幼苗及成年植株管理

（1）幼苗管理。

育苗期间注意浇水，保持畦面湿润，雨天应排水，防止水淹，及时除草；待苗高 30～40 cm，可出圃种植。

（2）成年植株管理。

及时中耕除草，一般每年春季、夏季和冬季进行；冬季结合中耕除草进行培土。每年追肥 1～2 次，分别于每年 3—4 月和 6—7 月各追肥 1 次，以复合肥为主。在距离植株 30 cm 处挖 20 cm × 20 cm × 20 cm 的坑或深为 20 cm 的环状沟，每株 0.15 kg，覆盖土壤。及时打顶。冬季休眠期时剪去老、弱、病和枯枝[3-4]。

（三）病虫害防治

1. 病害

两面针常见病害为黄化病和立枯病。常见防治方法为深耕细作，及时清理田园杂草，科学施肥，选育抗病害品种；对于立枯病还可用 75% 敌克松可湿性粉剂与 50% 的多菌灵可湿性粉剂兑水稀释 600～800 倍灌根，每 7 天灌 1 次，连续 2～3 次来进行防治。

2. 虫害

两面针常见虫害为蚜虫、小地老虎、柑橘粉蚧和独角犀。常见防治方法是及时剪除受虫害的枝条，利用天敌捕杀或人工捕杀[3]。

四、采收加工

两面针种植 4～5 年后，待主干直径达 3 cm 以上时，于每年 10—11 月果实成熟，果皮为紫红色或紫褐色，种子外露呈黑色时采收种子；除去地上部分，洗净根部泥沙，切片，晒干[4]。

五、生药特征

根为厚片或圆柱形短段，长 2～20 cm，厚 0.5～6 cm；表面淡棕黄色或淡黄色，具鲜黄色或黄褐色类圆形皮孔；切面较光滑，皮部淡棕色，木质部淡黄色，同心性环纹及密集的小孔可见；质地坚硬；气微香，味辛辣，麻舌而苦。

六、化学成分研究

两面针的主要活性成分为生物碱类化合物，根中生物碱以苯骈菲啶类、小檗碱类、喹啉类三类的含量最多。裂环苯骈菲啶型以 Iso-arnottianamid、Integriamide 为代表；苯骈菲啶型主要为白屈菜红碱、两面针碱、异崖椒定碱；二氢苯骈菲啶型包括二氢白屈菜红碱、8-（1-羟基）-乙基二氢白屈菜红碱等；氧化苯骈菲啶型包括氧化特日哈宁碱、氧化白屈菜红碱、光叶花椒酮碱等；小檗碱类主要为黄连碱、小檗红碱；喹啉类主要为白鲜碱、菌芋碱；其他类生物碱，如两面针酮 A、α-别隐品碱、加锡弥罗果碱、鹅掌楸碱等。

叶中成分包括 β-谷甾醇、橙皮素、咖啡酸乙酯、原儿茶酸、4-甲氧基喹啉-2-酮、松脂醇、5-甲基松脂素、丁香脂素、N-苯甲酰基-L-苯丙胺醇、N-反式香豆酰酪胺、L-芝麻素、棕榈酸、3-吲哚甲酸、香叶木素、浙贝素、牡荆素、异东莨菪素、黑麦草内酯等[5-6]。

七、现代药理研究

（1）抗氧化作用：两面针提取物，包括水煎液、乙醇浸液、乙醇加水浸液有不同程度的抗氧化作用。

（2）抗炎、镇痛作用：两面针根提取物中的褐色油状物对实验动物均有一定的镇痛作用，可使小鼠扭体反应明显减少，显著提高痛阈。

（3）抗菌作用：两面针根和茎不同极性部位的乙酸乙酯提取物及正丁醇提取物对大肠埃希菌、沙门氏菌、白色念珠菌、金黄色葡萄球菌和枯草芽孢杆菌均有较好的抗菌活性。

（4）抗肿瘤作用：氯化两面针碱等生物碱类成分在两面针抗肿瘤药效活性中发挥了重要作用；其他苷类、香豆素、酯类等成分也起到了相互协同增效作用。

（5）钙拮抗剂：两面针碱可以明显抑制钙调素依赖的环核苷酸磷酸二酯酶的活性。

（6）镇静、解痉作用：两面针提取物具有镇静和解痉作用，毒性较低，其通过 M-胆碱系统对肠平滑肌有直接松弛作用[5]。

八、传统功效、民间与临床应用

两面针功效为活血化瘀、行气止痛、祛风通络、解毒消肿，用于跌扑损伤、胃痛、牙痛、风湿痹痛、咽炎、腰腿痛、毒蛇咬伤，外治烧烫伤等。

九、药物制剂与产品开发

1. 以两面针为原料的常见中成药

（1）鼻咽清膏剂。

其处方如下：两面针 195 g、野菊花 390 g、苍耳子 390 g、重楼 390 g、蛇泅勒 390 g、夏枯草 195 g、龙胆 117 g、党参 117 g。其功效为清热解毒、消炎散结，用于鼻咽部慢性炎症、咽喉肿痛以及鼻咽癌放射治疗后分泌物增多。

（2）梁财信跌打丸。

其处方如下：两面针 24 g、牡丹皮 122 g、三棱 122 g、莪术 122 g、防风 122 g、延胡索 122 g、五灵脂 122 g、乌药 132 g、桃仁 98 g、柴胡 73 g、当归尾 49 g、木香 37 g、黑老虎 24 g、韩信草 24 g、小驳骨 24 g、鹅不食草 24 g、鸡骨香 24 g、骨碎补 122 g、赤芍 122 g、郁金 122 g、续断 122 g、蒲黄 122 g、益母草 98 g、红花 98 g、大黄（黄酒炖）244 g、枳壳 61 g、青皮 44 g、徐长卿 73 g、牛大力 24 g、大驳骨 24 g、朱砂根 24 g、毛麝香 24 g。该药物的制备方法为以上三十二味，粉碎成细粉，过筛，混匀。每 100 g 粉末加炼蜜 130～140 g，制成大蜜丸，即得。成品为棕褐色的大蜜丸；气芳香，味辛、苦；其功效为活血散瘀、消肿止痛，用于轻微跌打损伤、积瘀肿痛、筋骨扭伤。

2. 其他含有两面针原料的中成药

如罗浮山风湿膏药、双龙风湿跌打膏、驳骨水、跌打榜药酒、克痒敏醑、浮山百草油等。

十、其他应用与产品开发

1. 两面针牙膏[7]

两面针牙膏主要组成为两面针提取物、柚皮苷、断血流提取物等。该品将特定配比的两面针提取物、柚皮苷和断血流提取物添加至牙膏中，上述成分相互协同，对金黄色葡萄球菌、白色念珠菌具有较强的抑菌效果，对牙龈卟啉单胞菌、变形链球菌的生物细胞生长曲线具有较强的抑制效果，同时还有明显的抗炎和止血效果，对保护牙龈健康、维护口腔卫生具有积极作用。

2. 两面针肉鸡饲料[8]

两面针肉鸡饲料主要成分包括两面针、玉米、麸皮、豆粕、菜叶饲料、鱼粉、食用盐、桑叶、甜菜叶、芹菜叶、白菜叶、黄芪、白术、枸杞、甘草份、植物油、防霉剂。该品中添加的两面针能够改善肉鸡生产性能，提高肉鸡的日采食量和日增重，对肝肾没有不良影响，具有抑菌效果，能够保护胃肠道黏膜，提高了鸡群的抗病能力。

3. 化妆品原料

两面针提取物可用于化妆品原料。

参考文献

［1］蒋珍藕，钟一雄，赖茂祥，等. 中药材两面针套种试验及效益分析［J］. 现代中药研究与实践，2017，31（6）：1-3.

［2］黄宝优，黄雪彦，董青松，等. 两面针生态种植技术规程［J］. 热带农业科学，2020，40（3）：39-42.

［3］时群，梁刚，蔡林，等. 两面针容器育苗技术［J］. 林业实用技术，2012（5）：32-33.

［4］时群，梁刚，蔡林，等. 两面针林下栽培技术［J］. 林业调查规划，2013，38（3）：131-134.

［5］扶佳俐，杨璐铭，范欣悦，等. 两面针化学成分及药理活性研究进展［J］. 药学学报. 2021，56（8）：2169-2181.

［6］李凌松. 两面针叶乙酸乙酯部位化学成分研究［D］. 广西医科大学，2018.

［7］黄晓燕，李江平，唐红艳，等. 含两面针提取物的中药护龈口腔护理用品：CN 115040582 A［P］. 2022-09-13.

［8］周贞兵，陆云辉，赖春凤，等. 一种含有两面针的肉鸡饲料及其制备方法：CN 111743047 A［P］. 2020-10-09.

降真香

一、来源及产地

豆科植物降真香 *Dalbergia odorifera* T. Chen，又名降香、降香檀、花梨母、紫降香、鸡骨香、紫藤香、紫金藤，分布于中国福建、广东、海南、广西等省区。

二、植物形态特征

该植物为多年生乔木。全株无毛，幼枝、花序及子房略被短柔毛；小枝有小而密集皮孔。羽状复叶，总叶柄长 1.5～3 cm；托叶早落；小叶 3～6 对，近革质，卵形或椭圆形，长 3.5～8 cm，小叶柄长 3～5 mm；复叶顶端的 1 枚小叶最大，往下渐小，基部 1 对仅为顶部小叶叶长的 1/3，两面无毛。多数聚伞花序组成的圆锥花序腋生，分枝呈伞房花序状；花长约 5 mm，初时密集于花序分枝顶端，花萼钟状，长约 2 mm；花冠乳白色或淡黄色，各瓣近等长；旗瓣倒心形，翼瓣长圆形，龙骨瓣半月形，各瓣均具爪；雄蕊 9 个，单体雄蕊；子房有胚珠 1～2 粒。荚果舌状长圆形。肾形种子 1～2 粒。

三、种植技术要点

（一）场地选择

降真香为典型的阳性树种，在海拔 800 m 以下的区域都能进行种植，宜选择地势向阳、开阔起伏、排水良好、有一定坡度的山地种植。

（二）繁殖和种植技术

1. 采种与保存

降真香常用种子繁殖。选择 15 年生以上生长健壮、心材率较高的母树采种，当 10—12 月荚果变成黄褐色时即可采摘。种子不易保存，果荚含种子在低温约为 12 ℃状态下，能有效保存 6 个月，种子仍具有良好的生命力。

2. 播种床准备

播种前要清除杂草、疏松表土、整地作床，床面宽 1.0～1.2 m，铺厚 5 cm细沙；整平床面，稍压紧；用 1.0～5.0 g/L 高锰酸钾或代森锰锌溶液喷洒淋透苗床，覆盖薄膜 2～3 天，揭薄膜稍晾干后即可用于播种。

3. 播种

用 50 ℃的温水浸泡种子 15 h 后清洗，用稀释的 1.0 g/L 多菌灵溶液杀菌，捞出即可播种。春节前后至 3 月上旬播种，种子均匀撒播于床面上，以分散为宜。然后覆盖细沙厚 1 cm，覆盖遮阴网。

4. 幼苗移植

播种 20 天后发芽，长出两片真叶即可分批移苗上袋，移苗宜在阴雨或小雨天进行。移苗前将苗床和营养土淋透水，壮苗，入袋苗先用 10.0 g/L 的生根壮苗剂泥浆乳液蘸根；基质打孔；种植芽苗深度稍高于芽苗根茎处，压实并浇透水。营养土基质应具良好持水力和透气性，配方为将黄泥心土、火烧土、生物有机肥、过磷酸钙以 1∶0.1∶0.05∶0.01 的体积比进行调配，配好后充分发酵 15 天以上。移苗后应用 70% 透光率的遮阴网遮盖一周，保持基质湿润。移苗 2 周后，每隔 1 周用 5～10 g/L 磷酸二氢钾溶液喷施叶面，清除杂草。幼苗出圃前 2 个月，将容器苗换床进行切根炼苗。苗高 30 cm 和直径 0.5 cm 以上即可出圃。

5. 造林与抚育管理

（1）整地与备耕。

在造林前 1～2 个月进行林地清理。株行距以 2 m×（2.5～3 m），即每公顷 1667～2000 株为宜，采用人工或机械垦穴，穴的规格常为 60 cm×60 cm×50 cm。

（2）回土与施基肥。

挖穴时，分别将表土与心土置于穴的两侧，风化 10～15 天后回填，先填表土，回土至 1/3 深时，施加有机肥 10～30 kg 和复合肥 0.5～1.0 kg，适当混匀后再将全部新土填入，并将穴周围的表土铲至穴上。

（3）定植。

适宜在 3—4 月阴雨天进行定植。造林前一天将苗木充分淋透水，运苗及栽植时注意保护营养袋的土团不松散，小心脱去营养袋，确保根系完整，将苗植入穴中央。栽植深度为苗木根颈部略高出穴面 2～3 cm，分层回土压实。

（4）抚育管理。

栽植 1 月后，及时查苗补植，确保苗木成活率和造林保存率均达九成；种植后前 5 年，每年 4 月、9 月除草松土各一次；种植 5 年后，秋冬季除草松土一次；前 5 年结合除草松土实施追肥，在植株冠幅滴水线处上坡、两侧处挖穴，规格为 40 cm×40 cm×30 cm，施加有机肥 5～10 kg 和复合肥 0.25～0.5 kg，2 次/年。种植 5 年后，追加有机肥 10.0 kg 和复合肥 0.5～1.0 kg，1 次/年，并及时培土和修枝整型。修枝采取"留小除大"的原则，即影响主干的较大侧枝剪除，不影响主干的较小侧枝可适当保留，以保证植物叶片的光合作用。修枝整型一般于秋冬季节进行。

（三）病虫害防治

1. 病害防治

降真香常见病害有黑痣病和炭疽病，好发于嫩叶嫩梢。应以预防为主，即加强抚育管理，提高植株抗性。病害出现时可用70%代森锰锌可湿性粉剂防治，也可使用50%或1～1.25 g/L甲基托布津稀释溶液喷洒，每隔7天喷1次，连续2～3次。

2. 虫害防治

降真香主要虫害有黑肾卷裙夜蛾、瘤胸天牛。前者常危害枝干，在幼虫期用2.50～3.33 g/L敌百虫或辛硫磷溶液从虫孔注入并封孔口；后者主要危害植株叶片，在虫害发生期，可采用50%杀螟松0.67 g/L溶液进行喷洒[1]。

四、采收加工

当降真香的心材形成以后，一年四季均可进行采收，即砍伐降真香树干后，将其锯成长约50 cm的短段，阴干，切取心材包装即可[2]。

五、生药特征

降真香心材呈圆柱形或不规则块状。表面紫红色或红褐色，切面有致密的纹理。质硬，有油性；气微香，味微苦。入药以不带白色边材、色紫红、坚硬、气香、入水下沉者为佳。

六、化学成分研究

降真香的主要化学成分包含挥发油类化合物和黄酮类化合物。挥发油类主要成分为醇类化合物，相对含量较高的有橙花叔醇（17.98%）、氧化橙花叔醇（13.32%）、氧化橙花叔醇异构体Ⅰ（55.66%）、氧化橙花叔醇异构体Ⅱ（6.73%），另外还有6，10-二甲基-5，9-二烯酮-2、β-甜没药烯、反式-β-金合欢烯、1，2，4-三甲基环己烷、α-檀香醇、4-甲基-4-羟基环己酮、香叶基丙酮等。

降真香中的黄酮类化合物包含甘草素、异甘草素、洪都拉斯黄檀素乙、柚皮素、山姜素、北美圣草素、木樨草素及木樨草苷、（3R）-4'-甲氧基-2'，3，7-三羟基-二氢异黄酮等[3]。

部分化合物结构式如下：

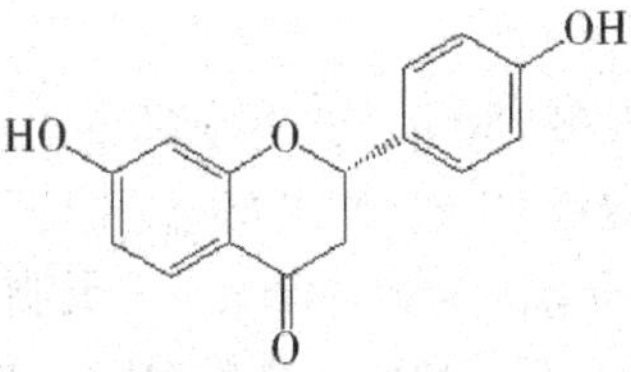

甘草素 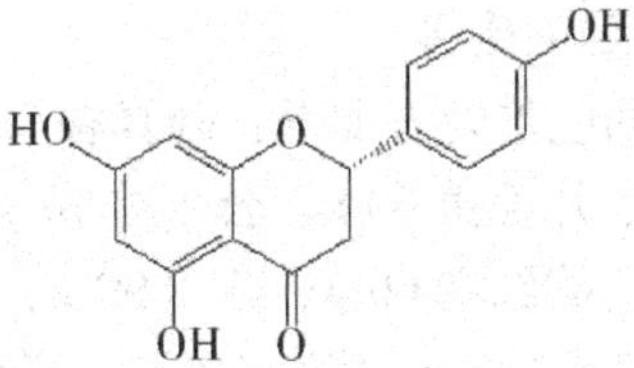　　　　　　　　　　柚皮素

七、现代药理研究

降真香的药理作用如下：

（1）抗氧化作用：降真香心材中的紫铆花素能够清除多种自由基及螯合金属离子，是抗脂质和低密度脂蛋白过氧化作用的强抗氧化剂。

（2）保护心血管作用：降真香具有一定的促血管新生作用，能够促进鸡胚尿囊膜血管生长，也可促进体外内皮细胞的增殖。降真香挥发油可通过抑制糖酵解调控心肌能量代谢，而降真香水提取物则通过激活腺苷酸活化蛋白激酶（AMPK）信号通路调整心肌能量代谢。

（3）抗血栓、血小板聚集作用：降真香挥发油及其饱和水溶液均可明显抑制大鼠实验性血栓形成，明显提高兔血浆纤溶酶活性，大剂量时可提高孵育兔血小板中 cAMP 的水平，说明降真香有抗血栓形成作用。

（4）抗炎作用：降真香中的甘草素、异甘草素、柚皮素和甜菜碱具有较好的抗炎活性。

（5）抗肿瘤作用：降真香中的非瑟酮具有较好的抗肿瘤活性。

（6）抑菌作用：降真香挥发油对绿脓杆菌、枯草芽孢杆菌、金黄色葡萄球菌、肠炎沙门氏菌和大肠埃希氏菌均有一定的抑菌活性[3]。

八、传统功效、民间与临床应用

降真香的心材入药，气味淡，稍苦，烧之香气浓郁，可理气、止血、定痛；用于治疗吐血、咯血、金疮出血、跌打损伤、痈疽疮肿、风湿腰腿痛、心胃气痛等症；民间常用于熏蒸、沐浴等方面。

九、药物制剂与产品开发

1. 水杨膏

水杨膏处方如下：降真香 45 g、水杨皮 60 g（锉）、槐皮 60 g（锉）、黄丹 180 g、麒麟竭 30 g（末）、密陀僧 45 g（细研）、白松脂 30 g，蜡 30 g，白蔹 30 g（锉）、油 1000 g。该药能生肌敛疮，用于一切痈疽发背。

2. 化癥回生丹

化癥回生丹处方如下：降真香 60 g、人参 180 g、安南桂 60 g、两头尖 60 g、麝香 60 g、片姜黄 60 g、公丁香 90 g、川椒炭 60 g、䗪虫 60 g、京三棱 60 g、蒲黄炭 30 g、藏红花 60 g、苏木 90 g、桃仁 90 g、苏子霜 60 g、五灵脂 60 g、干漆 60 g、当归尾 120 g、没药 60 g、白芍 120 g、杏仁 90 g、香附 60 g、吴茱萸 60 g、延胡索 60 g、水蛭 60 g、阿魏 60 g、小茴炭 90 g、川芎 60 g、乳香 60 g、良姜 60 g、艾炭 60 g、益母膏 240 g、熟地黄 120 g、鳖甲胶 500 g、大黄 240 g（为细末，以高米醋 750 g 熬浓，晒干研末，再加醋熬，如是 3 次，晒干研末）；共为细末，以鳖甲、益母、大黄三胶和匀，再加炼蜜为丸，每丸重 4.5 g，蜡皮封护。该药可化瘀血、破积消坚，用于痛经，妇女将欲行经、误食生冷腹痛者，经闭、产后瘀血、少腹痛等。

3. 降真香降糖中药汤剂[4]

降真香降糖中药汤剂处方如下：降真香 15 g、黄芪 25 g、当归 10 g、桃仁 5 g、地龙 10 g、川芎 10 g、赤芍 10 g、红花 5 g。其制作方法为取上述各成分，洗净晾干，然后加入适量的水浸没，煮沸后文火煎煮 1～2 h，取汁 200 mL，过滤，灌装至专用的药剂袋中，即得。该汤剂可有效提高糖尿病周围神经病变的治疗效果，明显改善周围病变的运动神经传导速度。

十、其他应用与产品开发

1. 香料

常用于寺庙熏香。

2. 化妆品及原料

降真香提取物可用于化妆品原料。由降真香精油组成的具体产品如下：

（1）降真香精油脂质体美白乳液[5]。

降真香精油脂质体美白乳液的主要成分为降真香精油、大豆卵磷脂、胆固醇、吐温80、皂树皮提取物、海藻酸钠、霍霍巴油、维生素C、透明质酸。按照乳液的制备方法即得成品。其具有消炎、淡化痘印和美白等作用。

（2）降真香精油祛斑霜[6]。

降真香精油祛斑霜的主要成分为降真香精油，按照霜剂的常规制备方法制备即得成品。其具有祛斑、保湿的作用，副作用少。

参考文献

[1] 周双清，周亚东，盛小彬，等. 降香黄檀繁殖技术研究进展 [J]. 林业实用技术，2013，12（18）：28-30.

[2] 苏杰兴. 降香黄檀生物学特性及栽培技术 [J]. 南方农业，2014，12（4）：

44 – 46.

［3］何欣，杨云，赵祥升，等．降香化学成分及药理作用研究进展［J］．中国
现代中药．2022，24（6）：1149 – 1166.

［4］刘宏智．一种含有降真香的中药汤剂及其作为糖尿病药物的应用：CN
110051720 A［P］．2019 – 07 – 26.

［5］周伟，李如一，李积华，等．一种富含降真香精油脂质体美白乳液及其制
备方法与应用：CN 111544343 A［P］．2020 – 08 – 18.

［6］付调坤，李积华，周伟，等．一种降真香精油祛斑霜及其制备方法：CN
109646329 A［P］．2019 – 04 – 19.

山鸡椒

一、来源及产地

樟科植物山鸡椒 *Litsea cubeba*（Lour.）Pers.，又名山苍子、木姜子、荜橙茄、豆豉姜、赛梓树、山胡椒、猴香子。广泛分布于中国长江以南如贵州、广西、云南等省区。

二、植物形态特征

该植物为多年生落叶灌木或小乔木。小枝细长，绿色，无毛，枝和叶均芳香。叶互生，披针形或长圆状披针形，纸质，全缘，两面均无毛，正面深绿色，背面粉绿色或苍白色；羽状脉，侧脉每边 6～10 条，纤细，中脉、侧脉在两面均突起；叶柄纤细，无毛。伞形花序单生或簇生，花淡黄色，雌雄异株，花序总梗细长，长 6～10 mm；苞片边缘有睫毛，每梗顶端有苞片 4 片，上有 4～6 朵花组成小球状伞形花序，比叶先开放或与叶同时开放；雄花花被裂片 6 片，宽卵形，能育雄蕊 9 个，3 轮，花丝中下部有毛，第三轮基部的腺体具短柄；退化雌蕊无毛，雌花花被片 5～6 片，有多数不育雄蕊，退化雄蕊中下部具柔毛，子房卵形。果近球形，直径约 5 mm，香辣，无毛，成熟时黑色。花期 2—3 月，果期 7—8 月。

三、种植技术要点

（一）场地选择

山鸡椒造林地应选在南坡湿润或有水源而略有庇荫的地方，宜选择排水良好、土层较深、pH 在 5～6、有机质含量中等的土壤作造林地。

（二）繁殖和种植技术

1. 种子采集与处理

山鸡椒采种时应选生长良好、多年生母树。采种后用草木灰溶液浸泡 3～4 天，搓揉去果皮，净种阴干。

2. 繁殖

（1）种子预处理。

山鸡椒种子的种皮表面覆有蜡质、坚硬致密，透水、透气性差，导致休眠期长；在自然情形下，种子不易萌芽生长。播种前先用草木灰、洗衣粉或 1% 碱液混合粗沙反复搓揉，去除种皮蜡质、擦伤种皮以增强种子透性；再将种子以40 ~50 ℃的温水浸种 1 ~ 3 天，每 12 h 换水一次。待种皮吸水膨胀，用 0.15% 甲醛溶液或 80% 退菌特 800 倍液消毒 20 min，阴干后播种。

（2）播种育苗。

山鸡椒采用宽辐条播，种子均匀撒于播幅内，覆细土厚 1 cm，适度镇压使种子和土壤紧密接触；浇灌足水分，播种后用杂物覆盖土壤，适度喷水保湿、松土除草。幼苗出土后逐步撤除覆盖物。降雨降温时应及时覆盖避免幼苗被雨水直接冲淋、受冻；天气干旱时应浇水，视情况施加 0.5% 尿素。追肥时间止于 9 月，若底肥未施钾肥，应在中后期施入草木灰，但不能和尿素同施。除草应在追肥之前进行。

（3）管理。

幼苗期除草浅耕，略施氮肥；涝排水、旱浇水；定植成活前一年适时除草，耕锄一次[1-2]。

（三）病虫害防治

山鸡椒主要的病虫害是红蜘蛛和卷叶虫。前者的防治为发芽展叶期喷 20% 三氯杀螨可湿性粉剂 600 倍 2 次，花期喷 1 次乐果 40% 乳油 1000 倍液，7—8 月增喷 1 次乐果 40% 乳油 1000 倍液；后者则通过人工摘除卷叶销毁进行防治。

四、采收加工

果实达到采收适期时，外皮青色，有白色斑点，用手捻碎有强烈的生姜味。采摘果实时，要连同果柄一同采下。留柄可以加大空隙，利于蒸馏加工，加快分油，节省燃料。采下果实，如不能及时进行加工，应堆在阴凉通风的室内，切忌曝晒，堆放厚度不应超过 5 cm，要经常翻动，以免发热。为了提高出油率，最好采用萃取法、抽提法、水代法等，以提高经济效益。

五、生药特征

叶片：披针形或长椭圆形，易破碎。表面棕色或棕绿色，长 4 ~ 10 cm，宽 1 ~ 2.5 cm，先端渐尖，基部楔形，全缘，羽状网脉明显，于下表面稍突起。质较脆，气芳香，味辛，性凉。

果：成熟的果实，近圆球形，直径 4 ~ 6 mm。表面棕黑色至黑褐色，有网状皱纹，基部常可见残留的小形宿萼和果柄痕。外果皮及中果皮柔软多油，中果皮易剥去，内果皮暗棕红色，薄而坚脆。内含种子 1 粒，子叶肥厚 2 片，富含油质，黄棕色。气强烈芳香，略如老姜，味稍辛辣而微苦。

根：圆锥形，表面棕色，有皱纹及颗粒状突起。质轻泡，易折断，断面灰褐色，切面有小孔。气香，味辛辣。

六、化学成分研究

山鸡椒含有大量的挥发油，叶、花和果皮均含挥发油。山鸡椒各部位分布的挥发油含量及组分不同，例如山鸡椒的雄花含油 $1.6\% \sim 1.7\%$，雌花含油 1%。其中主要组分为 1，8 - 桉叶素（37.8%）、α - 柠檬醛和 β - 柠檬醛（17.2%）；山鸡椒果实、根、叶中主要成分相似，均含有大量的单萜和含氧衍生物，且含量最多的为柠檬醛，但成分含量差别较大，果实中为 69.22%，根中为 34.70%，叶中为 19.05%。

生物碱类化合物是山鸡椒中重要的标志性成分，且均具有较好的活性。其中包括异喹啉类生物碱如山鸡椒阿朴啡生物碱、（ + ）- N（methoxylcarbonyl）- N - norbulbodione、（ + ）- N（methoxylcarbonyl）- N - nordicentrin、litebamine；酰胺类生物碱则大多数从根和枝的部分提取所得，如 N - 反式阿魏酰 - 3 - 甲氧基酪安、N - 顺式阿魏酰 - 3 - 甲氧基酪安。

另外，山鸡椒含黄酮类化合物如木樨草素、槲皮素以及少量的灰叶素。其果实、根和枝条中也存在木脂素、甾体和脂肪酸。根部含阿魏酸、6，7 - 二羟基 - 3，7 - 二甲基 - 2 - 辛烯酸、棕榈酸、β - 胡萝卜苷、正十四碳酸；果实含香草酸；枝含 4，4 - 二甲基 - 1，7 - 庚二酸、β - 谷甾酮[3]。

部分化合物结构式如下：

β–柠檬醛

α–柠檬醛

N–反式阿魏酰–3–甲氧基酪安

灰叶素　　　　　　　　　阿魏酸

七、现代药理研究

主要的药理作用如下：

（1）抗菌作用：山鸡椒挥发油具有广谱抗菌作用。

（2）抗类风湿关节炎：山鸡椒根的水煎物可以使关节炎大鼠血清中的 TNF-α 和 IL-1β 表达下降，从而减轻关节炎症。

（3）抗肿瘤作用：山鸡椒叶和果实的挥发油可降低口腔鳞状细胞、肝癌细胞、肺腺癌细胞这 3 种人癌细胞株的存活时间[3]。

八、传统功效、民间与临床应用

山鸡椒果实性味辛温，具有温暖脾肾、健胃消食的功效；用于食积气胀、脘腹冷痛、反胃呕吐、痢疾等。近年来，利用山鸡椒精油研制出治疗冠心病的新药，在临床应用上有效率可达80%以上。

九、药物制剂与产品开发

1. 红花油

其处方如下：丁香罗勒油 564 mL、水杨酸甲酯 372 mL、姜樟油 10.7 mL、肉桂油 21.3 mL、桂皮醛 21.3 mL、柠檬醛 10.7 mL、冰片 2.3 g。以上七味，混匀，使冰片溶解，加适量着色剂，搅拌，加入山鸡椒油，过滤，制成 1000 mL，即得。成品为红棕色的澄清液体；气特异，味辛辣。其功效为祛风，用于风湿骨痛、跌打扭伤、外感头痛、皮肤瘙痒。

2. 山鸡椒挥发油软膏剂[4]

其处方如下：山鸡椒挥发油、β－环糊精、硬脂酸、单硬脂酸甘油酯、液体石蜡、白凡士林、三乙醇胺、苯甲酸、丙三醇、氮酮、棕榈酸异丙酯、二甲硅油。按照软膏剂的制备方法得到成品。该软膏剂适用于由大肠杆菌、金黄色葡萄球菌、枯草芽孢杆菌、白色念球菌引起的皮肤病。

十、其他应用与产品开发

1. 化妆品

山鸡椒，果皮含挥发油约 5%，挥发油主要成分为柠檬醛、甲基庚烯酮及少量柠檬烯和芳樟醇等；种子含脂肪油约 40%（脂肪油中含不皂化物 1.3%，其中谷甾醇占 3.5%）；叶含柠檬醛、1，8－桉叶素等，这些都可成为化妆品的原料。

2. 提制柠檬醛

柠檬醛为合成紫罗兰酮和维生素 A 的原料，供医药制品和配制香精等使用。

3. 食用香料

山鸡椒油是天然食用香料，具新鲜的柠檬果香，用于食品等。

4. 山鸡椒花白茶[5]

山鸡椒花白茶主要成分为山鸡椒花蕾。其制备方法为采摘山鸡椒含苞待放花蕾，经清水洗涤、机械甩干、人工去杂、室内摊凉、微波杀青、毛火初烘、足火干燥、拣剔精制，得山鸡椒干花；按山鸡椒干花：白毫银针＝1：3 拼配匀堆制得山鸡椒花白茶。成品香气浓郁持久、滋味浓厚清爽，"茶香和花香、茶味和花味"相生相容，风味独特。

5. 山鸡椒籽颗粒活性炭[6]

山鸡椒籽颗粒活性炭的主要成分为山鸡椒籽。蒸馏表皮油后废弃的山鸡椒籽核经去表皮、溶剂脱脂、450 ~ 500 ℃炭化 1 ~1.5 h、水洗、酸洗，再水洗、干燥得到原生山鸡椒籽颗粒活性炭。成品未使用化学黏合剂，特别适用于食品、饮料、生活用水与工业用水的过滤，是一类新型的绿色环保颗粒活性炭。

参考文献

[1] 席小玉，田光胜，赵晓玲，等. 三峡坝区山鸡椒人工栽培试验 [J]. 湖北林业科技，2014，43（3）：79－81.

[2] 李世华. 综合开发利用山鸡椒 [J]. 云南农业科技，2000（6）：41.

[3] 陆玫霖，潘其明，王宝林，等. 山鸡椒的化学成分、药理活性及临床应用研究进展 [J]. 中草药，2022，53（17）：5565－5581.

[4] 赵春丽，周永强，周英，等. 一种含有山鸡椒挥发油的软膏剂及其制备方法与应用：CN 110269884 A [P]. 2019－09－24.

[5] 杨如兴，陈芝芝，张磊，等. 一种山鸡椒花白茶及其制备方法：CN 104719540 A [P]. 2015－06－24.

[6] 袁霖，李中燕，张敏，等. 一种原生山鸡椒籽颗粒活性炭及其制备方法和应用：CN 107866200A [P]. 2018－04－03.

肉　桂

一、来源及产地

樟科植物肉桂 *Cinnamomum cassia* Presl，又名玉桂、简桂、桂。原产于锡兰、印度，在中国广西、广东、福建、台湾、云南等省区的热带及亚热带地区广为种植，其中尤以广西、广东种植为多。

二、植物形态特征

该植物为中等大乔木，气芳香。树皮灰褐色，老树皮厚达 13 mm。一年生枝条圆柱形，黑褐色，有纵向细条纹；当年生则多少具纵向细条纹的四棱形。幼枝、芽、花序、叶柄密被灰黄色短绒毛。叶革质，互生或近对生，长椭圆形至近披针形，边缘内卷，疏被黄色短绒毛；具离基三出脉，中脉和侧脉显著，凸起，侧脉近对生。圆锥花序三级分枝，分枝末端为 3 花的聚伞花序，白色花小；花梗、花被管内外两面均密被黄褐色短绒毛，花被裂片 6 片；能育雄蕊 9 个，3 轮，扁平花丝被柔毛，外面 2 轮花丝上无腺体，花药内向，第三轮雄蕊外向，扁平花丝基部有 2 圆状肾形腺体；退化雄蕊 3 个，紫色，花药心形，约为可育雄蕊的一半；子房 1 室，胚珠 1。浆果成熟时黑紫色。种子紫色，长卵形。花期 6—8 月，果期 10—12 月。

三、种植技术要点

（一）场地选择

肉桂喜温暖湿润气候，适合生于无霜的环境，喜酸性或微酸性土壤；喜荫蔽，忌烈日直射；在土层深厚、疏松肥沃、湿润、排水良好的壤土地生长良好。肉桂的育苗地宜选择土层深厚、肥沃、排水良好的地块；定植地可选择坡度 15 ～30°、阳光充足、无寒风危害的山腹地。

（二）繁殖和种植技术

1. 育苗技术

肉桂常采用种子繁殖，也可采用扦插或压条繁殖。种子繁殖时，应选择生长 10 年以上、气香浓、皮厚的健壮母株，待果实呈紫黑色且果肉变软，随熟随采集果实，除去果皮、洗净，室内短时间晾干种子，严禁在日光下晒种，因为种仁含油量高，容易变质，最好随采随播。如不能及时播种，可将种子储藏在潮湿的细沙内。

育种需进行催芽。催芽的方法是用 5 kg 干净的干细沙，加 1.5 kg 水混匀，放入盆中，盆底撒 2～3 cm 厚的细沙，再放入混入湿润细沙的种子，覆盖 2 cm 厚的湿细沙，并用盖子盖好，放在室内或室外阳光下晾晒。一般情况下，种子在 10 天左右开始萌芽。当种子刚刚萌芽时即可播种，发芽的芽尖不可过长，否则在播种过程中容易伤害到幼芽甚至弄断，从而影响出苗率。育苗地块应排灌方便、土地肥沃，整平作畦。育苗前深翻土壤 25 cm，结合耕翻每亩施入腐熟厩肥或堆肥 3000 kg、过磷酸钙 25 kg 作基肥，整平耙细成 1.3 m 的高畦，畦沟宽 40 cm，四周开好排水沟。

播种时按行距 20 cm、种间距 5 cm、播深 2～3 cm 的规格进行条播，然后覆土盖草、浇水，出苗后再将覆盖的草撤掉。如果育苗地无遮阴条件，需搭设遮阴篷，遮光度 50%～60%。当幼苗长到 7～10 cm 高时，开始间苗移栽。移栽时行距 20 cm、株距 15 cm，苗床上每亩幼苗可移栽 0.35 hm² 左右的大田。幼苗喜阴，在阳光照射下生长缓慢、叶色黄绿；有遮蔽的幼苗叶色浓绿肥大，生长快。随着幼苗长大，行间逐渐郁闭。在幼苗移栽 20 天后，可施入稀释的农家肥或少量尿素，每 15 天施肥 1 次。半年后每隔 2～3 个月施肥 1 次。结合松土及除去杂草，适当剪去下部的侧枝和老叶，以利通风，增强植株抗逆性。

2. 压条繁殖

早春，应修枝整形。选择距离树干 10～15 cm 处、过密或有碍田间管理的、直径 1～1.5 cm 的下部侧枝，用芽接刀环状剥皮 2～4 cm，切口应整齐干净，勿过深伤及木质部而折断，切口皮层破裂时会影响生根；用刀轻轻刮去切口段的残留皮层，用湿椰糠敷于切口，注意需要紧贴切口不留空隙，从中间向两端稍用力挤压，然后用塑料薄膜包扎，两头绑紧。当新根粘满椰糠时即可移栽。移栽时，贴枝平齐锯下生根枝条，除去塑料薄膜，栽植在苗床上，然后浇水并使苗床荫蔽。苗床要适时浇水、施肥、除草、松土及防治病虫害。

3. 扦插繁殖

选择无病虫害、组织充实、直径 0.4～1 cm 的青褐色细枝，剪取插条，以具有 2～3 节、长 15～20 cm 为一段；将梢尖幼嫩部分剪去，上端截口距离节上部 1～2 cm 处剪成平口，下端截口紧靠节底部或离节 0.5 cm 处截成楔尖形，剪口要平滑，剪好的枝条放在阴凉处，用湿草或湿布覆盖。如果次日扦插，则应埋入湿沙中，扦插时再取出。扦插苗床需铺 30 cm 厚的清洁细沙，按照行距 16 cm、株距 15 cm 的规格斜插，并稍微压一下插条附近的细沙；平整沙面，浇水至湿透为止，保持苗床湿润和隐蔽。插条最忌干燥，可在上面盖上塑料薄膜，既保温又保湿，成活率较高，春季扦插 40 ～ 50 天即可生根。当扦插枝条生根较多的时候，要适时移栽定植。

4. 幼苗定植及成年植株管理

肉桂幼苗在林地内定植的前 2 ～ 3 个月，要定期淋水，保持树坑内土壤湿润。3 个月以后可视干旱情况适当淋水。定植后的第二年春季，要进行全面检查，发现死苗、缺苗，应及时补苗。肉桂在定植后 2 ～ 3 年内，可与豆、菜等作物间作，每年结合间作物中耕除草 3 ～ 4 次。3 年后，每年春季和秋季，结合中耕除草，在树旁开沟施入适量的腐熟厩肥；在成年植株开花结果后，每年 5 月下旬在树旁开沟施入适量腐熟厩肥，以促进肉桂树健壮生长和多开花结果。每年冬季，剪除下垂枝、过密的纤弱枝、枯枝、病虫枝及多余的萌蘖。肉桂树萌蘖力强，成林砍伐剥皮后，在短期内树桩又能萌发新枝。此时，可选留粗壮通直的新枝培育成幼树，几年后又能成林。

（三）病虫害防治

1. 病害的防治

肉桂常见的病害为根腐病、褐斑病、叶枯病、和炭疽病。根腐病发病初期，须根变褐腐烂，逐渐蔓延到主根腐烂；当发现病株时，应及时拔除，病穴用 50% 的退菌特可湿性粉剂 2000 倍液浇灌防治。褐斑病发病初期，病叶出现黄褐色病斑，后逐渐扩大，最后全叶黄萎凋谢。当发现叶枯病病叶时，应立即摘除，集中烧毁，用 1∶1∶200 的波尔多液，每隔 7 ～ 10 天喷施 1 次，连续 3 次。炭疽病主要危害叶片、花、果实，发现病害时，应加强栽培管理，提高植株抗病性，发病初期用 50% 甲基托布津可湿性粉剂 700 倍液喷雾，每 7 ～ 10 天喷施 1 次，共喷 2 ～ 3 次。

2. 虫害的防治

肉桂常见的虫害为褐色天牛和透翅蛾。褐色天牛幼龄幼虫主要危害韧皮部，9 月份后蛀入木质部，老熟幼虫在被害处化蛹。被害植株、枝叶干枯，遇强风易被吹断；成虫产卵期防治时在树干上涂抹白涂剂（生石灰粉 10 份、硫黄 1 份、水 40 份混合均匀），防止成虫产卵；幼虫刚孵化时，喷洒低残留杀虫剂毒杀；经常检查树干，若有新鲜木屑排出，即用铁线钩杀幼虫。透翅蛾幼虫在韧皮部与木质部之间钻蛀，钻成不规则的隧道影响肉桂营养物质输送，使植株生长受阻；防治方法为每年 3—4 月间，用铁线沿虫孔钩杀幼虫和蛹，在幼虫盛发期喷洒低残留杀虫剂液，每隔 7 天 1 次，连续 2 ～3 次[1-2]。

四、采收加工

肉桂的采收树应根据商品的不同要求来定。一般加工成企边桂、板桂、油桂的树龄需 10 ～ 20 年，加工成桂通只需 5 ～ 6 年。在 1 年之中剥皮分两个时间进行，4—5 月间容易剥皮，但加工成的产品质量稍差；9 月剥皮称秋剥，这个时间不易剥皮，但此时产品质量较好。因此需在剥皮前的 1 个月在树干离地面 10 cm 处先环剥 1 圈宽 3～4 cm 树皮后，整个树皮才容易剥下。剥皮时先将主干下部树皮剥下，再伐倒树干剥取上部干皮和枝皮。相关加工方法如下：

（1）企边桂。选择皮纹细致、光滑无节痕、肉厚有油、皮色灰白，条长 43 cm、宽 5～6 cm、厚 0.3～0.7 cm 的桂皮，修平两边，两端削成斜面，然后放在事先制好的木夹内，由上而下将一块肉桂皮加上一块夹板，一层层叠至满架，顶上加压板，最后加上木楔钉紧。置阳光下曝晒，每日应自上而下加压数次，加压后钉紧木楔子，第三日可放置室内 1～2 天，桂皮潮润再继续压晒，直至干燥。

（2）板桂。选择厚 0.7 cm 以上、长 43 cm、宽 13～15 cm 的桂皮，夹在木制桂夹内或用竹片、木棍将桂皮撑开，晒至九成干后，纵横堆叠，上面加重物压紧，约 1 个月后完全干燥，成扁平板状。

（3）油桂。选择皮厚 0.5 cm 以上、外皮薄、含油分较丰富（含油多于板桂）的桂皮，加工成两边微向内弯、中部微成弧形的片块，在通风干燥处晾干或在弱光下晒干。

（4）桂通。选取厚不足 0.3 cm 的干皮和枝皮，长 35 cm，晾至皮软后，用人工或让其自然卷成双筒或单筒状，在阳光下晒干。

（5）桂心。选料和加工方法与桂通基本相同，不同点是选出材料为已除去外层栓皮的肉桂树皮。

（6）桂碎。将加工各种商品规格的桂皮剪下的边皮及不符合加工上述肉桂产品规格的干、枝皮，去净杂质、晒干。

（7）桂枝。春夏季割取直径不超过 1 cm 的肉桂树枝条，斜切或横切成 1.5 cm 厚的片，筛去碎屑杂质，晒干，即为桂枝片；如截成 50 cm 长的枝条，晒干，扎成捆，则为桂枝。

（8）桂丁（嫩果）。入冬以后，采摘树上尚未成熟果实，除去枝叶和杂质，晒干。

（9）桂油。利用采收肉桂树时所砍下的嫩枝叶，经蒸馏提炼而得到的油分。目前广西主产区普遍采用水气蒸馏器进行提炼。每年 4—5 月或 8—9 月砍伐桂树剥皮时，收集枝叶晒至六成干，扎成小捆堆放在密封的仓库内贮藏，经 30～40 天使其自然干燥，待叶色由青黄变成紫红色时便可取出蒸油。通过贮藏的桂枝叶出油率高、质量好，一般每 100 kg 干枝叶可蒸得桂油 0.5～0.6 kg。蒸馏出的桂油宜用铝桶或玻璃缸装好，忌用铁桶盛装，否则桂油会变成黑色，影响质量。

五、生药特征

肉桂性状呈槽状或卷筒状。企边桂呈两侧略内卷的槽状，两端斜削。油筒桂多呈卷筒状，长 30 ～ 40 cm，宽或筒径 3 ～ 10 cm，厚 2 ～ 8 mm。外表面灰棕色，稍粗糙，有多数微突起的皮孔，有不规则的细皱纹及少数横裂纹，并有灰色地衣斑块；内表面红棕色，平滑，有细纵纹，指甲刻划显油痕；质坚实而脆，易折断，断面颗粒性，不平坦，外层棕色而较粗糙，内层红棕色而油润，近外层有 1 条浅黄色切向线纹（石细胞环带），两层间有 1 条黄棕色的线纹；气香浓烈特异，味甜、辣。桂枝枝长圆柱形，多分枝，长 30 ～ 70 cm，直径 0.3 ～ 1 cm。表面红棕色或棕色，有细皱纹及小疙瘩状叶痕、芽痕和枝痕；皮孔点状椭圆形或点状，质地坚硬而脆，易折断；断面皮部红棕色，可见淡红棕色，髓部呈方形；有特异香气，味甜、微辛辣，皮部味较浓。肉桂叶革质，易折断，呈距圆形近披针形，长 8 ～ 20 cm，宽 4 ～ 5.5 cm，先端尖，基部钝，全缘，上表面棕黄色或暗棕色，有光泽；中脉及侧脉明显凹下，下表面淡棕色或棕褐色，有疏毛；离基三出脉明显且隆起，细脉横向平行，叶柄较粗壮，长 1 ～ 2 cm；具特异香气，味辛、辣，叶柄味较浓。

六、化学成分研究

干桂皮出油率为 0.83% ～ 2.15%，精油主要成分有邻甲氧基肉桂醛、肉桂酸、苯甲醛、苯丙醛、肉桂醇、咕巴烯、乙酸肉桂醛、石竹烯、杜松烯、杜松醇。

非挥发类成分有多糖类成分如 D - 呋喃葡萄糖；多酚类成分如儿茶素、原儿茶酸；黄酮类成分如芹菜素、山柰酚、槲皮素、芫花素；其他类成分如香豆素、无机元素等。

部分化合物结构式如下：

邻甲氧基桂醛   肉桂酸   咕巴烯

儿茶素　　　　　　　　芫花素　　　　　　　　山柰酚

七、现代药理研究

（1）抗肿瘤作用：肉桂中的多种成分都对肿瘤细胞有抑制作用，可加快癌细胞凋亡，其中肉桂醛通过抑制 P13K/Akt 信号通路影响大肠癌细胞的生物学行为并诱导细胞凋亡。

（2）抗菌作用：肉桂的多种成分都有抗菌作用，如肉桂酸经酯化后能够抵抗多种细菌，肉桂精油对白色念珠菌和光滑念珠菌都表现出不同程度的抑菌和杀菌活性。

（3）调节神经系统：肉桂对神经系统具有调节作用，能提高大脑海马体突触间的信息传递能力，提高小鼠学习和记忆功能，故能治疗如帕金森、阿尔茨海默病、慢性脑缺血等神经系统性疾病。

（4）降血糖作用：肉桂多酚通过激活胰岛细胞的 AKT 通路，促进胰岛素分泌，降低血糖含量。

（5）降血脂作用：肉桂提取物粉 4 µg/kg 的剂量给药 30 天后血清总胆固醇、甘油三酯、低密度脂蛋白胆固醇均有较大幅度下降。

（6）保护心血管作用：肉桂酸能减少大鼠心肌缺血再灌注损伤，发挥心肌保护作用。肉桂在预防静脉和动脉血栓方面发挥作用的机制可能是肉桂中的某些成分能够抑制二磷酸腺苷诱导的血小板聚集。

（7）抗炎作用：肉桂提取物能提高组织中过氧化氢酶、超氧化物歧化酶和谷胱甘肽过氧化物酶的活性，能降低丙二醛水平和过氧化物酶活性。

（8）抗氧化作用：肉桂不同部位（皮、芽、叶）都具有一定的抗氧化活性。其中肉桂皮抗氧化作用最强。

（9）抗酪氨酸酶活性：肉桂精油和肉桂醛具有较强的抗酪氨酸酶活性，可作为皮肤美白剂的良好来源[3]。

（10）壮阳作用：肉桂能通过调节神经体液来调整机体的物质能量代谢，改善机体的应激状态，恢复生理平衡。预防和保护肾上腺皮质激素抑制酶活性，预防抑制核酸和蛋白质的合成引起组织细胞发生退变，出现一系列耗竭病态的阳虚症。

八、传统功效、民间与临床应用

肉桂辛甘而热，可以温中散寒、理气止痛，用于脘腹冷痛、呕吐泄泻、腰膝酸冷、寒疝腹痛、寒湿痹痛、瘀滞痛经、血痢、肠风、跌打肿痛、创伤出血等。对于久病体虚、气血不足者，在补益气血方中少量加入肉桂，亦能促进气血生长，增强或提高补益的作用。

壮药防病香囊由肉桂、茴香、山柰、艾叶等十余味广西道地壮药适宜配比组成，可芳香化浊、扶正辟邪。

防疫香囊的处方为肉桂 3 g、八角 3 g、沉香 2 g、石菖蒲 6 g、艾叶 6 g、大叶桉 6 g、苍术 3 g、青蒿 3 g、薄荷 3 g。将药物研成极细末，混匀，装入小布袋内，制成香囊，挂于胸前，5～7 天换药 1 次，能芳香化湿、清热解毒，适用于预防新型冠状病毒性感染、流行性感冒等。

九、药物制剂与产品开发

1. 以肉桂为原料的常见中成药

（1）增力再生丸。

其处方如下：肉桂 30 g、人参 70 g、黄芪（蜜炙）70 g、熟地黄 70 g、当归（酒洗）70 g、白芍 70 g、川芎 70 g、白术 70 g、茯苓 70 g、薏苡仁 50 g、鸡血藤 50 g、钩藤 50 g、僵蚕 50 g、防风 50 g、羌活 50 g、木瓜 50 g、牛膝（酒洗）50 g、乌药 50 g、杜仲（盐炒）50 g、附子（制）30 g、沉香 30 g、甘草 30 g、大枣 30 g。成药为深褐色的大蜜丸；味甘、微苦；用于气血虚弱、筋骨疼痛、四肢麻木、中风、半身不遂、遗精失血、再障贫血。

（2）龟鹿滋肾丸。

其处方如下：肉桂 10 g、龟甲（炒）10 g、鹿角胶（炒）10 g、人参 4 g、鹿茸 20 g、熟地黄 80 g、沉香 4 g、天冬 20 g、当归 30 g、五味子 10 g、陈皮 10 g、茯苓 20 g、麦冬 20 g、枸杞子 20 g、山药 20 g、黄芪 20 g、巴戟天 20 g、芡实 20 g、枳实 20 g、牛膝 20 g、白术 20 g、附子（制）20 g、锁阳 20 g、小茴香（炒）15 g、杜仲（盐水制）20 g、胡芦巴（盐炒）20 g、莲须 20 g、甘草 20 g、补骨脂（盐炒）20 g、白芍 20 g、食盐 20 g、覆盆子 20 g、棉子仁 20 g、远志 15 g、党参 40 g、川芎 20 g、菟丝子 20 g。成药为水蜜丸或大蜜丸；气香，味甜、咸，用于心肾衰弱、目眩耳鸣、腰膝酸痛、四肢无力、遗精滑精、阳痿少寐、夜寐过频。

2. 其他含有肉桂的中成药

如海龙胶、十滴水、十全大补膏、温脾止泻丸、柏子养心片、补肾康乐胶囊、参茸鞭丸、百草油、参桂调经丸、十全大补糖浆、安阳固本膏、种子三达丸、安阳虎骨药酒、安阳精制膏、白花蛇膏、参桂鹿茸丸、妇科乌金丸、海马万应膏、慢惊丸、十香暖脐膏、百花活血跌打膏、补血调经片、人参再造丸（蜜丸）等。

十、其他应用与产品开发

肉桂精油可作调配食品、化妆品以及日用品香精，也可单独分离桂醛，再合成一系列香料。桂皮可直接用作肉食品的调香原料等。具体如下：

1. 食用调味剂

肉桂用作动物性食物或汤菜调味剂，并常与花椒共粉而用。

2. 保健品

肉桂可用于保健品生产，如马鹿茸西洋参巴戟天酒、桑叶苦瓜三七片、党参麦冬颗粒、山茱萸黄芪片、淫羊藿马鹿茸片等均含有肉桂。

3. 化妆品

肉桂可用于化妆品生产，中国肉桂精油、肉桂树皮乳液、肉桂树皮水凝霜、肉桂养护液、肉桂按摩精油、肉桂叶精油等均含有肉桂原料。

4. 茶叶

肉桂可用于茶叶配制，如大红袍肉桂水仙组合茶、肉桂茶、肉桂乌龙茶等。

5. 药膳

（1）肉桂3 g、粳米50 g、红糖适量。先将肉桂煎取浓汁去渣，再用粳米煮粥，待水煮沸后，调入肉桂汁及红糖，同煮为粥，或用肉桂末1～2 g，调入粥内同煮服食。一般以3～5天为一疗程，早、晚温热服食。有助于畏寒肢冷、腰膝酸软、小便频数清长、男子阳痿、女子宫寒不孕患者。

（2）肉桂末适量、雄鸡肝1具，等分捣烂，丸如绿豆大，温汤送下，1日3服。适用于小儿遗尿患者。

（3）肉桂末适量，温酒服约1 g，每日3次。适用于产后腹痛症。

（4）肉桂末50 g、粳米200 g，将米淘净，煮粥至半熟，次下肉桂末调和，空心服，每日1次。有助于心腹冷痛、胸痹、饮食不下等症。

（5）公鸡1只，去皮及内脏，洗净切块，放入砂锅内，加水适量，放入生姜6 g，砂仁、丁香、高良姜、肉桂、橘皮、荜茇、川椒、大茴香各3 g，葱、酱油、食盐适量，以文火炖烂，撒入胡椒面少许。酌量吃鸡肉饮汤。有助于脘腹冷痛、喜温喜按等症。

参考文献

[1] 李开功，蒋学杰. 肉桂繁殖方法及种植技术 [J]. 特种经济动植物，2022，
25（9）：99-100.

［2］刘霞，蒋学杰. 肉桂标准化种植技术［J］. 特种经济动植物，2020，23 （4）：27 +30.

［3］高铭哲，李婷，田晨琪，等. 肉桂化学成分与药理作用研究进展［J］. 亚 太传统医药，2021，17（11）：201 –205.

米仔兰

一、来源及产地

楝科植物米仔兰 *Aglaia odorata* Lour. , 又名碎米兰、树兰、米兰。原产于亚洲东南部, 中国华南地区、越南、印度、泰国、马来西亚等均有分布。现在中国广西、广东、云南、贵州、福建、四川等省区都有种植, 常生长于低海拔山地的疏林或灌木林中。

二、植物形态特征

该植物为多年生常绿小乔木。幼枝顶部具星状锈色鳞片。奇数羽状复叶互生, 叶柄上有黑色腺点, 叶轴及叶柄具窄翅; 小叶 3 ~ 5 片, 对生, 厚纸质有光泽, 先端 1 片较长, 两侧的小叶较小, 基部的一对小叶更小, 小叶无柄, 两面无毛, 长 2 ~ 11 cm, 宽 1 ~ 5 cm, 侧脉 8 对。花 5 基数, 单性与两性同株, 圆锥花序腋生, 无毛; 花朵小而多, 甚芳香, 圆球形, 直径约 2 mm, 具短梗; 萼片绿色, 花瓣黄色, 长圆形或近圆形, 长 1.5 ~ 2 mm, 顶端圆而平截; 雄花花梗纤细, 长 1.5 ~ 3 mm, 雄蕊 5, 花丝倒卵形或合生成筒状, 顶端全缘或具圆齿, 花药藏筒内; 雌蕊 1 个, 1 ~ 2 室, 子房密被黄色粗毛。浆果, 卵形或近球形, 长 10 ~ 12 mm, 表面常有散生星状鳞片。种子具肉质假种皮。花期 7—8 月。

三、种植技术要点

(一) 场地选择

米仔兰喜温暖湿润、阳光充足的气候, 最适宜温度为 20 ~ 35 ℃, 耐半阴, 忌寒, 忌旱, 忌涝渍, 宜选择土质深厚肥沃、富含腐殖质、通风和排水良好的低海拔微酸性壤土或砂质壤土种植。

(二) 繁殖和种植技术

1. 育苗技术

米仔兰的主要繁殖方式为压条繁殖和扦插。压条繁殖时, 宜在每年 4—8 月, 选择一年生木质化健壮枝条, 茎粗约 0.5 mm, 于分叉部位 20 cm 处刻伤或环状剥皮, 环宽 0.5 cm, 深度以见木质部为宜; 用苔藓或湿土敷于环剥部位, 用塑料薄膜包裹，保持湿润，2个月后生根，半年后切离母株进行定植。扦插宜选择每年4月下旬至6月中旬，剪取一年生木质化枝条，选择叶片质厚、色绿、腋芽饱满枝条，插穗10 cm左右，保留上端2～3片叶，削平切口；扦插时，用竹筷打洞，间距5 cm，扦插深度为插条的1/3，压实土壤，浇足定根水。

2. 种植定植技术

扦插进行定植，架设遮阴篷，保持通风湿润环境，保持地温在25～32 ℃。

3. 幼苗及成年植株管理

（1）幼苗管理。

幼苗时较耐荫蔽，长至20～25 cm时，及时摘心整形，促使其萌发侧枝，及时中耕除草，6～8月宜每隔1个月进行1次；结合中耕，将杂草翻入土壤，提高土壤肥力。

（2）成年植株管理。

每年下足基肥，并进行2～3次追肥。发芽前和育花时分别施腐熟农家肥，每亩施20～30 kg，开花期间，每亩施60 kg磷矿粉或过磷酸钙。施肥宜薄肥勤施，春季追肥施，忌施浓肥，宜7～10天追肥1次。干旱天气及时浇灌，雨季保证及时排水防涝。

（三）病虫害防治

1. 病害

米仔兰主要的病害为炭疽病和叶枯病。防治方法为及时摘除病叶，集中烧毁，喷施1%波尔多液、高锰酸钾1200倍液或75%百菌清500～800倍液，每7～10天喷施1次，连续喷2～3次。

2. 虫害

米仔兰主要的虫害为白轮盾蚧。防治方法为喷施40%乐果1000～1500倍液或25%亚胺硫磷800～1000倍液[1-3]。

四、采收加工

米仔兰全年均可采；其加工方法为洗净，鲜用或晒干。

五、生药特征

细枝灰白色至绿色，直径2～5 mm，外表有浅沟织，有突起的枝痕、叶痕及多数细小的疣状突起。干燥的小叶片，薄革质，稍柔韧，长椭圆形，长2～6 cm，先端钝，基部楔形而下延，无柄；腹面有浅显的网脉，背面羽脉明显，叶缘稍反卷。干燥的花朵呈细小均匀的颗粒状，棕红色，下端有一极细的花柄，基部有宿存萼5片；花冠由5片花瓣紧包组成，内面有不太明显的花蕊，淡黄色，体轻，质硬稍脆，气清香。入药以色金黄、香气浓者为佳。

六、化学成分研究

米仔兰富含挥发油类化合物，其中三萜类化合物为其特征性成分。米仔兰浸膏中含量最高的挥发油类成分依次为桂酸苯乙酯（33.82%）、十二酸乙酯（10.41%）、乙酸香叶酯（9.87%），其次有雪松醇、别香橙烯、苯甲酸香叶酯、α-甜没药醇、小茴香灵、β-甜没药醇、苯甲酸、苯甲酸苄酯、十六醇等。米仔兰花和叶均含有大量挥发油类化合物，且化学组成相似，花和叶中含量最多的挥发油化合物均为蛇麻烯、β-丁香烯、α-古巴烯、双环大香叶烯，其次为α-榄香烯、α-柠檬烯、别芳树烯、大香叶D异构体、c-α-木罗烯、β-没药烯、δ-杜松烯、c-τ-没药烯、丁香烯氧化物、蛇麻烯氧化物、二氢苯丙酮酸甲酯等。叶中特有成分有罗汉柏二烯、β-谷甾醇。

另外，米仔兰含黄酮类化合物如5-羟基-4',7-二甲氧基-双氢黄酮、2'-羟基-4,4',6'-三甲氧基查耳酮、3-羟基胆甾-5-烯-24-酮；黄烷醇类化合物如儿茶素、表儿茶素；生物碱类化合物如育亨宾；多酚类化合物如表没食子儿茶素、原花青素B1、原花青素B2、原花青素B3。

部分化合物结构式如下：

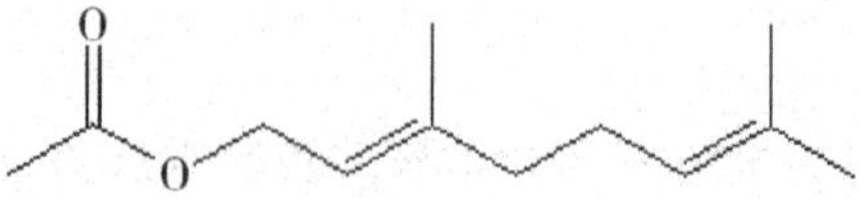

乙酸香叶酯

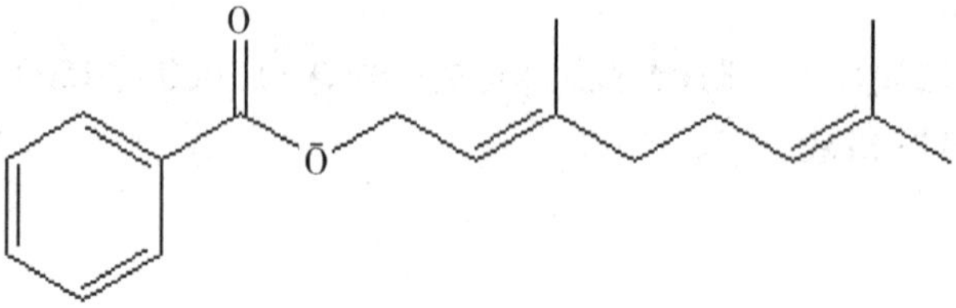

苯甲酸香叶酯

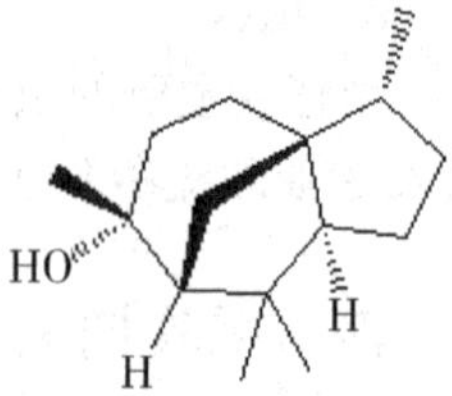

雪松醇

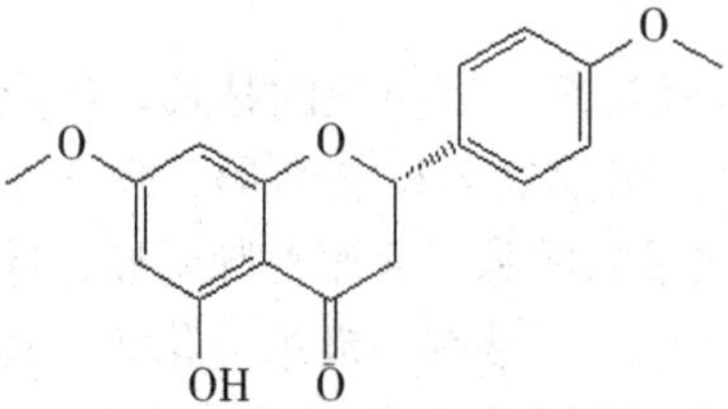

5-羟基4',7-二甲氧基-双氢黄酮

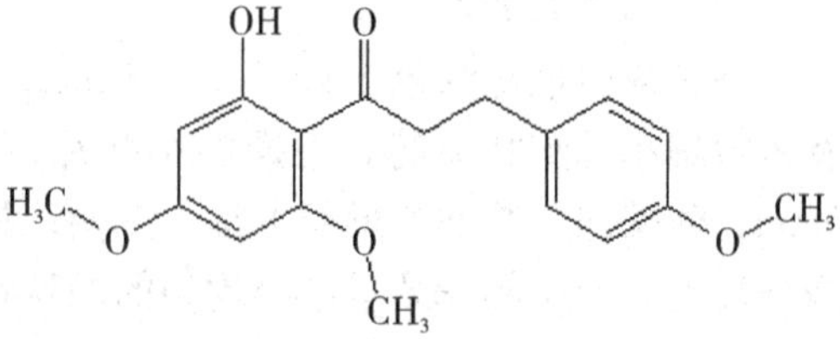

2'-羟基-4,4',6'-三甲氧基查耳酮

七、现代药理研究

米仔兰的主要药理作用如下：

（1）抗肿瘤作用：尤其对口腔上皮肿瘤细胞（KB cell）的细胞毒活性显著。

（2）抗炎活性：米仔兰所含萜类化合物，具有一定的体外抗炎活性[4]。

八、传统功效、民间与临床应用

米仔兰的枝、叶可入药，用于治疗跌打、痈疮等，可吸收家中电器、塑料制品等散发的二氧化硫、一氧化碳、过氧化氮等有毒气体，还能吸收甲醛、苯等挥发性气体。

九、药物制剂与产品开发

1. 清肺止咳茶[5]

其处方如下：米仔兰 25 g、竹叶 38 g、桑叶 34 g、神香草 34 g、苦瓜籽 31 g、香橼 31 g、到手香 25 g、苹果花 22 g、乳酸菌 5 g、安琪酿酒酵母 5 g、银杏叶多糖 0.6 g、酵母葡聚糖 0.4 g。上述原料洗净，粉碎得干料；再均匀喷伊利石水，后加入乳酸菌，搅拌均匀，置于 26～28 ℃发酵 30～35 h，得一次发酵茶，在上述发酵茶中加入安琪酿酒酵母，搅拌均匀，置于 16～18 ℃发酵 40～48 h，得二次发酵茶；将银杏叶多糖和酵母葡聚糖加入二次发酵茶，于蒸汽中热烫 30～40 s，取出，置于 38～40 ℃滚揉至含水量为 18%～20%，得滚揉茶；将滚揉茶置于干燥室，温度为 34～36 ℃、湿度为 67%～69%，干燥至含水量为 5%～7%，得清肺止咳茶成品。该茶可提高免疫力、清肺润肺、化痰止咳、抗菌消炎、保护呼吸系统；多种植物多糖可以协调机体各器官，增强机体抵抗力，减少各种疾病的发生；经低温干燥，可使产品保持色泽和香味；整个制备过程避免高温炒制，保留营养，增强保健功能。该茶口味清香浓郁，初味微苦，后味淡甜。

2. 辅助治疗肝胆湿热型急性胆囊炎的中药组合物[6]

其处方如下：米仔兰花 6 g、桑白皮 10 g、百合花 10 g、鸡根 12 g、三消草 20 g、无风独摇草 30 g、枇杷核 9 g、柚花 3 g、大金牛草 30 g、大火草根 6 g、千针万线草 15 g、二色内风消 20 g。将上述组分采用水煎法制得汤剂，或采用现在中药制剂技术制成片剂、水蜜丸、散剂、口服液或颗粒剂。该成药可调节肺气及情志，用于肝胆湿热型急性胆囊炎。

十、其他应用与产品开发

1. 米仔兰烟用香料[7]

米仔兰烟用香料的主要成分为米仔兰。以米仔兰为原料，将溶杆菌 C8-1 经扩大培养后用其发酵米仔兰，30 ℃振荡培养 24 ～ 48 h 后，再经回流提取、过滤除渣、上清液减压浓缩后得到烟用香料。溶杆菌 C8-1 和米仔兰共同发酵的产物与未处理对照相比，卷烟甜感增加，烟气成团性变好，香气丰富性增加。

2. 米仔兰戒烟糕点[8]

米仔兰戒烟糕点的主要原料为米仔兰 12 g、鬼针草 12 g、鹿蹄草 10 g、艾纳香 10 g、香樟 10 g、石斛 15 g、红旱莲 5 g、白扁豆 20 g、淮山药 20 g、莲子肉 15 g、焦谷芽 20 g、焦麦芽 20 g、饴糖 10 g、蜂蜜 10 g、龟板胶 30 g、黄酒 30 g。按照糕点的制作方法制备，分清膏的制备、糖类的炼制、蜂蜜的炼制、炸化胶的制备，收膏浓缩，冷却分装。该戒烟食品有助于减轻戒断反应，复吸率低，且安全性高。

3. 化妆品原料

米仔兰花油可用于化妆品原料。

4. 其他

米仔兰干花用于熏制花茶；其花、叶可提取精油，作为调配香水、香皂和化妆品的高级调香原料，也是很好的定香剂。

参考文献

[1] 姜国. 米兰花种植及养护要点 [J]. 农家参谋（种业大观），2014 (12)：47.

[2] 李发兵，任远. 米兰种植技术 [J]. 农村科技，2008 (6)：65.

[3] 黄润铖. 芬芳素雅米仔兰 [J]. 花卉，2018 (5)：24 – 25.

[4] 张峰，陈亚娟，岑娟，等. 米仔兰属化学成分及生物活性研究进展 [J]. 天然产物研究与开发，2016，28：619 – 626.

[5] 马朝东. 一种清肺止咳茶：CN 106538791 A [P]. 2017 – 03 – 29.

[6] 褚立旺. 一种辅助治疗肝胆湿热型急性胆囊炎的中药组合物：CN 106266461 A [P]. 2017 – 01 – 04.

[7] 陈兴，段焰青，李源栋，等. 一种利用微生物发酵米仔兰制备的烟用香料及其应用：CN 108103109 A [P]. 2018 – 06 – 01.

[8] 刘丹赤，杨建华，张庆娜，等. 一种用于戒烟的糕点：CN 106620419 A [P]. 2017 – 05 – 10.

芫　荽

一、来源及产地

伞形科植物芫荽 *Coriandrum sativum* Linn，又名香荽、香菜、满天星、胡荽。原产于北非、西亚和南欧，中国各地均有种植。

二、植物形态特征

该植物为一年生或二年生草本，高 30 ～ 100 cm，有强烈香气，全株无毛。茎直立，圆柱形，多分枝，有纵线纹，常光滑。基生叶 1 或 2 回羽状全裂，基生叶有柄，羽片广卵形或扇形半裂，长边缘有钝锯齿、缺刻或深裂；先端钝，全缘，末回叶羽状狭线形裂片状。复伞形花序顶生或与叶对生，总花序梗长 2 ～ 8 cm，无总苞；伞辐 3 ～ 8 个，小总苞片 2 ～ 5 片，小伞形花序有可育花 3 ～ 10 朵，花白色或紫红色；花瓣倒披针形至倒卵形，顶端内折，顶端有内凹的小舌片，白色、黄绿色或淡黄色，在小伞形花序外缘具扩大的辐射瓣，常全缘，有 3 ～ 5 脉；花柱幼时直立，果熟时向外反曲。双悬果表面有瘤状突起，果棱不明显，背面主棱及相邻的次棱明显。油管不明显，或有 1 个位于次棱的下方。花果期 4—11 月。

三、种植技术要点

（一）场地选择

芫荽常生长于肥沃潮湿的路边、林下和溪地，喜温暖湿润的微酸性土壤，宜选择凉爽、阴湿环境种植，忌炎热和暴晒，怕霜、耐阴、耐旱，最适宜生长温度为 15 ～ 35 ℃[1-2]。

（二）繁殖和种植技术

1. 育苗技术

芫荽的主要繁殖方式为种子繁殖和分株繁殖。种子繁殖时，播种量为每亩 120 ～150 g，将种子与 5 kg 灶灰土混匀，分 2 ～ 3 次均匀撒在墒面，再用筛过的干细粪土覆盖，厚度为 1 cm，用木板按压或拍打墒面、稻草覆盖墒面，用喷壶淋透水。分株繁殖时，将母株匍匐根茎上发生的侧芽和须根切断，进行移栽[3]。

2．种植定植技术

待幼苗有 4 ～ 5 片叶时进行移植，除 12 月中旬至次年 1 月下旬外，均可进行，带土或营养假植苗按 5 cm×5 cm 移植。覆盖细土没过苗基部 1 ～ 2 cm，定植后浇清粪水或沼气液 0.5 kg/窝，移植 7 天后及时查苗补缺。

3．幼苗及成年植株管理

（1）幼苗管理。

出苗 5 天后，揭去覆盖的稻草，苗期以喷壶浇水为主，及时浇水，保持土壤湿润；在 2 ～ 3 片叶时，用腐熟的人畜粪尿或沼气液兑水 1∶10 浇施苗株，再用清水喷洒清洗叶面，一般选晴天早上或下午进行。每 15 天用 0.2% 的磷酸二氢钾液喷洒叶面；间苗后，用 0.5% ～ 1% 尿素或复合肥液交替浇施苗株，并用 85% 赤霉素 920 结晶粉 1 袋和叶面肥高能红钾 20 g 兑水 15 kg 喷雾植株[3-4]。

（2）成年植株管理。

对于成年植株要及时中耕除草，每采收 2 ～ 3 次追 1 次肥，以氮肥为主，可将氮肥用 300 倍水稀释后进行浇施。

（三）病虫害防治

芫荽主要的虫害为蟋蟀和蝼蛄，可用 6% 密达或梅塔颗粒剂诱杀，也可用 90% 的敌百虫 500 倍拌入细碎菜叶或炒熟米糠诱杀。

四、采收加工

1．采收

适时采收叶片，7 叶以上时剪基部 1 ～ 2 叶/次，每窝剪叶采收 1 ～ 2 次；采收全株时，7 ～ 8 叶时间隔 1 窝采收，其余逐步劈部分兜和剪叶采收，剪叶采收 1 ～ 2 次后全部采收全株；采收种子时，在 6—10 月分批连同花、茎和果一起采收。

2．加工

将棉布垫在筛内，将采收种子置于棉布上，铺 3 cm 厚，再盖棉布，用木棍或竹片压住上层布存放于阴凉通风处，自然风干，待种子风干 5 ～ 7 天后，将花、茎、果皮一并装入棉布袋，保存于阴凉通风处备用[3-4]。

五、生药特征

入药时多缩卷成团。茎、叶干枯绿色，茎直径约 1 mm，叶脱落或破碎，完整叶 1 ～ 2 回羽状分裂。根呈须根状或长圆锥形，表面类白色。具浓烈的特殊香气，味淡，微涩。

六、化学成分研究

挥发油类化合物是芫荽的活性成分之一。芫荽籽精油中含量最大的挥发油类成分为芳樟醇（77%），也是其发挥抗炎作用的主要物质；其次还含有内－龙脑（10.79%）、1－松油烯、橙花醇乙酸酯、p－伞花烃、柠檬烯、α－蒈烯、1－甲基－5－异丙烯基－环己烯、（Z）－2，7－二甲基－5－炔－3－辛烯等。芫荽茎叶中挥发油类成分有环己酮、2－十三烯醛、月桂醛、芫荽醇、薄荷呋喃、1，5－二苯基－3－（2－乙苯）－2－戊烯、肉豆蔻醛、肉珊瑚苷元酮、3－苯基－2－丁醇、2－十二烯醛醇、（Z）－乙酸叶醇酯、羊脂醛、2－十二烯醛醇、肉桂－6－苯丙酸甲酯、二环（2－2－1）庚－5－烯－2－基－1，1－二苯－2－戊炔－1，4－二醇、棕榈酸、（Z）－甲酸叶醇酯、乙苯、乳酸顺－3－己烯酯、苯并扁桃腈、甲酸－3－己烯酯。芫荽根中挥发油类成分为壬烷、癸醛、十二醛（8.26%）、E－2－十四烯－1－醇（11.61%）、十四醛（15.48%）等，其中癸醛等挥发性成分是芫荽发挥抗菌作用的主要成分。

另外，芫荽茎叶中富含黄酮类和酚类成分，黄酮类化合物如芦丁、异槲皮素、槲皮素－3－O－葡萄糖醛酸苷等；酚酸类化合物如咖啡酸、阿笋酸、没食子酸、绿原酸等。

部分化合物结构式如下：

芳樟醇　　　　　　　　内–龙脑　　　　　　　　橙花醇乙酸酯

薄荷呋喃　　　　　异槲皮素　　　　槲皮素–3–O–葡萄糖醛酸苷

七、现代药理研究

芫荽提取物具有多种药理作用，具体如下：

（1）抗菌作用：芫荽提取物对常见致病菌种具有抑制和杀灭作用。

（2）抗氧化作用：芫荽不同部位均具有抗氧化作用，其抗氧化能力一般呈剂量依赖性，可能与其含有的酚类成分有关。

（3）抗焦虑作用：芫荽提取物产生与地西泮几乎相似的抗焦虑作用。

（4）抗炎作用：芫荽地上部分具有显著的抗炎特性，可能是通过抑制 NF-κB 活化和 MAPK 信号转导途径，从而抑制促炎介质的表达。

（5）降血糖作用：芫荽籽提取物干预后降低了糖尿病大鼠的血清葡萄糖，增加了胰腺 β 细胞的胰岛素释放。

（6）其他作用：芫荽能促进周围血液循环，对寒性体质者能改善其手脚发凉的症状。芫荽嫩茎叶中含有甘露醇、正葵醛、壬醛和芳樟醇等一类挥发油物质，可刺激食欲、增进消化。此外，芫荽还有镇痛、抗惊厥、抗肿瘤等功效[5]。

八、传统功效、民间与临床应用

芫荽全株和种子均可供药用。其味辛、性温平，气芳香；祛风散寒、发汗透疹、理气健胃、促进消化。全草可用于治疗感冒鼻塞、麻疹不透、饮食乏味；种子可用于治疗牙痛、胃寒痛和腹泻等。种子提取的芫荽油可用于化脓性疾病创面，促进芽肉的形成。芫荽还可解某些食物的中毒。

九、药物制剂与产品开发

1. 芫荽酒

其处方如下：芫荽 120 g。以好酒 200 mL，先煎数沸，入芫荽，再煎少时，即得。该酒可解表，用于痘出不快、白带。

2. 葫芦丹

其处方如下：芫荽 125 g、结顶掣腰干葫芦（姜汁炒）125 g、细辛 62.5 g、川甘松 62.5 g、生明矾 31.25 g、皂矾（醋制）62.5 g、生大黄 125 g、木瓜（姜汁炒）125 g、木通 125 g、木香 31.25 g、滑石 125 g、姜皮 31.25 g。成药可用于时疫、腹痛、霍乱转筋、吐泻急证。

3. 经验秦艽汤

其处方如下：芫荽子 10g、秦艽 20 g、川羌活 15 g、红木香 15 g、大力子 10 g、独活 10 g、延胡索 10 g、威灵仙 10 g、桃仁 10 g、乌药 10 g、茜草 10 g、江枳壳 10 g、红花 10 g。水煎服。成药用于痧症。

4. 芫荽感冒止咳含片[6]

其处方如下：芫荽粉 30 g、乳糖 - 甘露醇（1∶1）42 g、微晶纤维素 20 g、阿斯巴甜 7 g、薄荷脑 0.25 g、聚乙二醇 1 g。取新鲜芫荽，烘干，粉碎，过 100 目筛，备用。取芫荽粉末，按处方量分别称取乳糖、甘露醇、阿斯巴甜、微晶纤维素、聚乙二醇、薄荷脑，过 100 目筛，混合均匀后压片，制成片重为 0.25 g

的口含片。该片用于治疗风寒感冒。

十、其他应用与产品开发

1. 香料

芫荽带有独特的芳香气味，常作为香料，或作凉拌美食，味香浓郁，还用于做辅菜芳香调味料，用于海鲜、炖肉、汤品等。果实可提取芳香油，可作为调味品，用于汤、甜味酒的香味配料。

2. 蔬菜

以全株作为调料蔬菜食用，有健胃消食的功能。

3. 化妆品

芫荽精油可用于化妆品。

4. 化妆品原料

芫荽籽提取物、芫荽叶提取物、芫荽提取物、芫荽籽油均可用于化妆品原料。

5. 香精

芫荽种子的芳香油还可调配香精，用于香水、花露水和肥皂等。

6. 芫荽香气白啤酒[7]

其主要原料为芫荽、陈皮、大麦芽、小麦芽、焦香麦芽、斯拉德克酒花和干酵母。按照啤酒的制备方法，糖化、过滤、煮沸、沉淀、发酵、高温杀菌，分装得到成品。产品具有外观浑浊，芫荽、陈皮香气突出，苦味柔和，口感醇厚，泡沫丰富，杀口力强的优点。

7. 芫荽风味滴丸卷烟[8]

芫荽风味香精的主要成分为92.0%的芫荽提取物、3.0%的芳樟醇、5.0%的乙酸香叶酯。先制备芫荽风味香精，使用滴丸机将其制成烟用滴丸，在卷烟滤棒丝束成型过程中定位施加烟用滴丸，并制成卷烟即为成品。在卷烟应用中，其丰富了卷烟香气，赋予卷烟特征风味。

参考文献

[1] 魏团仁，张林辉，吕玉兰，等. 野生刺芫荽种植技术 [J]. 热带农业科技，2009，32（2）：20-21.

[2] 费伦敏，严再蓉，韦红边，等. 南盘江流域野芫荽仿野生种植技术 [J]. 农技服务，2021，38（5）：43-44.

[3] 谢淑芳. 刺芫荽特性及种植技术 [J]. 农村实用技术，2004（12）：18-19.

[4] 李品汉. 特色保健野生香菜——刺芫荽 [J]. 农家之友，2007（7）：39.

［5］侯雪雯，田景振. 芫荽药物活性物质提取及其药理研究概述［J］. 环球中医药，2020，13（7）：1264－1287.

［6］胡蝶，刘慧，范燕梅，等. 芫荽感冒止咳含片提取和成型工艺研究［J］. 亚太传统医药，2018，14（2）：32－35.

［7］谭振成. 一种具有陈皮、芫荽香气白啤酒及其制备方法：CN 106085676 A［P］. 2016－11－09.

［8］司辉，李超，王娜，等. 一种具有陈皮、芫荽香气白啤酒及其制备方法：CN 109439437 A［P］. 2019－03－08.

栀　　子

一、来源及产地

茜草科植物栀子 *Gardenia jasminoides* Ellis，又名黄栀子。原产于中国南部和中部，以及日本，越南也有分布；多生于山野间，也有种植供观赏。

二、植物形态特征

该植物为多年生灌木。嫩枝常被短毛，灰色。叶对生或3枚轮生，常革质，叶形多样，长3～25 cm，宽1.5～8 cm，两面均无毛，正面油绿色，背面色较暗；侧脉纤细，每边8～15条，在背面凸起，在腹面平；叶柄短，托叶鞘形，膜质。花单生于枝顶，芳香，花梗较短，萼管有纵棱，萼檐管形，顶部常6裂，裂片线状披针形或披针形，结果后增长，宿存；花冠高脚碟状，花冠喉部有疏柔毛，冠管狭圆筒形，顶部5～8裂，裂片广展，顶端钝，初为淡青色，后变为乳黄色；花丝极短，花药线形，伸出；花柱粗厚，柱头棒形，伸出；子房直径约3 mm，黄色，平滑。果黄色或橙红色，形态多样，有翅状纵棱5～9条，顶部有宿存花萼。种子多数。花期3—7月，果期5月至次年2月。

三、种植技术要点

（一）场地选择

栀子喜温暖湿润，最宜生长在温度为16～18 ℃、光照充足且通风良好的环境；忌强光暴晒，适宜在稍荫蔽处生长；耐半阴，耐旱，忌积水，不耐寒；宜选择疏松肥沃、排水良好的微酸性土壤或中性砂质土壤种植[1-2]。

（二）繁殖和种植技术

1. 育苗技术

栀子的主要繁殖方式为种子繁殖和扦插。秋冬季种子成熟时采下果实，取出种子，去除果肉晾干备用，可选择春播或秋播；播种前用温水浸泡种子1天，去除瘪种子和杂质，稍晾干即可播种，将种子与草木灰或细土混合后，均匀撒入播种沟，覆土厚2～3 cm，覆盖干草，浇水，每亩播种量为2.5～3.0 kg。扦插一般可采用扦插育苗或大田直插两种，每年2—3月或10—11月进行，选择2年生枝条作插穗，插穗长 15 cm，按照株行距 10 cm × 10 cm 斜插，插入深度为 10 cm，压紧土壤，浇足定根水[2]。

2. 种植定植技术

按照 1 m × 1.5 m（每亩 440 穴）挖穴定植，穴径为 40 cm × 40 cm，于每年秋冬季节的 10—11 月和次年 2—4 月进行定植，宜选择阴雨天进行；适当去除树苗上的叶片，用磷肥和黄泥打浆沾根，保证树苗扶正，根部舒展，浇足定根水。

3. 幼苗及成年植株管理

（1）幼苗管理。

幼苗期应及时补苗，树苗移植成功后前三年，加强中耕除草松土，每年 4—6 月和 8—9 月各 1 次；结合中耕除草，进行施肥，每亩施 20 ～ 25 kg 复合肥或 1000 ～ 1500 kg 农家肥。及时进行灌溉，特别是夏季干旱天气，宜保证全面灌溉 1 次以上。幼树期第一年夏梢抽发时，适当截定主干，在离地 20 ～ 25 cm 处进行截取，每株保留 3 ～ 4 个粗壮肥大的枝条作为主枝[2]。

（2）成年植株管理。

每年 3 月底至 4 月初，按照每亩 25 ～ 30 kg 穴施尿素或碳酸铵；5—6 月栀子花期，叶面喷施 50 mg/kg 赤霉素和 0.5% 尿素；9—10 月，每亩施钙镁磷肥或复合肥 40 ～ 50 kg，及时灌溉。次年夏梢抽发时，每个主枝条保留 3 ～ 4 个侧枝，将树高控制在 1.5 ～ 1.6 m。结果期及时进行修剪枝条，一般在冬季或次年春季发芽前进行，去除根茎部的萌芽，剪除病虫害枝、交叉重叠枝和细弱枝，保持树形内疏外密、通风透光[3]。

（三）病虫害防治

1. 病害

栀子主要的病害为炭疽病、煤污病、黄化病、褐斑病和叶枯病。主要防治方法为选择无病虫害健康种苗或抗病品种，及时清除枯枝落叶和病枝病叶，合理修剪，保证植株通风透气；喷施 25% 咪鲜胺乳油或 70% 甲基硫菌灵可湿性粉剂防治炭疽病；喷施 43% 戊唑醇或 60% 苯醚甲环唑防治煤污病。

2. 虫害

栀子主要的虫害为咖啡透翅蛾、蚜虫、介壳虫、卷叶螟和蝼蛄等。喷施 70% 吡虫啉水分散粒剂和 25% 噻虫嗪水分散粒剂防治蚜虫和介壳虫；喷施 20% 氰戊菊酯乳油防治咖啡透翅蛾；采用 10% 二嗪磷颗粒剂防治蝼蛄等地下害虫[4]。

四、采收加工

待霜降与冬至期间果皮成红黄色，选择晴天采收，摘取果实，去除果柄。采收后及时晒干或烘干，筛去灰尘和杂质即为药用生山栀；将栀子碾碎在锅内分别以文火、中火和武火炒至金黄色并渗出清香气、焦黄色并渗出焦香气、黑褐色微带火星时，取出晾干，即为炒栀子、焦栀子和栀子炭[5]。

五、生药特征

干燥果实呈长卵圆形或椭圆形，长 1.5～3.5 cm，直径 1～1.5 cm；表面红黄色或棕红色，具 5～8 条翅状纵棱，棱间常有 1 条明显的纵脉纹，并有分支；顶端残存萼片，另一端稍尖，有残留果梗。果皮薄而脆，略有光泽；内表面色较浅，有光泽，具 2～3 条隆起的假隔膜。内有种子多数，粘结成团。种子扁卵圆形，深红色或红黄色，表面密具细小疣状突起；浸入水中，可使水染成鲜黄色；气微，味淡微酸。

花：淡棕色或棕色，呈不规则团块或类三角锥形，萼片先端 5～8 裂，裂片线状披针形。花冠旋卷，花冠下部连成筒状，裂片少数，倒卵形至倒披针形。质地轻脆，易碎；气芳香，味淡。

根：呈圆柱形，有分枝，表面灰黄色，质地坚硬，断面白色或灰白色，具有放射状纹理；气微，味淡。

六、化学成分研究

栀子中的成分包含环烯醚萜类、二萜、三萜等化合物。环烯醚萜类化合物如栀子苷、去羟栀子苷、异羟栀子苷、山栀子苷等，是环戊烷的衍生化合物；三萜类成分如熊果酸、9α－羟基－3－乙酰熊果酸、铁冬青酸、栀子花乙酸、isotaraxeral、马尾柴酸、clethric acid、myrianthic acid 等。另外，栀子中还含有亲水性化合物如栀子黄色素、藏红花素（西红花苷）及藏红花酸等，属于二萜类化合物，可用于果汁、酒、食物的着色。

栀子花挥发油类化合物主要组成为 α－金合欢烯（18.00%）、芳樟醇（12.00%）、惕各酸顺式－3－乙烯酯（10.00%），其次为茉莉内酯、棕榈酸、苯甲酸顺式－3－乙烯酯、5－羟基顺式－7－癸烯酸乙酯、角沙烯、反式－罗勒烯、惕各酸己酯、苯甲酸甲酯、顺式－3－乙烯醇等。

此外还有有机酸酯类化合物如新绿原酸、绿原酸、异绿原酸、槲皮素－3－芸香糖苷、隐绿原酸等。

部分化合物结构式如下：

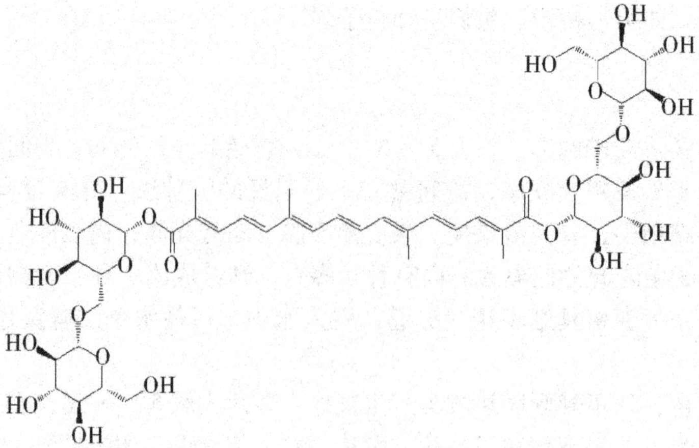

藏红花素（西红花苷） 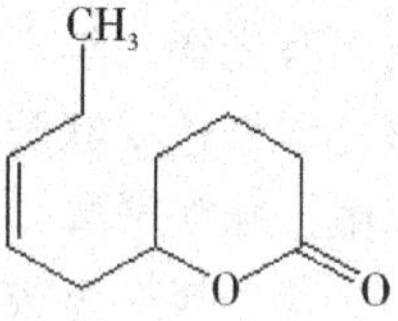　　　　　　茉莉内酯

七、现代药理研究

主要药理作用如下：

（1）保肝利胆作用：栀子苷是栀子中环烯醚萜类的主要生物活性成分，栀子苷可使药物对大鼠肝肾毒性程度降低，从而发挥良好的肝肾保护作用。

（2）降血糖、降血脂作用：栀子苷能够增强胰岛细胞的抗氧化能力，提高抗炎症损伤的能力，从而发挥降血糖、降血脂的作用。

（3）促进胰腺分泌作用：栀子苷既可以起到保护胰腺细胞的作用，又可以促进胰腺的分泌能力。

（4）抗炎作用：栀子苷能够使炎症程度减轻，发挥明显的抑制作用，具有一定的抗炎能力。

（5）其他：还具有防止动脉粥样硬化、保护大脑神经作用。

八、传统功效、民间与临床应用

花和果实入药，有解毒、消炎、利胆、解热、镇痛之效，治淋病、目赤、吐血和黄疸型肝炎等症。栀子黄色素，在民间做染料应用。

九、药物制剂与产品开发

1. 以栀子为原料的常见中成药

（1）拔毒膏。

其处方如下：栀子70 g、金银花70 g、连翘70 g、大黄70 g、桔梗70 g、地黄70 g、黄柏70 g、黄芩70 g、赤芍70 g、当归35 g、川芎35 g、白芷35 g、白荄 35 g、木鳖子 35 g、蓖麻子 35 g、玄参 35 g、苍术 35 g、蜈蚣 5 g、樟脑 28 g、穿山甲 35 g、没药 18 g、儿茶 18 g、乳香 18 g、红粉 18 g、血竭 18 g、轻粉 18 g。成品为摊于布上或纸上的黑膏药。其功效为清热解毒、活血消肿，多用于治疗疖疔痈发、有头疽之初期或化脓期等病。

（2）唇齿清胃丸。

其处方如下：栀子 60 g、大黄 100 g、黄芩 60 g、龙胆 60 g、黄柏 60 g、知母 40 g、升麻 20 g、防风 40 g、陈皮 40 g、白芷 20 g、冰片 2 g、薄荷脑 2 g、地黄 60 g、石膏 40 g。成品为棕褐色的大蜜丸，味凉苦，清胃火，用于由胃火引起的牙龈肿痛、口干唇裂、咽喉痛。

2. 其他含栀子原料的中成药

如开光复明丸、牛黄至宝丸（牛黄至宝丹）、小儿清肺止咳片、茵栀黄注射液、安脑牛黄片、小儿感冒宁糖浆、六合茶、八宝惊风散、漳州神曲、八仙油、跌打风湿酒、跌打榜药酒等。

十、其他应用与产品开发

1. 食品添加剂

栀子黄可用于食品添加剂。

2. 化妆品原料

如栀子清茶滚珠香水、栀子防护乳、栀子花保湿嫩手霜、栀子花纯露等。栀子花可提制芳香浸膏，用于多种花香型化妆品和香皂香精的调合剂。

3. 着色剂

着色力强，颜色鲜艳，具有耐光、耐热、耐酸碱性、无异味等特点，可广泛应用于糕点、糖果、饮料等食品的着色上。

4. 色素

栀子果实内含丰富的黄色素，通过进一步转化，栀子还可以用于制备栀子兰、栀子红和栀子绿等色素。

5. 栀子乳化醋油[6]

其主要成分为栀子果油 70 g、蛋黄 14 g、栀子酒醋 10 g、食盐 1 g、砂糖 1.5 g、香辛料 1.5 g、脱脂栀子粕 2 g。该品的制备方法如下：新鲜鸡蛋先经 2% 双氧水清洗，打蛋去壳，分离得蛋黄，搅拌成蛋黄液，备用；按照配方，将食盐、砂糖、香辛料和脱脂栀子粕预先混合为固体调料，备用；将上述固体调料与栀子酒醋搅拌混合；加入上述的蛋黄液得到新的体系，再在其中加入栀子果油；在均质机中将最后得到的混合物均质成细腻膏状物，包装、冷藏，即可得到成品。成品富含藏红花素和环烯醚萜苷等功能物质，可有效预防心脑损伤和改善心脑功能。

6. 其他

栀子花精油可用于多种香型化妆品、香皂、香精以及高级香水香精。

参考文献

[1] 姚敦瑞. 中草药黄栀子种植技术探析 [J]. 南方农业, 2017, 11 (18):
5 – 6.

[2] 冯占亭. 栀子育苗及主要种植技术 [J]. 现代园艺, 2018 (5): 67 – 69.

[3] 武剑宏. 栀子的种植与利用 [J]. 内蒙古林业调查设计, 2018, 41 (1):
21 – 22.

[4] 潘媛, 李隆云, 王钰, 等. 中国主要栀子种植资源分布与综合利用调查
[J]. 天然产物研究与开发, 2019, 31 (10): 1823 – 1830.

[5] 梁正杰, 申杰, 胡开治, 等. 重庆地区栀子主要病虫害种类及防治措施
[J]. 热带农业科学, 2021, 41 (7): 75 – 79.

[6] 王志远, 张有做, 潘尧芳, 等. 栀子乳化油醋与栀子调味酱及它们的制备
方法: CN 104886546 A [P]. 2015 – 09 – 09.

华南忍冬

一、来源及产地

忍冬科植物华南忍冬 *Lonicera confusa*（Sweet）DC.，又名山银花、土银花、土忍冬。产于中国广东、海南和广西等地，也分布于越南北部和尼泊尔。

二、植物形态特征

该植物为多年生半常绿藤本。小枝、叶背面、叶柄、苞片、小苞片、总花梗和萼筒均密被灰黄色卷曲短柔毛，间被腺毛；小枝圆筒状，中空，被毛脱落后呈淡红褐色或近褐色。叶纸质，卵形或卵状长椭圆形，长 3 ～ 7 cm，宽 2 ～ 3.5 cm，先端有明显的小短尖头，幼时两面有短糙毛，老时正面变无毛，边缘反卷，被缘毛；叶柄被短柔毛；侧脉 3 ～ 4 对，显著。花有香味，近无梗，双花腋生，或于小枝或侧生短枝顶集合成具 2 ～ 4 节的聚伞花序；花冠白色，后变成黄色，长 5 ～ 6 cm，狭管状漏斗形，管筒直或稍弯曲，外被多少开展的倒糙毛和腺毛，内面有柔毛，唇瓣略短于冠筒；雄蕊和花柱均伸出，比唇瓣稍长，花丝无毛；子房被毛，花柱无毛。果实黑色。花期 4—5 月，有时 9—10 月开第二次花；果期 10 月。

三、种植技术要点

（一）场地选择

华南忍冬为热带与亚热带植物，适宜生长的温度为 20 ～ 30 ℃；喜温暖湿润、阳光充足的向阳坡地，宜选择土层深厚、土质疏松肥沃微碱性土壤种植。

（二）繁殖和种植技术

1. 育苗技术

华南忍冬的主要繁殖方式为扦插和嫁接。扦插选择已木质化的 1 年生以上、发育正常、生长健壮、无病虫害的枝条进行，插穗截成 15 ～ 20 cm 长度，保留 2 个以上芽眼，上切口为平面，下切口削成平滑马蹄形；嫁接宜通过以插皮接或劈接方式繁育。

2．种植定植技术

定植时，选择苗高 20 cm 以上、根系发达、主根 2～3 条以上、须根多、叶片绿色肥厚、无病虫害的壮苗进行定植，在底肥上回填 20 cm 厚的表层腐殖质细土，将苗根系舒展开，填土至于穴齐平，轻提苗株，踩实土壤，浇足定根水。

3．幼苗及成年植株管理

（1）幼苗管理。

春秋季各中耕除草 1 次，多雨年份夏季应除草 1～2 次，幼苗根际周围宜浅，远处可稍深，靠近根部的杂草宜手工拔除。幼树按照少量多次从远处进行追肥，以有机肥为主、化肥为辅。

（2）成年植株管理。

每年中耕除草 2～3 次，及时追肥，春季新梢萌发前和秋季越冬前各追肥 1 次，盛产期应在春末夏初现蕾前喷施 0.4% 尿素和 0.1% 硼肥或其他商品叶面肥。在春季新梢萌动前施氮肥，现蕾开花前施磷肥，结合中耕除草；沿树冠滴水线开环状沟，沟深约 20 cm，将有机肥和化肥混合均匀后撒入沟中，覆土。及时修剪，保证植株通风透光，修剪宜在冬季每年 11 月至翌年 2 月、夏季 6—9 月摘花后进行；剪除过密枝、病虫枝、细弱枝，同时摘心，打顶，抹芽；及时疏通沟渠、排涝防渍。

（三）病虫害防治

1．病害

华南忍冬主要的病害为褐斑病、灰斑病、白粉病、炭疽病、黑霉病、锈病和根腐病。发病时应及时拔除病株，剪除病虫枝和细弱枝，可喷洒甲基托布津 800 倍液或 50% 多菌灵 500～800 倍液进行防治。

2．虫害

华南忍冬主要的虫害为蚜虫、红蜘蛛、褐天牛、金龟子和棉铃虫等。其防治方法为：早春可喷施石硫合剂，生长期喷施吡虫啉或阿维菌素等进行防治；同时保护和利用好瓢虫、蜘蛛、寄生蜂和鸟类等有益生物；喷施微生物农药或植物源农药，如 0.36% 苦参碱水剂 1000 倍液、1% 印楝素乳油 1000 倍液和 1% 苦楝藤素乳油 2000 倍液等，结合人工捕杀害虫[1-2]。

四、采收加工

宜每年 5—6 月花开放前采收，最好选择晴天上午或下午太阳落山前进行，趁花蕾成熟或接近成熟时进行采摘，避免翻动和挤压。置于阴凉通风处干燥或摊成薄层晒干或烘干。

五、生药特征

生药长 2.0 ～ 3.5 cm，表面黄白色至黄棕色；花冠表面密被开展的柔毛和浅黄色短腺毛；萼筒和萼齿及其边缘均被短糙毛。总花梗集结成簇，开放者花冠裂片不及全长之半。质稍硬，手捏之稍有弹性；气清香，味微苦甘[3]。

六、化学成分研究

华南忍冬主要含有挥发油类、黄酮类、有机酸类、苷类等化学成分。

华南忍冬挥发油的文献报道较少，主要化学组成为反式 – 2，4 – 庚二烯醛、(Z) – 2 – 癸烯醛、邻苯二甲酸二异丁酯、二氢猕猴桃内酯、苯乙醇等。

黄酮类成分种类丰富，主要有木樨草素、槲皮素、苜蓿素、苜蓿素 – 7 – O – β – D – 葡萄糖苷、木樨草素 – 7 – O – β – D – 半乳糖苷、芦丁、金圣草素 – 7 – O – 新橙皮糖苷、苜蓿素 – 7 – O – 新橙皮糖苷、山奈酚 – 3 – O – β – D – 葡萄糖苷、异鼠李素 – 3 – O – β – D – 葡萄糖苷、槲皮素 – 3 – O – β – D – 葡萄糖苷、木樨草素 –7 – O – β – D – 葡萄糖苷等。

其他成分还包含有机酸类，如咖啡酸、绿原酸、绿原酸甲酯和 5 – O – 咖啡酰基奎宁酸丁酯；皂苷类，如常春藤皂苷类成分[4-6]。

七、现代药理研究

华南忍冬主要药理作用如下：

（1）抗氧化作用：其乙醇提取物具有较强的抗氧化作用。

（2）抗菌、清热解毒、抗炎作用：具有抑菌、抗炎、清热、止血作用，尤其在抑菌、止血方面效果较优。

（3）保肝作用：总皂苷成分具保肝作用[5]。

八、传统功效、民间与临床应用

干燥花蕾或带初开的花入药；其功效为清热解毒、凉风散热，对多种致病菌均有一定的抑制作用；临床上广泛应用于急性热病及外科感染性疾病，如上呼吸道感染、急性扁桃体炎、咽炎、疖疮痈肿、乳腺炎、痢疾等，同时还具有利胆保肝等作用。

九、药物制剂与产品开发

1. 以华南忍冬（山银花）为原料的常见中成药

（1）复方珍珠暗疮片。

其处方如下：华南忍冬 28 g、蒲公英 28 g、黄芩 106 g、黄柏 28 g、猪胆粉

0.65 g、地黄84 g、玄参56 g、水牛角浓缩粉10 g、山羊角3 g、当归尾28 g、赤芍50 g、酒大黄56 g、川木通112 g、珍珠层粉3 g、北沙参50 g。其功效为清热解毒、凉血消斑，用于治疗血热蕴阻肌肤所致的粉刺、湿疮。

（2）清热银花糖浆。

其处方如下：华南忍冬100 g、菊花100 g、白茅根100 g、通草20 g、大枣50 g、甘草20 g、绿茶叶8 g。其功效为清热解毒、通利小便，用于治疗外感暑湿所致的头痛如裹、目赤口渴、小便不利。

2. 其他含有华南忍冬的中成药

如银翘伤风胶囊、痔炎消颗粒、维C银翘片、感冒止咳颗粒、复方银花解毒颗粒、麻杏宣肺颗粒、银屑灵膏、口炎清颗粒、风热清口服液、银蒲解毒片、清肝利胆口服液等。

十、其他应用与产品开发

1. 化妆品或化妆品原料

如山银花（华南忍冬）防护花露水、山银花（华南忍冬）植萃清凉花露水、山银花（华南忍冬）提取物等。

2. 保健食品

华南忍冬提取物可用于保健食品原料。

参考文献

[1] 曾燕蓉，杨美纯，朱方容. 华南忍冬组培苗与扦插苗植株绿原酸比较分析 [J]. 南方农业学报，2012，43（1）：26 - 29.

[2] 文庆，舒毕琼，丁野，等. 金银花与山银花的资源分布和种植技术发展概况 [J]. 中国药业，2018，27（2）：1 - 5.

[3] 康帅，张继，王亚丹，等. 金银花与山银花的生药学鉴别研究 [J]. 药物分析杂志，2014，34（11）：1913 - 1921.

[4] 温建辉，倪付勇，赵祎武，等. 山银花化学成分研究 [J]. 中草药，2015，46（13）：1883 - 1886.

[5] 莫爱琼，耿世磊. 药用植物华南忍冬的研究进展 [J]. 仲恺农业工程学院学报，2009，22（2）：60 - 64.

[6] 朱香梅，李晴，石雨荷，等. 山银花的研究进展及其质量标志物预测分析 [J]. 世界中医药，2022，17（13）：1860 - 1868.

夜香树

一、来源及产地

茄科植物夜香树 *Cestrum nocturnum* L. ，又名洋素馨、夜丁香、木本夜来香。原产于南美洲，现广泛种植于世界热带地区。中国南北各地都有种植，但以南方为多。

二、植物形态特征

该植物为多年生直立或近攀缘状灌木。高达 3 m，全株无毛；枝条细长而下垂。叶片薄革质，长圆状卵形或长圆状披针形，长 6～15 cm，宽 2～4.5 cm，有短柄，叶全缘，先端渐尖，基部近圆形或宽楔形，两面油亮，有 6～7 对侧脉。伞房式聚伞花序，腋生或顶生，有花多朵，疏散；小花夜间极香，绿白色至黄绿色；花萼钟状，5 浅裂，花冠高脚碟状，冠筒长，下部细，向上渐宽大，喉部稍缢缩，花冠裂片卵形，直立或稍张开，长约为冠筒的 1/4，急尖；雄蕊达花冠喉部，花丝基部有齿状附属物；子房具短柄，卵状，花柱达花冠喉部。浆果长圆形或球形，白色，多汁。种子 1 粒，长卵状，长约 4.5 mm。

三、种植技术要点

（一）场地选择

夜香树为半阴性植物，喜温暖、光照充足环境，忌寒冷；宜选择肥沃、疏松的微酸性土壤种植[1]。

（二）繁殖和种植技术

1. 育苗技术

该植物主要的繁殖方式为扦插和组织培养繁殖。扦插时，选择生长健壮的母株剪取插穗，每个插穗保留 3～4 个节，长度为 8～10 cm；去掉下部叶片，扦插深度为插穗长度的 1/3，扦插后浇足水，适当遮阴、保温、保湿和通风。组织培养繁殖时，用自来水将外植体冲洗干净，在超净工作台上将其剪成 1.5～2.0 cm 的带芽茎段，用 70% 酒精灭菌 3～4 s，然后用 0.1% 升汞溶液消毒8 min，无菌水冲洗 5 次，将其接种于诱导培养基上；培养室培养温度（22 ±

2)℃，保持每天光照 14 h，光照强度 2500 ～ 3000 lm/m^2[1]。

2. 种植定植技术

在畦面按株行距 10 cm × 10 cm 进行定植，浇足水，保持土壤湿润，控制遮阴篷的透光度为 70%，保证通风透气。

3. 幼苗及成年植株管理

（1）幼苗管理。

苗期每天通过喷雾方式淋水 2 次，生长初期 7 天喷施氮肥 2 次，21 天后加少许磷钾肥。

（2）成年植株管理。

花期过后，将枯枝和过密枝条剪除，对徒长枝条进行截短处理。

（三）病虫害防治

1. 病害

夜香树主要的病害为轮纹病，可用 50% 甲基托布津可湿性粉剂 500 倍液喷洒防治。

2. 虫害

夜香树主要的虫害为介壳虫和粉虱，可用 50% 杀螟松乳油 1000 倍液喷洒防治[2-3]。

四、采收加工

盛花期采收花，晒干或烘干均可。

五、生药特征

夜香树小花绿白色至黄绿色；花萼钟状，5 浅裂，长约 3 mm，裂片长约为筒部的 1/4；花冠高脚碟状，冠筒长，下部细，向上渐宽大，喉部稍缢缩，长约 2 cm，花冠裂片卵形，直立或稍张开，长约为冠筒的 1/4，急尖；雄蕊达花冠喉部，花丝基部有齿状附属物，花药极短，褐色；子房具短柄，卵状，长约 1 mm，花柱达花冠喉部。

六、化学成分研究

夜香树中的化学成分主要包括挥发油类、皂苷类、黄酮类、多酚化合物等。目前研究主要集中于挥发油类成分。

夜香树花中挥发油类成分含量最高的为二十烷（24.85%）、2 - [1 - (4 - 羟基苯基) - 1 - 甲基乙基] 苯酚（11.36%）、10 - 二十一烯（9.16%），其次为苯甲醇、9 - 二十烯、二十一烷、对苯二酚；化学成分中以高级烷烃、酚类、高级烯烃、脂肪醇及芳香醇、酸、酮等化合物为主。其中的丁子香酚等成分有止痛镇定作用，而2，3－丁二醇和3－甲基丁醇等多种成分都有轻微的毒性和刺激性，故有明显的驱蚊效果。嫩枝在日间、夜间的挥发油类成分有一定差异。嫩枝挥发油日间挥发油类成分以十九烷为主（9.34%），间二甲苯（8.61%）、1，2，3－三甲苯（5.46%）次之；夜间挥发油类成分为甲酸二十一酯（11.28%）、沉香烷（9.7%）、2－亚油酸甘油酯（7.89%），其次为驱蚊汀、二十一烯、1，3－二甲苯、1，2，3－三甲苯、4－乙基－1，2－二甲苯、二十四烷、2，4－二叔丁一基苯酚、3－乙基甲苯等。花朵与嫩枝中相同成分主要集中在苯系物、驱蚊汀、甲酸二十一酯等，差异主要在烷类、烯类（包括倍半萜类）、酯类、醇类化合物。

部分化合物结构式如下：

间二甲苯　　　　　　　　　　驱蚊汀

七、现代药理研究

（1）抗心律失常作用：夜香树提取物具有抗心律失常作用。

（2）抗肿瘤作用：对多种肿瘤细胞（人胃癌细胞株 SGC7901、宫颈癌细胞株 Hela、肝癌细胞株 Bel～7404 等）均有明显的抑制作用。

（3）抑菌作用：不同浓度的夜香树提取物对痢疾杆菌和大肠杆菌有一定的抑菌效果，随着夜香树提取物浓度增加，其对痢疾杆菌和大肠杆菌的抑菌作用增强，呈一定的剂量依赖性，但是夜香树提取物对金黄色葡萄球菌却无抑菌效果[4]。

八、传统功效、民间与临床应用

夜香树的叶、花、根可入药，具有清热消肿、平肝明目的功效，外敷可治痈疮、乳腺炎等。

九、药物制剂与产品开发

暂时还没有成药上市。

十、其他应用与产品开发

1. 提高皮肤耐受力的化妆品[5]

其主要成分为：夜香树提取物、寡肽 - 1、去离子水、红藻门藻提取物、1,2 - 戊二醇、稻米氨基酸、马齿苋提取物、神经酰胺 3、神经酰胺 6、神经酰胺 1、植物鞘氨醇、胆固醇、月桂基乳酰乳酸钠。提前预处理以下原料：称取神经酰胺 3、神经酰胺 6、神经酰胺 1、植物鞘氨醇、胆固醇、月桂基乳酰乳酸钠，以及总水量 25% 的去离子水。将去离子水作为水相，加热至 80 ℃；将神经酰胺 3、神经酰胺 6、神经酰胺 1、植物鞘氨醇、胆固醇、月桂基乳酰乳酸钠作为油相加热至 80 ℃；然后将水相和油相混合于乳化锅中；混合均匀后，搅拌冷却至 40 ℃即可；称取剩余原料：寡肽 - 1，剩余去离子水、红藻门藻提取物、1,2 - 戊二醇、稻米氨基酸、马齿苋提取物、夜香树提取物；向第一步骤所得产物中逐一加入第二步骤中的原料，搅拌均匀即可得到成品。其成品有利于提高皮肤的耐受力，长期使用可调整皮肤树突状细胞的启动临限值，提高皮肤对外界的抗刺激能力。

2. 野菊茶香枕[6]

主要配料：夜香树叶、野菊花、绿茶、荷叶。上述复合药材以重量份为单位配比为：野菊花 10 ~ 15 份、绿茶 12 ~ 13 份、夜香树叶 3 ~ 5 份和荷叶 5 ~ 8 份；将复合药材进行混合和碾碎后，用蒸汽进行杀菌，杀菌后进行干燥；最后将复合药材颗粒装入枕芯套。其中茶叶、夜香树叶和荷叶均可清暑解热；同时茶叶和野菊花还可以杀除对人体有害的病菌；复合药材经过高温蒸汽杀菌消毒后，还能刺激组合物的药性、散发香气、促进睡眠。

3. 其他产品

夜香树的花可熏茶或少量用于菜肴配料。花浓香，可驱蚊，可调配为各种香精、香水及驱蚊液。

参考文献

[1] 魏雅青. 夜香树不同季节扦插育苗试验 [J]. 中国园艺文摘，2015，31 (9)：16 - 18.

[2] 王雪娟，张雪平，韩梅. 不同基质对夜香树扦插生根的影响 [J]. 中国农学通报，2008 (11)：310 - 314.

[3] 王福喜. 夜香树的组织培养 [J]. 内蒙古农业科技，2008 (4)：64 - 65.

[4] 吕金燕，白蕊，钟振国，等. 夜香树的化学成分与药理作用研究进展 [J]. 广西中医学院学报，2012，15 (2)：62 - 63.

[5] 孙白力、韩敏、杨平顺，等. 提高皮肤耐受力的化妆品及其制备方法：CN

102579297 A ［P］. 2012 -07 -18.

［6］胡宏处. 一种野菊茶香枕及其制作方法：CN 104905624 ［P］. 2015 -
09 -16.

鸡蛋花

一、来源及产地

夹竹桃科植物鸡蛋花 *Plumeria rubra* 'Acutifolia'，又名缅栀子、蛋黄花、鹿角树、擂捶花、大季花。原产于美洲热带地区、西印度诸岛。中国南部广泛种植，现广植于亚洲热带及亚热带地区。

二、植物形态特征

该植物为多年生落叶小乔木。全株无毛，小枝粗壮肉质，含有丰富的乳汁。叶厚纸质，常椭圆状长圆形，长 20～40 cm，宽 7～11 cm，先端短渐尖，基部狭楔形，腹面深绿色，背面浅绿色，两面无毛；叶脉在背面隆起，侧脉两面扁平，每边 30～40 条，几乎平行，未达叶缘即行网结；叶柄圆柱状，腹面基部具腺体。2～3 歧聚伞花序顶生，无毛；总花梗肉质；小花梗淡红色；花萼小，紧贴花冠筒；花冠外面白色，内面黄色，直径 4～5 cm，花冠筒长 1～1.2 cm，外面无毛，内面密被柔毛；雄蕊极短，着生于花冠筒基部，花丝短，花药长圆状披针形；子房 2 心皮，离生，无毛，花柱短，柱头长圆形，中间缢缩，先端 2 裂。双生蓇葖果。种子顶端具长圆形膜质的翅，翅长约 2 cm。花期 5—10 月，果期为 7—12 月，植种很少结果。

三、种植技术要点

（一）场地选择

鸡蛋花生长适宜温度为 23～30 ℃；喜光照充足和高温湿润气候，稍耐阴，耐旱，耐碱，忌水涝，宜选择肥沃的砂质土壤进行种植[1-2]。

（二）繁殖和种植技术

1. 育苗技术

该植物主要的育苗技术为扦插。鸡蛋花的老枝或嫩枝均可作繁殖材料，宜选择春季气温回升后进行，剪取 15～20 cm 枝条，插穗两端涂抹拌有少量杀菌剂的草木灰，置于阴凉处；2～3 天后，待伤口干燥后进行扦插，扦插深度为插穗的 1/3；扦插后保持沙床湿润，30～40 天生根[1-2]。

2. 定植技术

定植前，结合深耕土壤，施放基肥，化肥、腐熟有机肥或农家肥均可，宜深埋基肥，避免与鸡蛋花根系直接接触，按照行株距 2 m×3 m 进行定植。

3. 幼苗及成年植株管理

（1）幼苗管理。

生长季节每月追施 1 次有机复合肥，冬季停止施肥；注意旱季及时进行浇灌，保持土壤湿润；雨季注意排水，大雨后及时松土除草。

（2）成年植株管理。

春季和夏季应合理灌溉，保持土壤湿润，一般不干不浇，见干即浇。施肥应以复合肥为主，少量多次进行施肥。夏季雨水较多时，应及时排水[3]。

（三）病虫害防治

1. 病害

鸡蛋花病害较少，病害偶有角斑病、花锈病、枯枝病和白粉病，可喷洒70%甲基托布津可湿性粉剂 1000 倍液或代森锰锌 1000 倍液进行防治。

2. 虫害

鸡蛋花的主要虫害为介壳虫和红蜘蛛，可喷洒 40%氧化乐果或敌百虫 1000 倍液进行防治[3-4]。

四、采收加工

夏、秋季当花盛开时采收。摘取花朵或捡拾落地花朵，晒干。

五、生药特征

干燥花朵，多皱缩成条状，或扁平三角状，黄褐色或淡棕褐色，主要为 5 枚旋转排列的花瓣。湿润展平后，花萼较小。花冠裂片 5 片，倒卵形，长约 3 cm，宽约 1.5 cm，呈旋转排列；下部合生成细管状冠筒，长约 1.5 cm；雄蕊 5 枚，花丝极短；有时可见小的卵状子房，长约 4 mm。气醇香，味清淡，稍苦。入药以花完整、干燥、黄褐色、气芳香者为佳。

六、化学成分研究

鸡蛋花含环烯醚萜类化合物如鸡蛋花素、异鸡蛋花素、黄蝉花素、黄蝉花定、α - allamcidin、β - allamcidin、香豆素鸡蛋花苷、15 - 去甲基鸡蛋花苷、鸡蛋花苷等。鸡蛋花的叶中含三萜类化合物如 3β - 27 - dihydroxy - urs - 12 - ene、熊果酸、白桦脂酸、3β - hydroxy - urs - 30 - p - E - hydroxy - cinnamoyl - 12 - en - 28 - oic acid、β - 香树脂素和 27 - E - 4 - hydroxycinnamoyloxybetulinic acid。黄酮类如芦丁、新异芦丁、异槲皮苷、山奈酚 - 3 - O - β - D - 葡萄糖、槲皮素、

山柰酚；有机酸类如咖啡酸、原儿茶酸、海杧果酸甲酯、海杧果酸、肉桂酸。挥发油类主要化学成分为芳樟醇、芳樟醇氧化物、苯甲酸甲酯、橙花醇、香叶醇、橙花叔醇、金合欢醇、苯甲酸苄酯、水杨酸苄酯和松油醇等。其中去甲基鸡蛋花苷、7'，8'（E）1α – Protodemethyplumericin A、15 – demethylplunieride P – Z – coumarate、plumieride P – Z – coumarate、过山蕨素、异槲皮素苷、海杧果酸为鸡蛋花药材的主要成分。

部分化合物结构式如下：

香叶醇

水杨酸苄酯

金合欢醇

七、现代药理研究

（1）抗菌作用：鸡蛋花甲醇提取物对 14 种指示菌（表皮葡萄球菌、肺炎杆菌、绿脓杆菌、炭疽杆菌、大肠杆菌等）和 3 种真菌均具有很强的抑制作用。

（2）麻醉及解痉作用：鸡蛋花不同部位的水提液对兔、豚鼠、猫、小鼠有局部麻醉及非特异性的解痉作用。

（3）通便利尿作用：患者于睡前服鸡蛋花提取物 0.2～0.3 g，次晨可泻下 1～2 次，剂量大于 0.3 g 还有利尿作用。

（4）抗肿瘤作用：鸡蛋花的甲醇提取物鸡蛋花苷对纤维肉瘤细胞有抑制作用，其 ED_{50} 为 49.5 μg/mL。

（5）抑制 HIV 病毒作用：鸡蛋花所含的环烯醚萜类化合物——褐鸡蛋花素对 HIV 的逆转录酶具有抑制作用，其对 HIV-1 的 IC_{50} 为 98 μg/mL；对 HIV-2 的 IC_{50} 为 87 μg/mL。

（6）其他作用：具有抗疟疾、抗寄生虫、抗炎、镇痛等方面的作用[5]。

八、传统功效、民间与临床应用

其花、叶、树皮可作药用。其功效为清热、利湿、解暑，治感冒发热、肺热咳嗽、湿热黄疸、泄泻痢疾、尿路结石，预防中暑。

生活中含鸡蛋花的常用验方如下：

（1）鸡蛋花 20 g，水煎取汁，作茶饮，用于预防中暑。

（2）鸡蛋花 10 g、木棉花 30 g、黄连 10 g、黄柏 10 g，水煎服，每日 1～2 服，用于细菌性痢疾。

（3）鸡蛋花 10 g、金银花 30 g、鱼腥草 30 g，加水 800 mL，煎至 200 mL，分 2 次服，用于急性支气管炎。

（4）鸡蛋花 10 g、茵陈 30 g、秦皮 9 g、大黄 12 g，水煎服，每日 1～2 服，用于急性传染性肝炎。

（5）鸡蛋花 20 g、黄连 10 g、车前草 15 g，水煎服，每日 2～3 服，用于消化不良。

（6）鸡蛋花 20 g、菊花 10 g、银花 10 g、薄荷 6 g（后下），加水 350 mL，煎至 150 mL，分 2 次服，用于感冒发热。

（7）鸡蛋花 9 g、麦芽 20 g、神曲 10 g，水煎服，每日 2 服，用于小儿食积不思饮食。

（8）鸡蛋花 20～40 g，水煎服，每日 1 服，用于痢疾、夏季腹泻。

（9）鸡蛋花 3～12 g，水煎服，每日 1 服，用于肺热咳嗽。

九、药物制剂与产品开发

1. 五花茶颗粒（冲剂）

其处方包含金银花 480 g、鸡蛋花 240 g、木棉花 240 g、槐花 120 g、葛花 120 g、甘草 48 g。其功效为清热、凉血、解毒，用于湿热、下血下痢、湿疹。

十、其他应用与产品开发

1. 鸡蛋花多糖抑菌洗手液[6]

主要成分如下：鸡蛋花多糖、烷基葡糖苷、甜菜碱、椰子油、食品级甘油、淀粉、柠檬酸、水。首先得到鸡蛋花水提物；水提物离心、减压浓缩；在浓缩液中加入 95% 乙醇醇沉，得到沉淀；醇沉物离心并用无水乙醇、丙酮进行洗涤；洗涤过的沉淀物冷冻干燥，得到鸡蛋花粗多糖。将烷基葡糖苷、甜菜碱、椰子油溶于部分去离子水中，加热搅拌，组成 A 相；将食品级甘油、淀粉、柠檬酸溶于部分去离子水中，加热搅拌，组成 B 相；将食品鸡蛋花多糖溶于部分去离子水中，加热搅拌，组成 C 相；将 A 相、B 相、C 相混合均匀，调节 pH 为 5～6；

搅拌均匀至透明凝胶状，并静置 24 h 即可。

鸡蛋花多糖抑菌洗手液具有生物相容性、毒副作用小、生物可降解性的特点。既能高效清洁又能起到抑菌作用，同时植物多糖具有很好的保湿效果和抗氧化功能，对皮肤的刺激小，并可以起到护肤润肤效果，是一种绿色环保洗手液。

2. 蜂蜜鸡蛋花酒[7]

主要成分如下：鸡蛋花、纯米酒、蜂蜜。人工筛选新鲜成熟、无破损腐坏的鸡蛋花，整朵鸡蛋花用清水清洗干净；将处理好的鸡蛋花加入其量 250% ～ 350% 的纯米酒，拌匀，然后进行密封浸泡；浸泡 2 年后开缸，加入上述所有鸡蛋花重量 5% ～ 15% 的蜂蜜后拌匀；用硅藻土过滤机进行过滤去渣；将澄清后的鸡蛋花酒液包装即可。成品为金黄色透明酒液，口感甘甜，具有清热解暑、清肠止泻、止咳化痰的功效，适合各种人群饮用。

3. 广东凉茶

以鸡蛋花为主要原料的凉茶。

4. 药膳

（1）鸡蛋花罗汉果茶：由新鲜鸡蛋花、罗汉果组成。将鸡蛋花洗干净，用清水泡约 30 min；将清洗干净的罗汉果掰开两瓣放入锅中，倒入适量清水，煮开后，调成小火煮 30 min；最后将上述泡过的鸡蛋花和罗汉果捞起，再煮 10 min 即可。

（2）鸡蛋花煲鸡蛋糖水：原料由新鲜鸡蛋花、鸡蛋、冰糖、姜片组成。鸡蛋、小块姜一起煮 10 min 然后加盖焖 8 min，鸡蛋捞出剥壳待用，放 5 ～ 6 碗水，放入鸡蛋与冰糖，水煮开后，放入洗干净的鸡蛋花；煮至沸腾即可熄火。

5. 精油

鲜花含芳香油，可作调制化妆品及高级皂用香精的原料。

参考文献

[1] 林秀香. 鸡蛋花及其种植技术 [J]. 广西农业科学，2006（2）：194 – 195.

[2] 李土荣，邓旭，武丽琼，等. 鸡蛋花的引种及繁育技术 [J]. 林业科技开发，2010，24（2）：106 – 108.

[3] 李守岭，林兴文，罗仁山，等. 德宏州鸡蛋花种植关键技术 [J]. 云南农业科技，2020（5）：37 – 39.

[4] 谌振，高平，林忠，等. 海南鸡蛋花锈病的发生规律及其防治技术 [J]. 安徽农学通报，2016，22（16）：53 – 54.

[5] 邓仙梅，刘敏，谢文琼，等. 凉茶常用药材鸡蛋花的研究进展 [J]. 时珍国医国药，2014，25（1）：198 – 199.

[6] 孙宁云，刘辉，杨安平. 一种鸡蛋花多糖抑菌洗手液及其制备方法：CN

113318007 A［P］. 2021 – 08 – 31.

［7］刘俊声. 一种蜂蜜鸡蛋花酒及其制备方法：CN 109762699 A［P］. 2019 – 05 – 17.

广防风

一、来源及产地

唇形科植物广防风 *Anisomeles indica*（L.）Kuntze，又名土防风、假紫苏、野紫苏、防风草、落马衣、秽草、抹草、马衣叶、土藿香、排风草、野苏麻、豨莶草（福建）、假豨莶草（广西）。产于中国浙江南部、福建、台湾、江西南部、湖南南部、广东、海南、广西、云南、贵州、四川及西藏东南部等地。东南亚各国也有分布。

二、植物形态特征

该植物为一年生草本。茎粗壮，四棱形，具浅槽，多分枝，密被白色贴生短柔毛。叶草质，对生，阔卵圆形，腹面榄绿色，被短伏毛，脉上尤密；背面灰绿色，有极密的白色短绒毛，在脉上的较长。轮伞花序组成长或短的穗状花序，排列在主茎及侧枝的顶部；花萼外面被长硬毛及混生的腺柔毛和黄色小腺点，内面有稀疏的细长毛，10 脉，不明显；上部有横脉网结，齿 5 片，具密集的弧形横脉，边缘具纤毛；花冠淡紫色，冠檐二唇形，上唇直立，长圆形，下唇扩展，3 裂，中裂片倒心形；雄蕊伸出，花柱丝状，无毛，先端相等 2 浅裂，裂片钻形；花盘平顶，具圆齿；子房无毛。小坚果黑色，具光泽，近圆球形，直径约 1.5 mm。花期 8—9 月，果期 9—11 月。

三、种植技术要点

（一）场地选择

广防风生于海拔 40 ～ 2400 m 热带和亚热带地区的林缘或路旁，对土地要求不严，种植以排水方便、土壤肥沃为佳。

（二）繁殖和种植技术

1. 育苗技术

广防风的育苗分播种、分株或扦插繁殖，以种子育苗为主。

（1）选种：在野外选择生长强壮、香气浓郁的野生广防风良种，并选用外观饱满完整、有光泽、无病虫害、无霉烂的种子。

（2）种子采收：采收时将成熟花序剪下，脱粒或直接将成熟花序置于桶等容器内抖落种子，筛选，晾干。

（3）种子贮藏：用无毒、无污染的塑料袋包装种子，置于 4～10 ℃冷柜贮藏；或用无毒、无污染的编织袋包装种子，置于常温干燥的室内避光储藏。

（4）培育秧苗种子处理：用药液或清水浸泡和农药拌种。

（5）种子繁殖。

播种时间：3—6 月或 12 月至次年 1 月。秧田用种量为 10 g/亩以上。苗床准备：选择土壤疏松、排水良好的耕地或山坡地；苗床畦面宽 1～1.5 m，畦高 20～50 cm。播种：种子与草木灰、细土搅拌均匀后撒播或条播，再用细土覆盖或采用育秧器播种。

2. 定植技术

移栽种植法：选择排水良好、阳光充足、土壤疏松的耕地或山坡地，施入腐熟农家肥或化肥，根据实际适量翻耕深度，常 10～35 cm，每畦长 8～20 m、宽 0.9～1.5 m、高 30 cm，畦沟宽 30 cm 左右。在 3—6 月或 12 月至次年 1 月栽种，株距和行距依据畦面尺寸可在 30～80 cm 组合。挖穴或开沟后施入草木灰或磷肥，栽入秧苗，浇水保持土壤湿润。

3. 幼苗及成年植株管理

（1）幼苗管理。

秧田管理：播种后畦面覆盖薄膜或稻草、芦箕，种子萌芽后撤除。出苗前后一直浇水，保持土壤湿润。

间苗：第一次间苗在叶子出现后，第二次间苗在苗高 4 cm 以上时，第三次间苗在 8 片叶子时，结合定苗进行。

追肥：出苗后开始喷施 1～3 次尿素和磷酸二氢钾混合液或液体农家肥。

（2）成年植株管理。

田间管理中耕除草与追肥：一年进行 1～6 次中耕除草和追肥。

整枝：植株高度达到 60 cm 以上，在晴天露水收干后，摘除离地 3～4 节的茎秆；开花期对非留种株进行 1～3 次打花蕾；冬季将枯萎植株砍除，保留药根。

排灌与防冻：干旱时采用沟灌或浇灌；雨天渍涝时间超过 3 天应开沟排水；冬季对药根进行覆盖以防冻。

留种与种子培育：留种植株应健壮、少病害、根部发达；8～9 月喷施硼肥、微肥和 0.3% 的钾肥混合液一次。

（三）病虫害防治

1. 病害

种苗病害：用 50% 多菌灵或温水浸种和用 50% 多菌灵或适乐时拌种。苗床用波尔多溶液或高锰酸钾溶液消毒。

真菌病害：急性炭疽病用甲基托布津稀释400～800倍液喷雾，每3～7天喷1次，连续3次。根腐病用生石灰浇灌病穴，或用代森锰锌等合成杀菌剂稀释100～600倍液喷雾，5～7天1次，连续2～3次。出苗后出现真菌病害可用百菌清等杀菌剂农药进行防治。

2. 虫害

银蚊夜蛾：喷施功夫、库龙或蛾铃速杀等菊酯类农药。

蛴螬：施放辛硫磷等有机磷类农药。

蚜虫、菜青虫：喷施40%乐果1000倍液等有机磷类农药[1]。

四、采收加工

茎叶部分每年冬季采收，根部2年以后的11—12月采收。茎叶部分用机器或人工割，根部用机器或人工采挖，采挖深度30～50 cm；洗净泥土、晾干，剔除药根残茎、虫蛀和霉烂部分，切片；茎叶切段。药材干燥后过筛吹检，用清洁、无毒的包装袋包装[1]。

五、生药特征

该药为干燥全草，茎四棱。表面棕色或红棕色，被毛，尤以棱角处为多；质硬，断面纤维性，中央有白色的髓。叶多皱缩，边缘具锯齿，腹面灰棕色，背面灰绿色，两面均有毛，质脆，易破碎。有时可见密被毛茸的花序，花多脱落，仅留灰绿色的花萼，往往包有1～4枚小坚果。气微，味淡微苦。以叶多、干燥、无杂质者为佳。

六、化学成分研究

广防风的主要特征性成分为苯乙醇类，如广防风苷A、圆齿列当苷、毛蕊花糖苷、肉苁蓉苷D、3'-O-methyl isocrenatoside、isocrenatoside、山橘脂酸。

其他成分还包含酚酸类，如香草酸、咖啡酸、阿魏酸[2]。

部分化合物结构式如下：

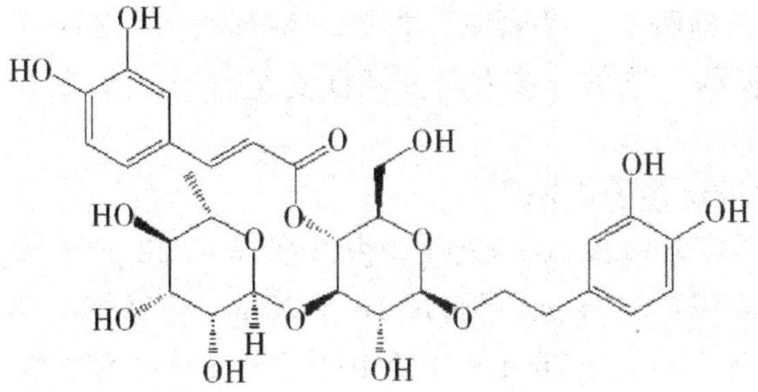

毛蕊花糖苷

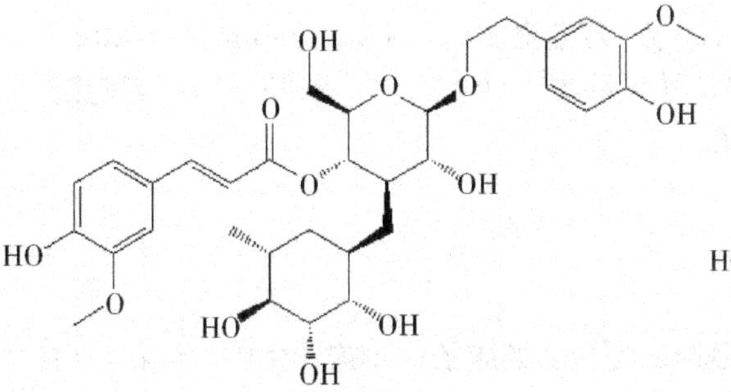

肉苁蓉苷D

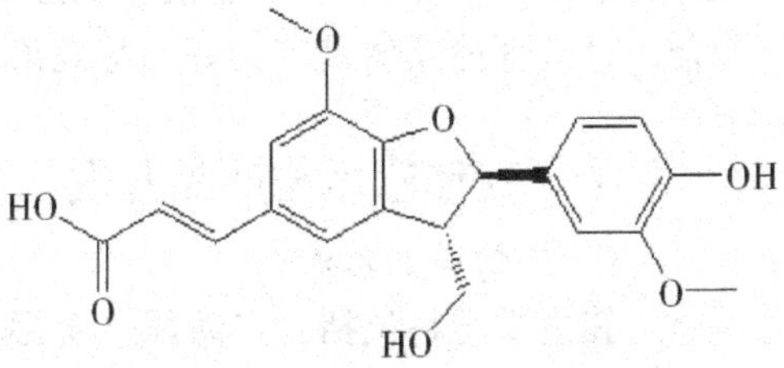

山橘脂酸

七、现代药理研究

主要的药理作用如下：

（1）抑菌作用：广防风正丁醇提取物对金黄色葡萄球菌、耐甲氧西林金黄色葡萄球菌有一定的体外抑菌活性。

（2）抗炎活性：广防风所含的乌苏酸和迷迭香酸具有较强抗炎活性，为广防风的主要抗炎成分。

（3）降压作用：大环二萜类化合物（防风草内脂）具有细胞毒性，可抑制 KB 细胞生长和降压[2]。

八、传统功效、民间与临床应用

广防风全草入药，祛风解表，理气止痛；用于感冒发热、风湿关节痛、胃痛、胃肠炎；外用治皮肤湿疹、神经性皮炎、虫蛇咬伤、痈疮肿毒。

九、药物制剂与产品开发

1. 治疗神经性皮炎的中草药丸剂[3]

其处方如下：广防风、白药子、对叶豆、构树、谷皮树、核桃楸、花蚁虫、寄马桩、鸡尾木、马蹄草、茅膏菜、柠条、牛耳大黄、田旋花、土荆皮、土槿皮、小构树叶、新疆一枝蒿。该方对神经性皮炎的治疗效果好，使用方便，无毒副作用。

2. 治疗坐骨神经痛的中药[4]

其处方如下：广防风根 16～20 g、积雪草 18～22 g、南蛇藤 20～24 g、寸云 16～20 g、牛膝 20～24 g、寻骨风 16～20 g、毛脉柳叶菜 20～24 g、狗牙贝 16～20 g、风寒草 22～26 g、甘遂 16～20 g、入地金牛 20～24 g、台乌 16～20 g、追地风 20～24 g、石刷把 20～24 g、白透骨消 16～20 g、白花坚荚树 20～24 g、马尾千金草 16～20 g、常春卫矛 20～24 g、响叶杨 16～20 g、红楤木 20～24 g、三枝九叶草 16～20 g、苦蓝盘 20～24 g、千年健 16～20 g、地贵草 20～24 g。该方能祛风通络、祛风除湿、活血行气、消肿止痛；诸药配合，对坐骨神经痛具有较好治疗效果。

十、其他应用与产品开发

1. 广防风消毒液[5]

其主要配料包括：广防风、金银花、苦参、蛇床子、黄连、生姜、红花、白果、板蓝根、藿香、佩兰、苍术、石香薷、厚朴、艾叶、黄芩、黄柏、大黄、鱼腥草、薄荷、千里光、菖蒲、大叶紫苏、苏木、半夏、南星。制备方法为：称取上述原料药后浸泡 0.5 h，加热煮 1 h，过滤；药渣加热煮 1 h，过滤，合并过滤液，加入无菌水至 1000 mL；上述的过滤液中加入聚氯乙烯壬基酚醚、羟丙基甲基纤维素、乙醇，搅拌均匀，再加入乙酸锌和甲硝唑，搅拌均匀即得。广防风消毒液是一种外科手术前消毒用药物，其能够杀灭多种微生物和细菌，并抑制细菌滋生，消毒效果好且对皮肤刺激小。

参考文献

[1] 李兴代. 广防风野生变家栽和大面积种植的种植方法：200710111692.7 [P]. 2008 – 12 – 10.

[2] 秦丽，洪影雯，梁子宁，等. 中药广防风的研究进展 [J]. 大众科技，2017，19 (10)：53 – 54.

[3] 刘巴宁. 一种治疗神经性皮炎的中草药丸剂及其制备方法：CN 105535399 A [P]. 2016 – 05 – 04.

[4] 王璐. 一种治疗坐骨神经痛的中药：201510558931.8 [P]. 2015 – 12 – 23.

[5] 梁淑增. 外科手术前消毒的药物及制备方法：CN 105477589 A [P]. 2016 – 04 – 13.

山　香

一、来源及产地

唇形科植物山香 *Mesosphaerum suaveolens*（L.）Kuntze，又名山粉圆、香苦草、逼死蛇、毛老虎、山薄荷、假藿香、黄黄草、大还魂、毛射香、药黄草。原产于非洲热带，现广布于全球热带。中国广西、广东、海南、福建、台湾等地均有种植，已野化为杂草，常生于村边、路旁、旷野和河滩等处。

二、植物形态特征

该植物为一年生草本。茎直立，钝四棱形，具四槽，多分枝，揉之有香气，具疏长毛，上部较密。叶薄纸质，卵形至宽卵形，长 1.4 ～ 11 cm，宽 1.2 ～ 9 cm，生于分枝和花枝上的较小，常稍偏斜，两面均被疏柔毛，叶脉上较多。花单生或 2 ～ 5 花组成腋生聚伞花序；花萼被疏长毛，具 10 条脉极凸出，花初开时长约 5 mm，宽约 3 mm，但很快地长至 12 mm，宽至 6.5 mm；外被长柔毛及淡黄色腺点，内部有柔毛簇，萼齿 5 片；花冠蓝紫色，长 6 ～ 8 mm，外面除冠筒下部外被微柔毛，冠檐二唇形，上唇先端 2 圆裂，裂片外反，下唇 3 裂；雄蕊 4 个，下倾，插生于花冠喉部，花丝扁平，被疏柔毛，花盘阔环状，边缘微有起伏；子房裂片长圆形，无毛。小坚果常 2 枚，扁平，暗褐色，具细点，基部具二着生点。花期、果期一年四季。

三、种植技术要点

目前是野生状态，无人工种植。

四、采收加工

夏、秋季采收，除去杂质，阴干。

五、生药特征

干燥全草为带有果穗的茎枝，叶片多已脱落；茎四棱形、粗壮、具四槽，多分枝，具疏长毛；折断面纤维状；花已凋谢，宿萼黄棕色，被长疏毛，萼齿 5

片，齿短三角形钻状；内藏棕褐色小坚果 2 枚；气芳香，有清凉感。入药以干燥、茎细、无泥沙杂草者为佳。

六、化学成分研究

山香地上部位含有槲皮素 – 3 – O – β – D – 吡喃葡萄糖苷、槲皮素、芹菜素、7 – O – 甲基黄芩素、山奈酚、芫花素、迷迭香酸和迷迭香酸甲酯。种子含有亚麻酸、亚油酸、维生素 E 等成分。根含有鬼臼毒素和苦鬼臼毒素[1]。

七、现代药理研究

主要药理作用如下：

（1）驱虫作用：山香精油对埃及伊蚊幼虫具有较强的驱虫作用[2]。

（2）镇痛、抗炎和促进伤口愈合的作用：采用化学和热模型研究小鼠的痛觉，口服灌胃山香叶的水提取物后，小鼠醋酸致扭体次数减少，热板法反应时间提高；巴豆油诱发耳朵皮炎受到抑制。增强伤口愈合的机制可能与清除植物自由基、提高肉芽肿组织中的抗氧化酶活性水平有关。

（3）抗疟原虫：从山香中分离出二萜化合物 dehydroabietinol 能抑制对氯喹敏感和对氯喹耐药的恶性疟原虫菌株，从山香叶子石油醚提取物中分离出的二丁烯型二萜内过氧化物 13a – epi – dioxiabiet – 8（14）– en – 18 – ol，具显著的抗疟原虫活性。

（4）抗溃疡：水提物能加快溃疡愈合，阻碍实验诱导大鼠十二指肠溃疡的恶化。

（5）降血糖：山香叶子甲醇提取物对四氧嘧啶诱导的糖尿病大鼠具有显著抗糖尿病活性[1]。

八、传统功效、民间与临床应用

山香内服或外用，治赤白痢、乳腺炎、痈疽、感冒发烧、头痛、胃肠胀气、风湿骨痛、蜈蚣及蛇咬伤、刀伤出血、跌打肿痛、烂疮、皮肤瘙痒、皮炎及湿疹等症。

九、药物制剂与产品开发

1. 中华跌打丸

其处方如下：牛白藤 76.8 g、假蒟 76.8 g、地耳草 76.8 g、牛尾菜 76.8 g、鹅不食草 76.8 g、牛膝 76.8 g、乌药 76.8 g、红杜仲 76.8 g、鬼画符 76.8 g、山橘叶 76.8 g、羊耳菊 76.8 g、刘寄奴 76.8 g、过岗龙 76.8 g、山香 76.8 g、穿破石 76.8 g、毛两面针 76.8 g、鸡血藤 76.8 g、丢了棒 76.8 g、岗梅 76.8 g、木鳖

子 76.8 g、丁茄根 76.8 g、大半边莲 76.8 g、独活 76.8 g、苍术 76.8 g、急性子 76.8 g、建栀 76.8 g、制川乌 38.4 g、丁香 38.4 g、香附 153.6 g、黑老虎根 153.6 g、桂枝 15.36 g、樟脑 3.84 g。其功效为消肿止痛、舒筋活络、止血生肌、活血祛瘀，用于挫伤筋骨、新旧瘀痛、创伤出血、风湿瘀痛。

十、其他应用与产品开发

山香籽油：含有多种营养成分和抗氧化剂，如亚麻酸、亚油酸、维生素 E 等；具有保湿、滋润、抗氧化等功效，可增强皮肤保湿能力，促进皮肤细胞再生和修复，并减轻皮肤老化引起的色斑、皱纹，可作为化妆品的原料。

参考文献

[1] 刘喜乐. 山香化学成分研究 [D]. 广东药科大学，2017.

[2] Tássio Rômulo Silva Araújo Luz a，José Antonio Costa Leite a，Ludmilla Santos Silva de Mesquita，et al. Seasonal variation in the chemical composition and biological activity of the essential oil of Mesosphaerum suaveolens（L.）Kuntze [J]. Industrial crops and products，2020（153）：112600 – 112608.

罗　勒

一、来源及产地

唇形科植物罗勒 *Ocimum basilicum* Linn.，又名气香草、矮糠、零陵香、光明子、甜罗勒、九层塔、香草、鸭草。原产于亚洲和非洲的热带地区，中国南部省区有种植。

二、植物形态特征

该植物为一年生草本。茎直立，多分枝，钝四棱形，上部微具槽，常染有红色；基部无毛，向上被倒向微柔毛，全株芳香。叶草质，对生，两面近无毛，背面具腺点，侧脉 3 ～ 4 对；叶柄伸长，具微柔毛，近于扁平。具 6 花的轮伞花序组成顶生总状花序，各部均被微柔毛；花梗明显，果时伸长，先端明显下弯；花萼钟形，外面被短柔毛，内面在喉部被疏柔毛，萼齿 5 片；背面的 2 齿披针形，具刺尖，各齿边缘均具缘毛；果时花萼宿存且明显增大；花冠淡紫色，或上唇白色下唇紫红色，伸出花萼，冠檐二唇形，上唇宽大，4 裂，裂片近相等，近圆形，常具波状皱曲；下唇长圆形，近扁平；雄蕊 4 个，分离；花柱先端等 2 浅裂；花盘环状。小坚果卵珠形，黑褐色，有具腺的陷穴，基部有 1 白色果脐。花期 7—9 月，果期 9—12 月。

三、种植技术要点

（一）种植场地的选择

罗勒喜温暖湿润气候，耐热，耐干旱，耐阴，耐瘠薄，不耐涝，不耐寒；宜选择年平均气温 20 ～ 25 ℃的环境种植，宜选择厚土层，排灌方便、肥沃疏松、排水良好的砂质壤土；忌高温高湿环境。

（二）繁殖和种植技术

罗勒的主要繁殖方式为种子繁殖，宜撒播。定量撒播后，用扫帚轻扫表土，使种子落入浅层土缝。春播一般在每年 3 月中下旬，将种子以 1∶10 的干净沙土拌种，以条播方式播种。每亩种子的播种量为 250 ～ 300 g（按照种子千粒重 1.5 g），播深不超过 1 cm，行距 30 cm。

1．育苗技术

罗勒的主要繁殖方式为种子繁殖，在干旱地区，建议播种前，采用温汤浸种，选择新鲜饱满的种子，除去杂质和瘪粒，晴天晾晒 2 ～ 3 天。南方宜在 3—4 月，北方于 4 月下旬或 5 月上旬进行播种，条播或穴播。

2．种植定植技术

定植选择地势平坦、排灌便利地块，最低温度不能低于 12 ℃。每亩施商品有机肥 400 kg，"三元复合肥"（15∶15∶15）50 kg，深耕宜 20 cm 以上。选取具 5 ～ 6 片真叶、株高 8 ～ 10 cm 时定植，宜带土移栽，株距 30 cm，行距 40 ～ 50 cm，每亩苗数 2 万～ 3 万。轻压土，浇足定根水。

3．幼苗及成年植株管理

（1）幼苗管理。

出苗 70%～ 80% 后揭去覆盖物，苗高 6 ～ 10 cm 时间苗、补苗，穴播每穴留苗 2 ～ 3 株，条播按 10 cm 左右留 1 株，按多间少补原则，每亩留苗 1.5 万～ 1.8 万株。苗高 10 ～ 15 cm 时炼苗，带土移栽至大田。育苗期结合中耕除草，浇水施肥 2 ～ 3 次；幼苗期宜少量多次浇水，宜用喷壶洒水。第一次定苗 10 ～ 20 天，浅耙表土，每亩施尿素 5 kg；第二次定苗 6 月上中旬，苗高 25 cm 时追肥 1 次，每亩追施尿素 5 kg。

（2）成年植株管理。

全生育期松土除草 4 次，每隔 15 天浇水 1 次，开花期忌追肥，可适当增加磷钾肥。宜在植株封行前中耕 2 ～ 3 次，疏松表土，清除杂草，加强排灌管理。追肥宜结合采收进行，每次采收后结合浇水追施 1 次氮肥，每亩可追施农家肥 1000 kg 或使用 10 kg 尿素化水浇施。

（三）病虫害防治

罗勒的病虫害较少，主要为蚜虫、红蜘蛛、蓟马、蜗牛和白粉虱等，一般防治以预防为主，合理密植，注意通风排灌，轮作倒茬，不宜用化学药剂防治。

四、采收加工

以采收鲜叶为目的：于植株高约 50 ～ 60 cm 时采摘顶梢或嫩叶，待分枝长到 20 ～ 30 cm 可采摘 1 次。

以采收全草为目的：于每年 7—8 月收割。

以采收种子为目的：于每年 9—10 月种子成熟时，收割全草，后熟几天，收集种子。

以提炼精油为目的：宜在花序出齐时采收，海南地区每年可采收 3 ～ 4 次。

以药用为目的：采收后晒干或阴干[1-2]。

五、生药特征

该药为干燥全草，茎钝四棱形，长短不等，表面紫色或黄紫色有柔毛，有纵沟纹；质坚硬，折断面纤维性，中央有白色的髓。叶多已脱落，完整者展平后呈卵圆形或卵状披针形，长 2.5～5 cm，宽 1～2.5 cm，先端微钝或急尖，基部渐狭，边缘有不规则牙齿或全缘，两面无毛，背面有腺点。轮伞花序组成总状花序顶生，各部均被柔毛；苞片细小，倒披针形；花易凋谢，宿萼钟形，长约 2 mm，外被短柔毛，内面喉部被疏柔毛。宿萼内含小坚果。揉碎后有强烈香气，味辛，有清凉感。小坚果卵球形，长约 2.5 mm，基部具果柄痕，表面灰棕色至黑色，具腺的穴腺，微带光泽，质坚硬。种子横切面呈三角形，子叶肥厚，富含油质。气弱，味淡，有黏液感，浸入水中果实膨胀，表面产生白色黏液质层。

六、化学成分研究

全草含挥发油，主要化学成分为：丁香酚、蒿脑、芳樟醇、甲基丁香酚、肉桂酸甲酯、1，8 - 桉叶素[3]。

部分化合物结构式如下：

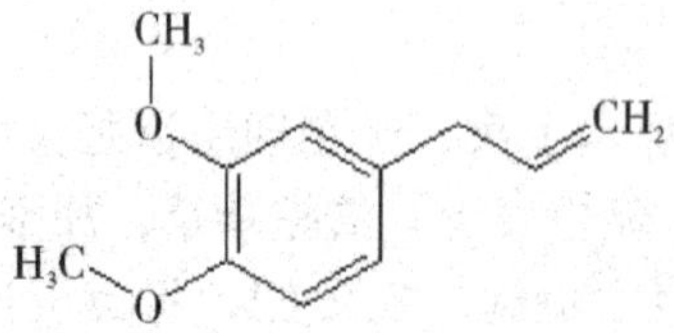

甲基丁香酚 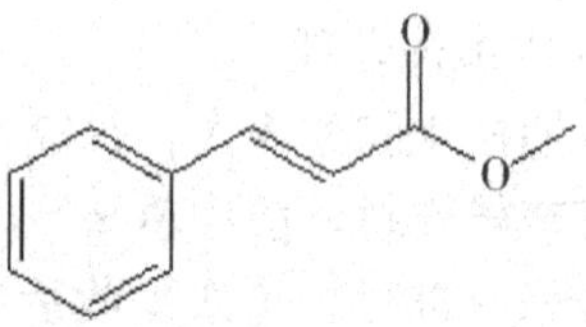　　　　　　　　肉桂酸甲酯

七、现代药理研究

主要药理作用如下：

（1）抗炎作用：罗勒提取物可对细胞的花生四烯酸代谢途径产生影响，从而起到抗炎作用。

（2）抗氧化作用：罗勒含有大量的挥发油成分和酚类成分，表现出较强的抗氧化药理作用。

（3）抗肿瘤作用：罗勒多糖可抑制肿瘤细胞基底膜降解达到抗肿瘤作用。

（4）抗血栓作用：罗勒提取物能够抑制凝血剂的血小板聚集作用，减轻血栓重量，延长血栓形成时间。其抗血栓的作用机制可能与抗凝血、抗纤维系统有关。

（5）抗菌作用：罗勒挥发油中含有酯类、酚类和萜烯类成分，具有较强的抗菌生物活性。

（6）抗消化道溃疡作用：罗勒黄酮苷对模型大鼠胃蛋白酶含量和胃酸度有明显的抑制作用，表明罗勒黄酮苷有一定的抗溃疡活性。

（7）降血糖作用：罗勒的甲醇提取物具有明显的降血糖作用，且对 α - 淀粉酶和 α - 葡萄糖苷酶的抑制作用具有明显的浓度依赖性。

（8）降血脂作用：罗勒水提物可间接降脂，其机制可能为通过降低胆固醇水平影响甘油三酯代谢；而罗勒醇提物则可直接降低甘油三酯水平，调节血脂[3]。

八、传统功效、民间与临床应用

罗勒以全草入药。味辛，性温；入肺、脾、胃、大肠经，有疏风行气、发汗解表、散瘀止痛、杀菌的功效。治风寒感冒、头痛、胃腹胀满、消化不良、胃痛，肠炎腹泻等症；嫩茎叶捣汁，含服能治口臭；嫩茎叶适量，水煎外洗，可治湿疹。

九、药物制剂与产品开发

1. 漳州神曲

其处方如下：广藿香 5 g、赤小豆 10 g、苍术（炒）20 g、香附（制）30 g、防风 5 g、升麻 20 g、高良姜 5 g、干姜 5 g、黄柏 30 g、黄芩 30 g、枳壳（炒）5 g、天花粉 10 g、紫苏 30 g、白术（土炒）5 g、猪苓 5 g、麦芽（炒）10 g、白芷 5 g、柴胡 30 g、泽泻 5 g、葛根 50 g、三棱（醋制）5 g、甘草 30 g、莪术（醋制）5 g、赤石脂 20 g、栀子 40 g、槟榔 10 g、砂仁 5 g、苦杏仁 10 g、木香 5 g、茯苓皮 50 g、知母 20 g、羌活 5 g、大黄（酒制）5 g、茵陈 10 g、诃子（炒）5 g、桂枝 20 g、桂皮 30 g、麻黄 5 g、白扁豆 10 g、泽兰 10 g、五加皮 20 g、八角茴香 10 g、关木通 5 g、小茴香 5 g、桔梗 20 g、丁香 5 g、香薷 20 g、厚朴（姜制）20 g、连翘 20 g、芡实 10 g、山奈 40 g、荆芥 10 g、赤芍 10 g、青蒿 20 g、石菖蒲 20 g、谷芽（炒）10 g、柑枳 20 g、滑石 100 g、薄荷 10 g、独活 5 g、山楂 40 g、草果（去皮）4 g、陈皮 30 g、前胡 10 g、地骨皮 20 g、桑枝 50 g、化橘红（橘红）30 g、枳实（炒）5 g、藕片 20 g、乌药 10 g、紫苏子 5 g、香茅 20 g、牡荆子 300 g、夏枯草 5 g、白茶 60 g、苍耳 30 g、墨旱莲 30 g、罗勒 30 g、地黄 30 g、青皮 30 g、薏苡仁 10 g、菟丝子藤 30 g、大腹皮 5 g、土茯苓 80 g、山药 5 g、花椒 5 g、荞 10 g、使君子 5 g、肉豆蔻（煨制）4 g、莱菔子（炒）10 g、甘松 10 g、白牛胆 50 g。以上九十二味，粉碎成粗粉，加面粉 535 g 混匀，加热水制成软材；分成小块，蒸数分钟，发酵，晒干或低温干燥，取出。刷净表面，包装，即得。成品为灰棕色的形块，质轻而较硬；气清香。其功效为调和脾胃、疏风解表、止呕止泻和消食导滞，主要用来治疗感冒、呕吐、腹胀、食积和泄泻等症。

2. 复方木尼孜其颗粒

其处方组成：菊苣子、芹菜根、菊苣根、香青兰子、黑种草子、茴香根皮、洋甘菊、甘草、香茅、罗勒子、蜀葵子、茴芹果、骆驼蓬子。该药具有调节体液和气质的作用。

3. 罗勒痱子粉[4]

其处方如下：罗勒精油 0.3 mL、水杨酸 0.6 g、硼酸 4.3 g、升华硫 2.0 g、氧化锌 3.0 g、淀粉 5.0 g、樟脑 0.3 g、麝香草酚 0.3 g、滑石粉 34.2 g。先把樟脑和麝香草酚研磨至液态，加入罗勒精油后继续研磨至混合均匀，然后依次加入其余组分。罗勒精油添加到痱子粉中的主要作用是增加痱子粉独有的香味，具有驱虫、止痛止痒、抑菌的功效。

4. 芦荟罗勒凝胶喷剂[5]

其处方如下：罗勒、芦荟。取新鲜罗勒地上部分 10 kg，洗净，置榨汁机里榨汁，过滤，得到罗勒汁 1.25 kg；取芦荟 10 kg，洗净，将芦荟叶上下的皮去掉后，用水稍微冲洗一下去皮后的部分，置榨汁机里榨汁，得芦荟汁 4.82 kg；分别取上述所得的罗勒汁 1 kg 和芦荟汁 1 kg 混合，搅拌均匀，将所得混合液装入喷雾瓶即得一种罗勒、芦荟组合物凝胶喷剂。罗勒、芦荟两者共用，消肿止痒、杀菌消炎作用更佳，尤其是针对婴幼儿蚊虫叮咬效果十分显著。

十、其他应用与产品开发

1. 化妆品

（1）纳米囊水凝胶[6]。

其成分如下：罗勒精油、草果精油和铃兰精油。将草果精油、罗勒精油和铃兰精油以 2 : 5 : 3 的比例均匀混合，按照反向乳化法制成含有 20% 复配精油的纳米囊，按 15% ～ 20% 的比例添加到水凝胶中，促进精油有效成分的透皮吸收。该化妆品无毒无刺激性，可高效抑菌、稳定有效并可持续促进伤口愈合。

（2）祛痘组合物[7]。

其成分如下：罗勒 12 份、连钱草 52 份、佩兰 12 份、益母草 16 份、茯苓 8 份。将各原料粗粉，加入 10 倍量水，经煎煮法提取两次，过滤，合并两次提取液，提取液经减压浓缩至密度为 1.1 g/cm³，得浓缩液；将浓缩液经喷雾干燥，入口温度 200 ℃，出口温度 90 ℃，流速 1500 mL/h，收集药物粉末即得。各原料协同增效，可杀菌、排毒、清洁皮肤、祛痘消炎及消除痘印。

（3）香水。

罗勒的某些品种具有玫瑰和麝香石竹混合的香气，有的为樟脑气味。其芳香油还可用于制造香水。

2. **罗勒仙草凉茶**[8]

其配方如下：罗勒、仙草、薄荷、糯米、蜂蜜。取罗勒、仙草、薄荷，洗净，备用；取 20 份洗净的罗勒和 20 份洗净的仙草，加入 300 份的水，武火煮沸后用文火煮 60 min，然后加入 20 份洗净的薄荷、10 份糯米，再用文火煮 5 min，过滤，取滤液；在滤液中加入 10 份的蜂蜜，混匀，冷却，即制得罗勒仙草凉茶。该凉茶清凉爽口，可清热解毒、消暑利湿、益气补中。

3. **食品添加剂**

罗勒在软饮料、酱、醋、糖果类及面粉制的糕点中可作食品添加剂。

4. **调味品**

鲜叶入肴调味，可敷香，增进食欲；叶和花可入茶；国外多用于调味品、调味汁、醋、肉类罐头和焙烤食品中。

参考文献

[1] 官玲亮，吴丽芬，庞玉新，等. 芳香植物罗勒的研究进展 [J]. 热带农业科学，2013，33（8）：42 - 46.

[2] 祁连弟. 芳香特莱罗勒的育苗技术 [J]. 现代农业，2012（6）：15.

[3] 战妍妃，周洪雷，李传厚，等. 罗勒化学成分及药理作用研究概述 [J]. 山东中医杂志，2020，39（9）：1026 - 1030.

[4] 段君宇，朱治宇，周方艳，等. 罗勒精油的提取及其在痱子粉中的应用 [J]. 化工设计通讯，2019，45（10）：92 - 93.

[5] 于晓，张芳，李松涛，等. 一种罗勒、芦荟组合物、制剂及其制备方法和应用：CN 105287977 A [P]. 2016 - 02 - 03.

[6] 公衍玲，孙润州，王宏波. 一种复配精油、其制备方法及其在促伤口愈合中的应用：CN 113244349 [P]. 2021 - 08 - 13.

[7] 周永茂，李伟玲，阮添喜. 一种祛痘组合物及其制备方法和应用：CN 113797141 A [P]. 2021 - 12 - 17.

[8] 黄昊天，唐方. 一种罗勒仙草凉茶的制作方法：CN 102429065 A [P]. 2012 - 05 - 02.

丁香罗勒

一、来源及产地

唇形科植物丁香罗勒 *Ocimum gratissimum* L. ，又名丁香、臭草。中国广东、福建、江苏、浙江、广西等省区均有种植。

二、植物形态特征

该植物为多年生直立灌木，全株芳香。茎多分枝，四棱形，被长柔毛。叶对生，草质，叶柄密被柔毛状腺毛，叶片两面密被柔毛状腺毛。总状花序，长 5 ～ 15 cm，由轮伞花序 6 花密集组成，顶生和腋生，常呈圆锥状，密被柔毛状线毛；苞片卵状菱形或披针形，长 3 ～ 4 mm，密被柔毛及腺点，无柄；花萼钟形，萼齿 5 片，呈二唇形；花冠黄白色或白色，稍长于花萼；雄蕊 4 个，花丝丝状；子房 4 裂，花柱超出雄蕊，先端 2 浅裂，花盘 4 齿状突起。小坚果近球形，多皱纹，褐色，有具腺的回穴。花期 6 月，果期 11 月。

三、种植技术要点

（一）场地选择

丁香罗勒为不耐旱、不耐寒的植物，喜光照和温暖潮湿环境，较适应亚热带气候，生长发育要求年平均温度在 18 ℃以上，可耐 40 ℃高温和 –5 ℃低温；土壤 pH 要求在 5 ～ 7，喜土质疏松且较厚的土壤，忌黏性土和排水不良的低洼地[1-2]。

（二）繁殖和种植技术

1. 育苗技术

丁香罗勒目前常用的繁殖技术主要为播种繁殖和扦插。播种繁殖要求土壤含水量不低于 30%、空气湿度 60%～70%、温度 25 ～ 30 ℃为宜，播种时可将种子与草木灰混匀播种，播种后苗床四周可撒蚂蚁药以防蚂蚁等危害，注意遮阴。扦插宜在 3 ～ 10 月进行，生根温度 23 ～ 25 ℃为宜，25 ～ 30 天即可生根。扦插枝条宜选呈褐色、半木栓化或木栓化的中部和下部枝条，扦插成活率高达 80%；枝条上部的绿色嫩枝不宜作扦插用，成活率仅 40%。

2．种植定植技术

选择排水良好、保水性较强、富含腐殖质的沙壤土为宜；水田和坡地均可，但忌黏质土和水洼地。水田种植的丁香罗勒茎叶产量较大，但含油量较低；而种植在旱地的茎叶产量少，但含油量较高。定植前一周进行翻耕暴晒，消灭杂草，起宽 150 cm、高 30 cm 的畦，施用腐熟的有机肥作为底肥。定植苗选择长 4 对真叶，高 15 ～ 20 cm 的健壮、无病虫苗。定植株行距 30 cm×50 cm，每畦种两排，早晚或阴天栽苗，起苗时避免伤及根系；栽苗时保证苗与地面垂直，栽后浇透水，1 周后再灌水 1 次。

3．幼苗及成年期管理

（1）幼苗期管理。

播种后 7 天左右陆续出苗，15 天左右需要追施钾肥，定植后要及时查苗、补苗，避免缺苗断垄；干旱天气要勤浇水。待苗株高 20 ～ 30 cm 时进行打顶，2 周左右施用氮肥，叶片喷施叶面肥。定植缓苗后进行第一次中耕，1 个月左右进行第二次中耕，施用尿素，施肥前除草松土[1-2]。

（2）成年期管理。

每次收割后应进行中耕除草追肥 1 次，这样能促进植株生长，提高产量和青茎叶的含油率。每次收割前进行中耕除草，切忌旱田中耕。

（三）病虫害防治

1．病害

丁香罗勒的病害主要为真菌性萎凋病、根腐病、炭疽病和立枯病。对于真菌性萎凋病的防治，田间种植时可选择耐真菌性的杂交品种，同时注意田间排水；对于根腐病、炭疽病和立枯病的防治，可采取综合农业防治措施，及时排水，分块种植，发现病株及时拔掉烧毁，在病害植株根部周围用石灰消毒，同时用波尔多液进行全面喷洒；根腐病可用薄荷精油 1000 倍液灌根防治。

2．虫害

丁香罗勒的虫害主要有蚜虫、甲虫、蓟马、潜叶蝇、地老虎、造桥虫、蜗牛和蛞蝓等。农业综合防治可通过喷水驱离蚜虫、人工捕捉甲虫、黑光灯诱杀等方法[3]。

四、采收加工

1．采收

丁香罗勒的花萼含油量最高，茎叶含油量较少，移栽 50 天左右或开花初期可以采收，主要采收叶、茎。采收时要避免动摇根系，用镰刀在离地 40 cm 以上处将茎叶和花全部割下，收割时间以中午为宜，此时含油较高。采收后要加强水肥管理，适量配施磷、钾肥，促其萌发新茎叶。根据生长条件和市场需要，每年可收割 2～3 次[1-2]。

2. 加工

采收后应马上加工，在日光下晾晒或放入烘房中干燥，烘房温度控制在 40 ℃ 左右，利于保色、保香，干燥后的叶子经包装后储存，即为干燥药材。若需要收获挥发油，割下的青茎叶则应立即加工，切忌沤霉或晒干，以免降低油的含量和质量[3]。

五、生药特征

该植物全草入药。茎四棱形，直径 2～4 cm，表面有纵沟，长短不等，有长柔毛；质地坚硬，断面具纤维性，中央髓部白色。叶多已脱落，完整者展平后呈卵圆形或卵状披针形，长 5～11 cm，两面密被柔毛；叶柄长 1～3.5 cm，有柔毛。轮伞花序组成复总状花序顶生，苞片卵状棱形或披针形；花易凋谢，宿萼钟形，外被柔毛，内面喉部被疏柔毛。小坚果近球形，气芳香，味辛，有清凉感。

六、化学成分研究

该植物茎、叶富含挥发油类、黄酮类及香豆素类成分。主要化学成分有丁香油酚、罗勒烯、β－蒎烯、1，8－桉叶素、芳樟醇、柠檬烯、甲基胡椒酚、茴香脑、桂皮酸中酯等。

部分化合物结构式如下：

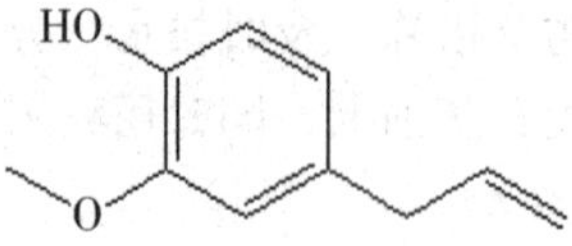

丁香油酚 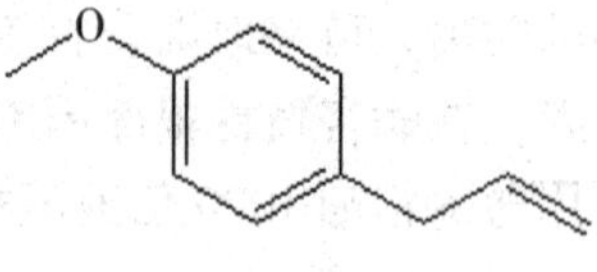　　　　　　　甲基胡椒酚 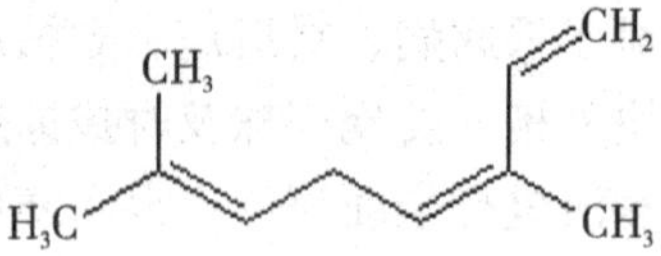　　　　　　　罗勒烯

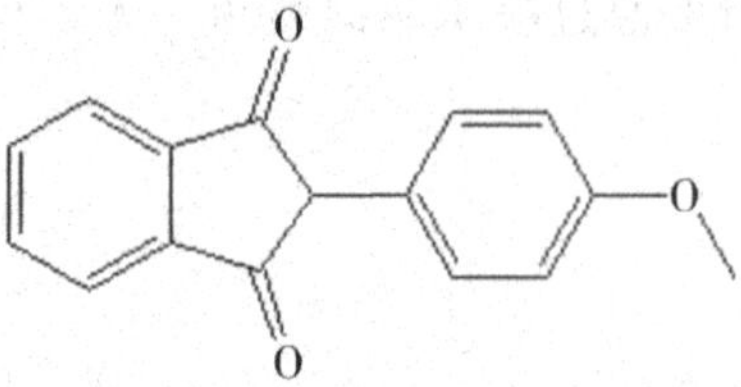

茴香脑

七、现代药理研究

主要药理作用如下：

（1）抑菌活性：丁香罗勒精油对致龋菌和牙周病菌等口腔疾病致病细菌及表皮葡萄球菌、枯草芽孢杆菌、蜡样芽孢杆菌、金黄色葡萄球菌和藤黄微球菌等革兰氏阳性菌具有明显抑制作用。

（2）抗真菌活性：丁香罗勒精油对黑曲霉、青霉和灰霉有着较强的综合抑菌性能和挥发抑菌性能。

（3）抗氧化活性：丁香罗勒油抑制脂质过氧化活性，清除羟基自由基活性较强。

（4）抗炎活性：丁香罗勒油能降低血浆中白细胞介素 IL-6 和肿瘤坏死因子 TNF-α 的浓度及结肠中的髓过氧化酶、一氧化氮、环氧化酶 – 2 和丙二醛的浓度，增加血浆中 IL-4 和 IL-10 的浓度以及超氧化物歧化酶、过氧化酶和还原型谷胱甘肽的浓度，其疗效呈剂量相关性。

（5）镇痛作用：镇痛作用可能与能有效降低坐骨神经中白细胞介素 IL-1β 的水平、抑制电压依赖性钠通道和/或激活 TRPV1 受体有关。

（6）松弛肠道平滑肌活性：丁香罗勒油对肠道平滑肌具有松弛作用[3]。

八、传统功效、民间与临床应用

丁香罗勒入药能疏风补气、发汗解表、散瘀止痛、调经补血、增强人体免疫力，具有疏风行气、化湿消食、活血解毒的功效。其味辛，性温，主治外感风寒、头痛、脘腹胀痛、消化不良、泄泻、风湿痹痛、湿疹瘙痒、蛇咬伤等症。

九、药物制剂与产品开发

1. 以丁香罗勒为原料的常见中成药

（1）正金油。

其处方如下：丁香罗勒油 30 g、薄荷脑 150 g、薄荷油 120 g、樟脑 80 g、樟油 80 g、桉油 30 g。成品为淡黄色的固状油膏；气芳香，具清凉感。其功效为祛风兴奋，局部止痛、止痒，用于中暑头晕、伤风鼻塞、蚊叮虫咬。

（2）风痛灵。

其处方如下：丁香罗勒油 40.1 mL、乳香 25 g、没药 25 g、血竭 2 g、麝香草脑 10 g、冰片 30 g、樟脑 30 g、薄荷脑 280 g、氯仿 20.3 mL、香精 80 mL、水杨酸甲酯适量。成品为橙红色油状液体；有特殊香气及清凉感；能活血散瘀、消肿止痛，用于扭挫伤痛、风湿痹痛、冻疮红肿。

2. 其他含有丁香罗勒原料的中成药

如复方丁香罗勒油、复方丁香罗勒口服混悬液、丁香罗勒油乳膏、八仙油、罗浮山百草油、红花油、琥珀止痛膏等。

十、其他应用与产品开发

1. 化妆品原料

可用于制作丁香罗勒精油。

2. 调味品

丁香罗勒气味芳香，有清凉感。鲜叶和精油主要用于调味汁、调味品、肉制品及焙烤食品的调味配料。

3. 丁香罗勒精油蚊香[4]

丁香罗勒精油蚊香的配料主要包括：丁香罗勒精油 0.1～2 g、薰衣草 10～13 g、百里香 4～5 g、莪术 1～3 g、驱蚊草 5～6 g、香樟树叶 50～60 g、柚子皮 30～35 g、葡萄皮 20～25 g、木粉 80～90 g、啤酒渣 30～40 g 等。该产品具有香薰效果，对偏头痛、呼吸道感染有一定的疗效，有益于人体的健康，添加果皮等有淡淡的果香，香气宜人。

4. 丁香罗勒油浴盐[5]

丁香罗勒油浴盐的主要配料包括：丁香罗勒油 3 kg、椰油基甜菜碱 2 kg、月桂酰两性基乙酸钠 2 kg、倍半碳酸钠 100 kg。将上述原料在室温下搅拌混合均匀，即可制得丁香罗勒油浴盐。该产品能够去除人体毛孔污垢，并能有效平衡油脂分泌，治疗青春痘。

5. 其他

丁香罗勒的主要成分之一丁香酚是制造香兰素的主要原料之一，可用于食品、化妆品和香皂精。其精油还可用于调配化妆品、香皂、牙膏、烟草等香精，提取的丁香酚可用来配制其他香料及制品。

参考文献

[1] 张丽萍，胡永亮，王应清，等. 丁香罗勒种植及其研究进展 [J]. 热带农业科技，2017，40（2）：22-25.

[2] 王娟，李晋华，王婷婷，等. 河南种植罗勒和丁香罗勒的香气成分差异分析 [J]. 现代生物医学进展，2016，16（19）：3650-3653.

[3] 姜海梅，李杰雨，杨山景，等. 丁香罗勒油化学成分、药理活性及临床应用研究进展 [J]. 中药药理与临床，2022，39（6）：110-116.

［4］张宏标，张倍思. 一种丁香罗勒精油蚊香：CN 104489002 A ［P］. 2015 – 04 – 08.

［5］黄美蓉. 丁香罗勒油浴盐：CN 103284922 A ［P］. 2013 – 09 – 11.

紫　苏

一、来源及产地

唇形科植物紫苏 *Perilla frutescens*（Linn.）Britt.，又名赤苏、红苏、香苏、红紫苏、皱苏。原产于中国、印度及东南亚等地。中国四川、广东种植紫苏较多，长江以南其他地区也分布很广。

二、植物形态特征

该植物为一年生直立草本。茎钝四棱形，具四槽，密被长柔毛。叶阔卵形或圆形，先端急尖或突尖，基部圆形或阔楔形，边缘有粗锯齿，两面绿色或紫色，或仅背面紫色；正面被疏柔毛，背面被贴生柔毛，侧脉7～8对；叶柄密被长柔毛，背腹扁平。轮伞花序组成的总状花序顶生或腋生，密被长柔毛，偏向一侧；花梗短，密被柔毛；花萼钟形，结果时伸长，10脉，直伸，下部被长柔毛，有黄色腺点，内面喉部有疏柔毛环，萼檐二唇形，上唇3齿，宽大，中齿2齿，较小，齿披针形；花冠白色至紫红色，喉部斜钟形，冠檐近二唇形，上唇微缺，下唇3裂，中裂片较大；雄蕊4个，离生；雌蕊花柱先端相等2浅裂。近球形小坚果，灰褐色，具网纹。花期8—11月，果期8—12月。

三、种植技术要点

（一）场地选择

紫苏原产于中国的中南部地区，喜温暖湿润气候，对土壤要求不严，宜选择在年平均气温15～17℃、年降水量400～600 mm的地区种植，特别是昼夜温差大的高海拔地区。可选择地势平坦、疏松肥沃、排水良好的沙壤土、壤土和黏土，忌盐碱地和排水不良的地块；土壤pH在6.0～6.5为宜，较耐高温，耐阴，耐涝；最适宜的生长温度为25℃。

（二）繁殖和种植技术

1. 育苗技术

紫苏的主要繁殖技术为播种繁殖，选择生长健壮、产量高的植株，待其种子充分成熟后，收割，晒干脱粒，作为种用。播种宜在5月上旬或中旬进行，按照每亩 600 g 的播种量，将草木灰 2～3 kg 与种子拌匀，制成种子灰。条播，按照行距 65～70 cm，机械开沟，人工通过点葫芦播种；播后覆盖细肥土，厚度以不见种子为宜；保持土壤湿润，10～15 天即可出苗。

2. 种植定植技术

按照株距 30 cm 定苗，每亩控制在 1 万～1.2 万株。定苗后 18～20 天，将其茎部老叶片和第四茎节以下枝权全部摘除。嫩苗期施肥宜淡。

3. 幼苗及成年植株管理

（1）幼苗管理。

注意间苗和除草，幼苗长至 10 cm 时中耕松土、除草 1 次；及时浇水和松土，雨季注意排水。条播地苗高 15 cm 时，按 30 cm 株距定苗，多余苗可用于移栽；从定植到封垄，松土、除草 2 次。苗高 30 cm 时进行追肥，行间开沟，按照每亩施农家肥 1000～1500 kg 或硫酸铵 5.7 kg、过磷酸钙 10 kg，松土培土把肥料埋好[3-5]。

（2）成年植株管理。

植株长至 45～50 cm 时，摘除植株顶端，收获种子的地块，则不打权、不打顶。植株花蕾形成前，每亩宜施尿素 10 kg、复合肥 20 kg，高温干旱天气应加强灌溉，保持土壤湿润。浇水或雨后土壤易板结，应及时松土，但不宜过深，防止伤根，可将中耕与施肥培土结合进行。

（三）病虫害防治

1. 病害

紫苏的病害主要是斑枯病和锈病。斑枯病的防治方法为合理密植，保证植株通风透光，注意排水，降低田间湿度。发病初期喷洒 65% 代森锌可湿性粉剂 600～800 倍液或 1∶1∶200 波尔多液，每 7 天 1 次，连续喷洒 2～3 次，收获前 15 天停止喷药。锈病的防治可在播前用火土灰拌种时，加入相当于种子量 0.4% 的 15% 三唑酮可湿性粉剂进行预防，发病时对全株喷洒 25% 三唑酮可湿性粉剂 1000～1500 倍液。

2. 虫害

紫苏的虫害主要为银纹夜蛾。可在其幼虫 3 龄以前，即每年 6 月 20 日左右，用 5% 高效氯氰菊酯微乳剂 2000 倍液喷洒防治[1-4]。

四、采收加工

1. 采收

以采收嫩叶食用者，可随时采收或分批收割；成品叶采收宜选择宽 12 cm 以上的完整、无病斑叶片。一般始采期为 5 月下旬至 6 月初，在植株具 4～5 对真叶时采收。采收盛期每 3～4 天采收 1 对叶，其他时期每 6～7 天采收 1 对叶，可持续采收 100 天。采收种子者，宜在 40% ～ 50% 的种子成熟时进行一次性收割，一般在 9 月下旬至 10 月中旬种子成熟时采收。采收药材者，苏叶宜在夏、秋季节采收叶或带叶小枝；也可在秋季割取全株，在通风处阴干，再采收苏叶入药，以叶大、色紫、不碎、香气浓、无枝梗者为佳。苏梗，可在 6—9 月采收嫩苏梗，也可在 9 月与紫苏籽同时采收作为老苏梗，以外皮紫棕色、分枝少、香气浓者为佳[4]。

2. 加工

种子采收后，晾晒 3 ～ 4 天后脱粒。苏叶采收后，阴干即可入药；苏梗采收时，去除小枝、叶和果实，取主茎，晒干或切片后晒干；将采收的紫苏全株，去掉无叶粗梗，摊晒 1 天后入锅蒸馏，制得紫苏精油[4]。

五、生药特征

叶多皱缩卷曲、碎破，完整者展平后呈卵圆形，先端长尖或急尖，基部圆形或宽楔形，边缘具圆锯齿；两面紫色或上表面绿色，下表面紫色，疏生灰白色毛，下表面有多数凹点状的腺鳞；叶柄紫色或紫绿色；质脆。带嫩枝者，枝的直径 2 ～ 5 mm，紫绿色，断面中部有髓。气清香，味微辛。茎呈方柱形，四棱钝圆，长短不一，直径 0.5 ～ 1.5 cm；表面紫棕色或暗紫色，四面有纵沟及细纵纹，节部稍膨大，有对生的枝痕和叶痕；体轻，质硬，断面裂片状；切片厚 2 ～ 5 mm，常呈斜长方形，木部黄白色，射线细密，呈放射状，髓部白色，疏松或脱落。气微香，味淡。果呈卵圆形或类球形，直径约 1.5 mm；表面灰棕色或灰褐色，有微隆起的暗紫色网状花纹，基部稍尖，有灰白色点状果梗痕；果皮薄而脆，易压碎。种子黄白色，种皮膜质，子叶 2 枚，类白色，有油性；压碎有香气，味微辛。

六、化学成分研究

紫苏挥发油类成分中含量最多的是紫苏醛（在叶中含量可达 52% 以上），其次为 β - 丁烯、紫苏醇、紫苏酮、柠檬烯、樟烯、α - 蒎烯、芳樟醇、二氢紫苏醇、香薷醇、香薷酮、薄荷烯酮、苏酮、异白苏酮、榄香脂素、肉豆蔻醚、莳萝油脑、柠檬醛、薄荷脑、丁香酚、丁香烯、左旋柠檬烯、橄榄素及紫苏红色素等。

其主要化学成分有黄酮类，如芹菜素、木樨草素、野黄芩苷、黄芩素 - 7 - 甲醚、芹菜素 - 7 - 二葡萄糖苷、槲皮素、8 - 羟基 - 6，7 - 二甲氧基黄烷酮等；酚酸类，如迷迭香酸、迷迭香酸乙酯、迷迭香酸甲酯、肉桂酸、咖啡酸、咖啡酸甲酯、阿魏酸甲酯、[Z，E] - 2 -（3，4 - 二羟苯基）乙烯咖啡酸酯、[Z，E] - 2 -（3，5 - 二羟苯基）乙烯咖啡酸酯、咖啡酰奎尼酸、香豆酒石酸、原儿茶醛、

3，4－二羟基苯甲酸甲酯等。

紫苏所含花色苷类种类丰富，如紫苏宁、顺式紫苏宁、丙二酰基紫苏宁等紫苏宁取代化合物，以及矢车菊素－3－O－咖啡酰葡萄糖－5－O－葡萄糖苷、天竺葵苷、芍药素－3－O－葡萄糖苷、飞燕草素－3－O－阿拉伯糖苷、矮牵牛素－3，5－O－二葡萄糖苷等；三萜和甾体类化合物如 20－异戊基－孕甾－3β，14α－二醇、β－谷甾醇、豆甾醇、菜油甾醇等。

部分化合物结构式如下：

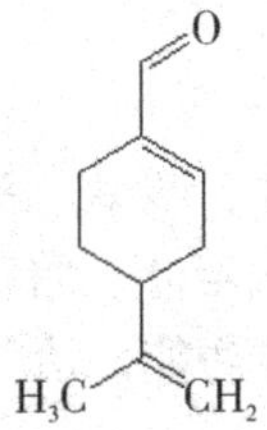

紫苏醛

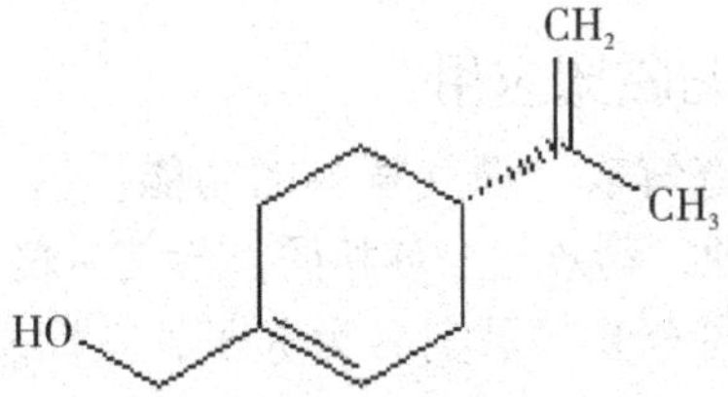

紫苏醇

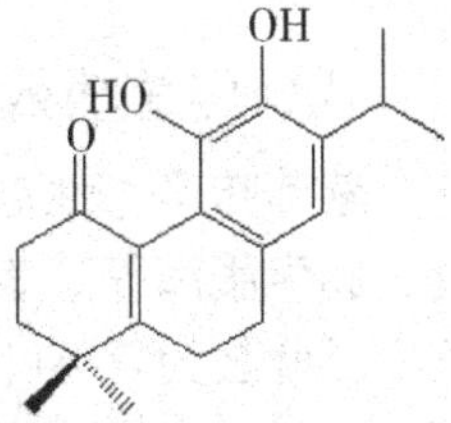

紫苏酮

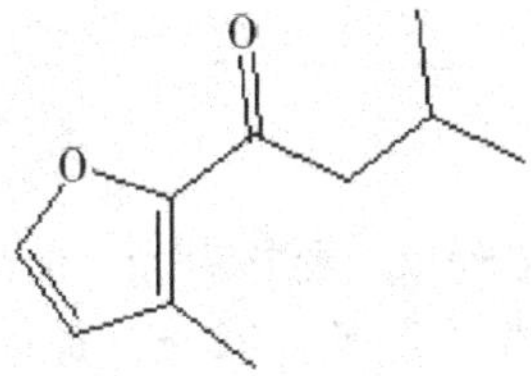

香薷酮

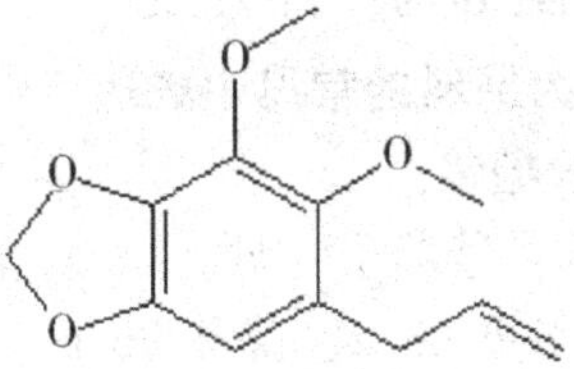

莳萝油脑

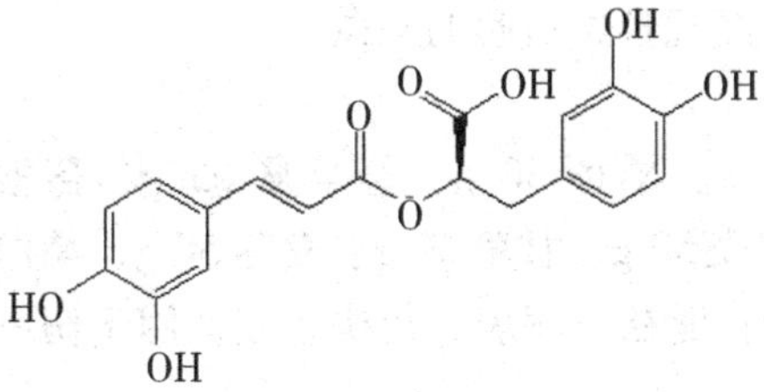

迷迭香酸

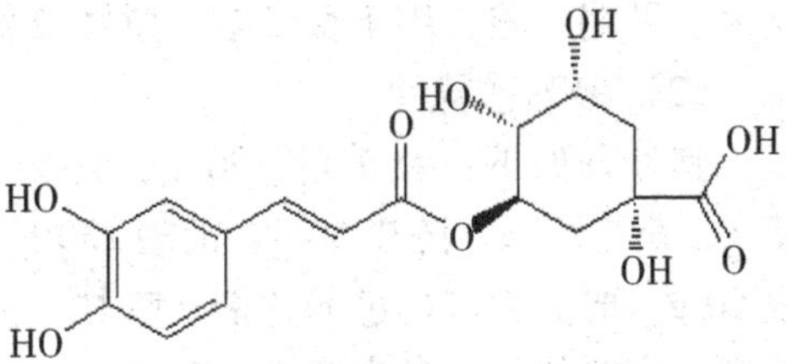

咖啡酰奎尼酸

七、现代药理研究

主要的药理作用如下：

（1）降气化痰、止咳平喘作用（对呼吸系统的影响）："紫苏煎"能显著改善大鼠支气管、肺组织损伤程度；对肺组织和支气管具有明显的保护作用；对气管有松弛作用；对丙烯醛或枸橼酸引起的咳嗽亦有明显的镇咳作用。

（2）抑菌作用：紫苏叶、茎水提物对金黄色葡萄球菌和大肠杆菌的生长均有抑制作用。

（3）解热作用：紫苏叶挥发油对2，4－二硝基苯酚所致的大鼠发热现象有较显著的降温作用。

（4）理气止痛、润肠通便、解毒（对消化系统的影响）：紫苏梗水提液和紫苏叶油均表现出良好的调节胃肠道动力的功效。

（5）安胎（对生殖系统的影响）：紫苏梗具有与孕酮相似的药理活性，能激发动物子宫内膜酶活性增长[5]。

八、传统功效、民间与临床应用

紫苏味辛，性温；有散寒解表、理气宽胸的功能；治风寒感冒、咳嗽、头痛、胸腹胀满等。茎名为苏梗，药效与全苏相同，治气滞腹胀、妊娠呕吐、胎动不安。叶名为紫苏叶，药效同全苏。果实名为苏子，有润肺消痰的功能，治气喘、咳嗽、痰多、胸闷等。

九、药物制剂与产品开发

1. 以紫苏为原料的常见中成药

（1）百咳静糖浆。

其处方如下：紫苏子（炒）48 g、陈皮96 g、麦冬48 g、前胡48 g、苦杏仁（炒）48 g、清半夏48 g、黄芩96 g、百部（蜜炙）72 g、黄柏96 g、桑白皮48 g、甘草48 g、麻黄（蜜炙）48 g、葶苈子（炒）48 g、天南星（炒）32 g、桔梗48 g、瓜蒌仁（炒）48 g。成品为黑褐色的液体；气香，味微苦涩；能清热化痰、平喘止咳，用于百日咳、感冒及急慢性气管炎引起的咳嗽。

（2）参苏感冒片。

其处方如下：紫苏叶130 g、党参260 g、桔梗50 g、姜半夏65 g、葛根65 g、茯苓65 g、陈皮50 g、前胡130 g、枳壳50 g、甘草50 g、麦冬50 g、桑白皮50 g。成品为灰褐色的片剂；味甘、微苦；能祛风解表、化痰止咳，用于伤风感冒、寒热往来、鼻塞声重、咳嗽。

2. 其他含有紫苏原料的中成药

如定喘疗肺丸、甘露茶、感冒丸、咳喘丸、宁嗽丸、气管炎橡胶膏（咳喘橡胶膏）、黔曲、清肺止咳丸、清金止嗽西瓜膏、神曲茶（六曲茶）、舒泰丸、四正丸、苏子降气丸、小儿止嗽金丹（散）、泻白丸、止咳橘红丸、杏苏感冒颗粒、散风宁嗽糖浆、解肌宁嗽片、藿香正气片、柴胡舒肝丸、白蔻调中丸、藿香祛暑软胶囊、藿香祛暑水、祛暑片等。

十、其他应用与产品开发

1. 保健食品

（1）茶多酚紫苏子油软胶囊：含紫苏子油、茶多酚，有助于增强免疫力。

（2）紫苏亚麻籽沙棘油软胶囊：含亚麻籽油、紫苏籽油、沙棘油，有助于维持血脂健康水平。

（3）其他含紫苏的保健食品：如蒜油鱼油软胶囊、紫苏油丹参软胶囊、天麻杜仲叶软胶囊、罗布麻叶紫苏子油软胶囊等。

（4）紫苏饮品[6]。

以紫苏为主要成分可同时制备白兰地和发酵饮料。将紫苏嫩叶碎片浸泡于水中，得到浸泡液；采用酵母对浸泡液进行两次无氧发酵得到紫苏叶发酵液；对紫苏叶发酵液进行蒸馏，收集蒸馏液得到紫苏白兰地；收集除蒸馏液的剩余部分进行精滤，收集精滤液得到紫苏发酵饮料。紫苏白兰地和紫苏发酵饮料具有独特的紫苏风味和较高的营养价值。

（5）紫苏蛋白酸奶[7]。

其主要组成成分为鲜牛乳、紫苏蛋白粉和白砂糖。其制备方法为取重量百分比为83.7%的鲜牛乳，加入紫苏蛋白粉10%、白砂糖6%，搅拌均匀，分装于100 mL酸奶瓶中，封口后进行巴氏杀菌；然后在无菌条件下加入发酵剂0.3%，混匀后封口，在42 ℃恒温发酵8 h；发酵完成后将酸奶放入4 ℃冰箱中冷藏后熟10～12 h。紫苏蛋白经乳酸菌发酵后会形成低分子量的活性肽。该酸奶有助于抗氧化，同时紫苏蛋白能够调节酸奶的风味，使酸奶具有紫苏特有的风味。

2. 化妆品

如紫苏草本泡浴粉、紫苏舒缓沁润乳液、紫苏精油、紫苏面膜、净颜紫苏祛痘水、紫苏纯露、紫苏焕活乳、紫苏水润保湿水、紫苏爽肤水、紫苏清润精萃水、紫苏淳净精华液等。

3. 化妆品原料

紫苏籽油、紫苏叶提取物、紫苏醛、紫苏醇、紫苏叶粉、紫苏提取物、紫苏籽提取物等均可作为化妆品原料。

4. 其他

紫苏可作调味品和蔬菜，是开胃料理中的代表种类。

参考文献

[1] 周雄祥，魏玉翔. 无公害紫苏种植技术［J］. 长江蔬菜，2017（3）：42－44.

[2] 扬子江，赵永海. 山区紫苏种植技术［J］. 农民致富之友，2018

(16)：134.

[3] 杜兰天. 盆栽紫苏无土种植技术 [J]. 现代园艺，2020，43（17）：103 – 105.

[4] 古丽娜孜. 哈尼，朱甲明. 阿勒泰地区紫苏露地有机种植技术 [J]. 农村科技，2020（3）：49 – 51.

[5] 何育佩，郝二伟，谢金玲，等. 紫苏药理作用及其化学物质基础研究进展 [J]. 中草药，2018，49（16）：3957 – 3966.

[6] 李明，李百权，徐晶. 一种同时制备紫苏白兰地和紫苏发酵饮料的方法：CN 111471559 A ［P］. 2020 – 04 – 09.

[7] 张志军，贺东亮，李会珍. 一种紫苏蛋白酸奶及其制备方法：CN 109430383 A ［P］. 2018 – 11 – 16.

迷迭香

一、来源及产地

唇形科植物迷迭香 *Rosmarinus officinalis* L.，又名海洋之露、海露、艾菊。原产于欧洲及北非地中海沿岸，在世界各地广泛种植。中国云南、贵州、广西、海南等地均有大面积栽种。

二、植物形态特征

该植物为多年生常绿小灌木。分枝纤弱、灰白色；茎及老枝圆柱形，皮层块状剥落；幼枝四棱形，密被白色星状细绒毛，全株具香气。叶对生，柄极短，叶片线形，腹面暗绿色稍具光泽，平滑；背面灰色，密被星状绒毛，有鳞腺；叶缘反转，背面主脉明显。花近无梗，轮生于叶腋，少数聚集在短枝的顶端组成总状花序；花萼二唇形，内面无毛，11脉；花冠蓝紫色，长不及1 cm，外被疏短柔毛；内面无毛，筒部短，喉部广阔；冠筒稍外伸，冠檐二唇形，上唇2瓣，直伸；裂片卵圆形，下唇3瓣，宽大；雄蕊仅前方2枚发育，着生于花冠下唇的下方，花丝中部有1向下的小齿，仅1室能育；花柱细长，远超过雄蕊；子房裂片与花盘裂片互生。小坚果4枚，平滑，卵球形。花期11月。

三、种植技术要点

（一）场地选择

该植物喜气候温暖且阳光充足的环境，耐旱、耐盐碱，但不耐涝和低温；宜在光照充足、地势稍高、排水良好的山坡丘陵或林下种植；最适宜生长的温度为15～25 ℃；宜在肥沃、排水良好的沙壤土中种植[1-3]。

（二）繁殖和种植技术

1. 育苗技术

迷迭香的主要繁殖技术为扦插、组织培养繁殖和压条繁殖。扦插时，一般选择每年4—5月和8—9月进行，宜选择当年生、生长健壮的半木质化枝条，长度10 cm；置于配比好的高锰酸钾和增根剂溶液浸泡备用，适当喷水，防止脱水。宜选择雨后或者保证苗床松软湿润进行扦插，将扦插枝条插入土中3～4 cm，忌倒插和折断枝条，扦插后浇透水；第一次浇水宜采用喷淋的方式，喷淋后及时检查扦插苗，及时扶正倒苗，并加固[4]。

2. 种植定植技术

种植前应先平整田地，并施入 1000 kg/亩腐熟农家肥，保证土壤压实、保墒；冬季已深翻或起垄的地块应耙实，趁墒栽种；未犁未旋的地块，平地栽种，需浇水踏实；有前茬或杂草的地块应轻旋，达到灭茬除草效果即可栽种。定植时宜选择长至 20 cm 左右（6 ～ 8 片真叶）的扦插苗，选择阴雨天或早晨、傍晚光照不强时起苗，起苗前应浇透苗床，将土壤和根系一并取出，忌用手拔苗。定植时按照行株距 100 cm×50 cm、1300 ～ 1500 株/亩进行栽植，移栽开穴时，深度以一锄为宜；栽苗前先向穴内浇水，一定要浇满，待水洇完前，在穴内搅一个更深的窝，将种苗栽进去，然后培土，浇足定根水。

3. 幼苗及成年植株管理

（1）幼苗管理。

扦插后半个月内，宜每天浇水 1 ～ 2 次，保持苗床湿润，后期适当减少浇水量。待扦插苗成活后，每亩用 10 kg 尿素兑水浇灌苗床，每 10 天施肥 1 次，3 个月后可进行大田移栽。

（2）成年植株管理。

迷迭香生长早期易受杂草影响，应及时中耕除草，忌用化学除草剂。前期中耕除草后可施少量有机肥，每次收割后再追肥 1 次，每亩追施 200 kg 腐熟农家肥或 20 kg 有机肥。移栽成活 3 个月后可以进行修剪，修剪长度不超过枝条总长度的一半；对于直立品种，开始生长时应先剪去顶端，侧芽萌发后再剪 2 ～ 3 次。

（三）病虫害防治

1. 病害

迷迭香抗病虫害能力较强，少有害虫，主要以预防为主，注意保持植株通风透气、日照充足，避免高温高湿环境。其主要病害为根腐病、茎腐病、灰霉病和白粉病等，应及时除去病弱株和枯枝叶；另外根腐病可用 50% 多菌灵或甲基托布津药液喷洒；灰霉病可用 5% 多菌灵烟熏剂或 50% 速克灵 1500 倍溶液防治。

2. 虫害

迷迭香的主要虫害为红叶螨、白粉虱和蚜虫等，可引入天敌进行生物防治，也可采用 5% 扑虱蚜 2500 倍液和 1.5% 阿维菌素 3000 倍液喷施防治[4]。

四、采收加工

每年可采收 3 ～ 4 次，一般在 3—11 月上旬，其他时间不宜采收，采收时可选择机械采摘或人工采收，人工采收时宜戴手套用剪刀剪取。采收后及时烘干处理，便于保存。

五、生药特征

干燥全草为带有果穗的茎枝，叶片多已脱落；茎和枝圆柱形，表面暗灰色，密被白色星状柔毛；折断面纤维状，中央有白色的髓；花已凋谢，宿萼黄棕色，卵状钟形，二唇形，内藏棕褐色小坚果 4 枚；气芳香，有清凉感；入药以干燥、茎细、无泥沙杂草者为佳。

六、化学成分研究

迷迭香主要活性成分有黄酮类，如 6 – 甲氧基木樨草素、橙皮苷、异橙皮苷、香木叶苷、高车前苷、庚糖苷、6 – 甲氧基木樨草素、6 – 羟基木樨草素 – 7 – 葡萄糖苷、3，5，7 – 三羟基黄酮、8 – 甲氧基山柰酚、芹菜素、木樨草素、芫花素、香叶木素、阿斯皮素、粗毛豚草素、白杨素、高良姜素、槲皮素、香叶木素山柰酚、5 – 羟基 – 7，4 – 二甲氧基黄酮、5，4 – 二羟基 – 7 – 甲氧基黄酮、楔叶泽兰素 – 3 – O – 葡萄糖苷、楔叶泽兰素 – 4 – O – 葡萄糖苷、木樨草素 – 3 – O – 葡萄糖醛酸苷、芫花素 – 7 – 甲醚、6 – 甲氧基 – 3，4 – 二羟基黄酮 – 7 – O – 葡萄糖苷、木樨草素 – 7 – 葡萄糖苷等。

萜类化合物是迷迭香主要的芬芳气味来源，含单萜如 α – 蒎烯、莰烯、T – 蒎烯、β – 蒎烯、α – 松油烯、α – 松油烯醇、β – 石竹烯、樟脑、龙脑、芳樟醇、对聚伞素、柠檬烯、桉叶素、乙酸龙脑酯、U – 蒎烯；二萜类如鼠尾草酸、鼠尾草酚、迷迭香酚、鼠尾草甲酯、迷迭香二酚、迷迭香宁、铁锈醇、表丹参酮、迷迭香醌、罗列酮、7 – 异丙氧基 – 迷迭香醌；三萜类如桦木醇、桦木酸、齐墩果酸、熊果酸、羽扇豆醇、蒲公英甾醇、日耳曼醇、胆甾醇、菜油甾醇、谷甾醇等。

其他类化合物中最丰富的为有机酚酸类，主要有羟基肉桂酸如对香豆酸、绿原酸、迷迭香酸、阿魏酸、间羟基苯甲酸、香豆酰基奎宁酸、香豆酸等，羟基苯甲酸如香草酸、丁香酸、咖啡酸、原儿茶酸、二咖啡基奎宁酸、对羟基苯甲酸[5]。

部分化合物结构式如下：

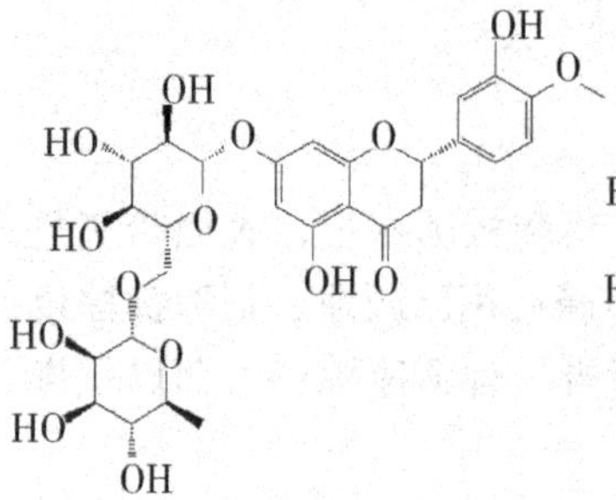

橙皮苷 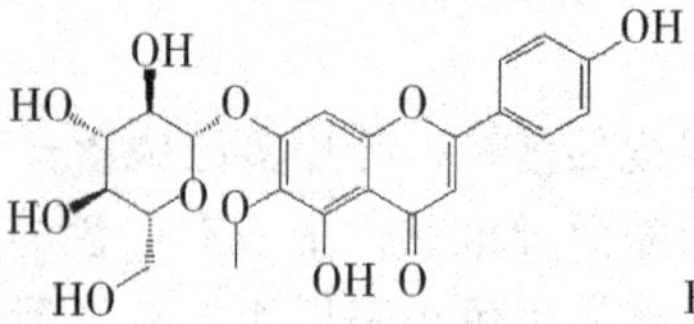　　　　　　　高车前苷 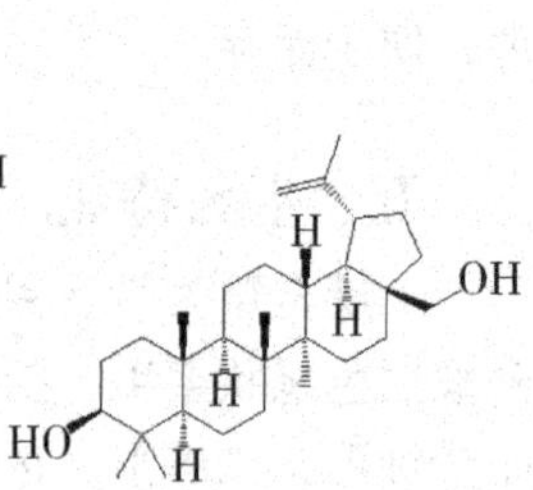　　　　　　　桦木醇

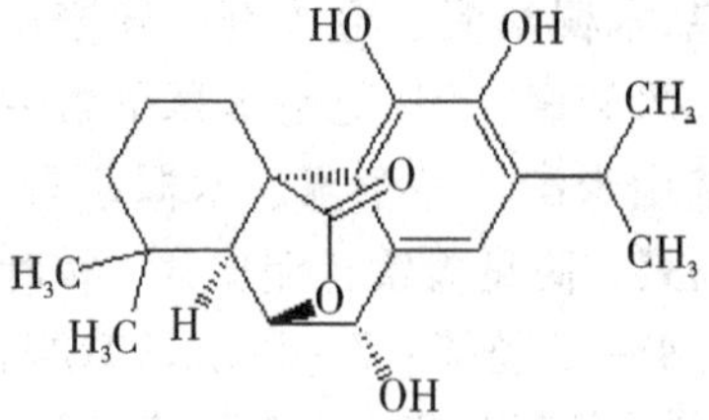

迷迭香酚 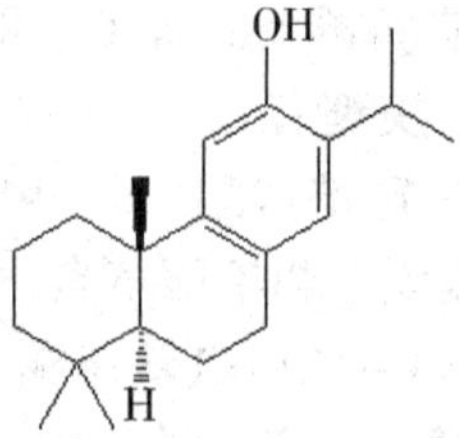　　　　　　铁锈醇 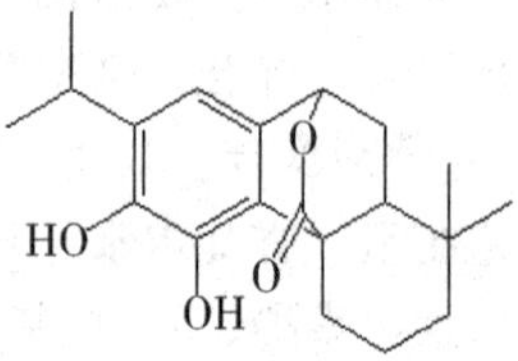　　　　　　　　鼠尾草酚

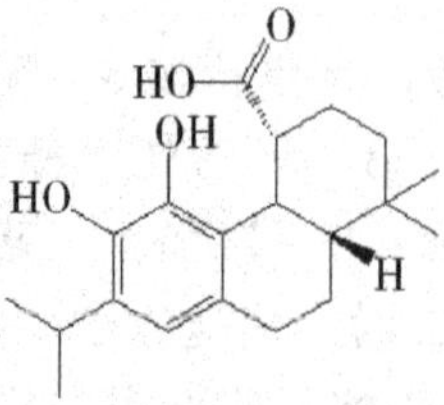

鼠尾草酸 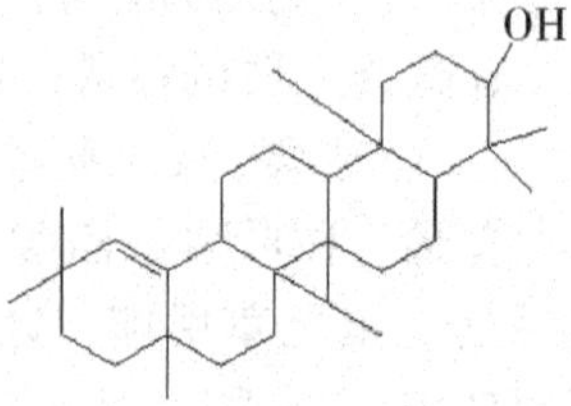　　　　　　　　日耳曼醇

七、现代药理研究

主要药理作用如下：

（1）镇静提神、醒脑作用：迷迭香具有镇静提神、醒脑的作用，对消化不良和胃痛均有一定疗效；可起到镇静、利尿作用，也可用于治疗失眠、心悸、头痛、消化不良等多种疾病；外用可治疗外伤和关节炎。

（2）强心、促进心血管作用：迷迭香具有强壮心脏、促进代谢、促进末梢血管的血液循环等作用。

（3）其他作用：迷迭香可改善语言、视觉、听力方面的障碍，增强注意力；可治疗风湿痛，强化肝脏功能，降低血糖；有助于动脉硬化的治疗，帮助麻痹的四肢恢复活动能力[5]。

八、传统功效、民间与临床应用

其茎叶可入药，具有滋补、提神、收敛、镇定、抗炎、祛风、防止老化、提高活力、养发等功效；可用于治疗头痛、偏头痛、经前期紧张症；对缓解肌肉劳损和疼痛、轻度或中度抑郁症有一定疗效。

九、药物制剂与产品开发

马鞭草瘦腿茶

其配方包括迷迭香、柠檬草和马鞭草各 6 g，蜂蜜适量。前三者放入茶壶，沸水加盖泡 15 min，去渣，加蜂蜜即可。该茶可促进血液循环、降脂减肥、消除下半身水肿。

十、其他应用与产品开发

1. 迷迭香食品保鲜剂[6]

其配料如下：迷迭香干叶粉、天然维生素 E、麦芽糖醇、水。称取迷迭香干叶粉（1%）、天然维生素 E（2.5%）、麦芽糖醇（4%）及水。将麦芽糖醇倒入水中，搅拌 20 min 后加入天然维生素 E，继续搅拌 10 min，最后加入迷迭香干叶粉，搅拌 20 min，即得，用于食品的保鲜。

2. 消毒洗手液[7]

其配料如下：消毒剂 50 份（0.1∶1 的苯扎氯铵与迷迭香提取物的混合物）、十二烷基苯磺酸钠 8 份、丙二醇 2 份、聚乙烯醇 1 份、柠檬酸 1.2 份、玫瑰香精0.8 份、纯化水 40 份。按照消毒液的制备方法制备得到迷迭香消毒洗手液。其泡沫丰富，易冲洗，可有效抑制金黄色葡萄球菌和大肠杆菌，药效时间长，不刺激，不损伤皮肤，保湿效果好，具有延缓皮肤衰老、抗菌、抗炎、抗氧化、保湿的功效。

3. 防脱洗发水[8]

其配料如下：迷迭香精油 10 份、十二烷基硫酸钠 13 份、氨基酸表面活性剂10 份、椰油酰胺丙基甜菜碱 6 份、生物素 2 份、烟酰胺 1 份、泛醇 1 份、聚季铵盐 0.6 份、阳离子瓜尔胶 0.3 份、柠檬酸 0.2 份、EDTA 二钠 0.5 份、尼泊金丁酯 0.2 份、卡松 0.2 份、去离子水 65 份、二氨基嘧啶氧化物 8 份、皂角 30 份、无患子 15 份、侧柏叶 15 份、霜桑叶 15 份、菊花 7 份。按照洗发水的制备方法得到该产品。其既能清洁头皮还能修复头皮皮肤屏障，并且让头皮清新不油腻，能为头皮和毛囊提供营养物质和微量元素，修复毛囊，加速新发增长和诱发新发；在改善脱发的同时，促进新发生长；从而减少脱发，达到防止脱发的效果。

4. 富硒养心菜迷迭香茶[9]

其配料如下：迷迭香、富硒养心菜。按照茶叶的制作方法即得成品富硒养心迷迭香茶。长期泡饮，可降血压血脂、活血化瘀、益气强心和宁心平肝、清热凉血，同时对吐血、咯血、烦躁失眠、惊悸癔症也有较好的疗效。

5. 除螨面霜[10]

其配料如下：迷迭香 5 份、仙人掌 2 份、芦荟 2 份、金银花 2 份、洋甘菊 2 份、艾叶 3 份、茶树叶 4 份。按照霜剂的制备方法制备即得除螨面霜产品。利用迷迭香这种天然温和杀菌消炎的原料为主料制作的除螨面霜在有效除螨的同时，不给皮肤造成额外的伤害，温和无刺激，非常适于抑制面部螨虫滋生。

6. 精油

（1）迷迭香精油 2 滴、黑胡椒 1 滴、基础油 5 mL，按摩，有助于缓解腰痛。

（2）迷迭香精油和檀香精油各 2 滴、姜汁和黑胡椒精油各 1 滴、基础油 10 mL，每隔 3 h 轻柔按摩疼痛部位至疼痛缓解，有助于缓解风湿关节痛。

（3）迷迭香精油和马郁兰精油各 2 滴、西柚和杜松精油各 1 滴、基础油 10 mL，每晚按摩，有助于缓解腿部浮肿。

（4）迷迭香精油 3 滴、依兰精油 2 滴、柠檬草精油 1 滴、茶树精油 2 滴、葡萄籽精油 10 mL，洗头发之前按摩头皮 5 min，有助于调理头皮屑。

（5）迷迭香精油 3 滴、薰衣草和姜汁各 2 滴、基础油 10 mL，每天少量多次涂抹并按摩头皮，有助于防脱发。

7. 其他

（1）迷迭香的花和嫩枝可提取芳香油，尤其是叶含量最高。可用于调配空气清洁剂、香水、香皂等，并可在饮料、护肤油、生发剂、洗衣粉中使用。

（2）迷迭香叶可泡酒，用作烹调使肉类更有滋味，同时也能加入饼干和配料中食用；花可装饰菜肴及汤品。

（3）沐浴时用迷迭香叶等制作香茶包、香花包或在水中加入迷迭香浸液或精油，有杀菌、解除疼痛、振作精神的作用。

参考文献

[1] 于二汝，王少铭，罗莉斯，等. 天然香料植物迷迭香研究进展 [J]. 热带农业科学，2016，36（7）：29－36.

[2] 胡素蓉，常金宝. 迷迭香种植技术研究进展 [J]. 农技服务，2016，33（7）：153.

[3] 欧阳泽怡. 迷迭香种植方法 [J]. 林业与生态，2020（10）：37.

[4] 谢安娜，魏婷，张志林，等. 迷迭香的种植技术和未来开发前景分析 [J]. 湖北植保，2020（3）：61－64.

［5］汪镇朝，张海燕，邓锦松，等．迷迭香的化学成分及其药理作用研究进展［J］．中国实验方剂学杂志，2019，25（24）：211－218.

［6］王祯怡．含有迷迭香干叶粉的食品保鲜剂的制备方法：CN103564615 A［P］．2014－02－12.

［7］宋明桂．一种迷迭香消毒洗手液及其制备方法：CN 112168729 A［P］．2021－01－05.

［8］宋明桂．一种迷迭香防脱发洗发水及其制备方法：CN 112206188 A［P］．2021－01－12.

［9］蒋思前，卿筠，蒋飚，等．一种富硒养心菜迷迭香茶的制作方法：CN 112841368 A［P］．2021－05－28.

［10］史丽颖，王思雨，于大永．一种含迷迭香的除螨面霜及其制备方法：CN 113057930 A［P］．2021－07－02.

白木香

一、来源及产地

瑞香科植物白木香 *Aquilaria sinensis*（Lour.）Spreng.，又名土沉香、牙香树。中国广东、广西、云南（景洪）等省区有种植。

二、植物形态特征

该植物为常绿乔木。树皮灰褐色有地衣斑块；小枝叶柄及花序均被柔毛或夹白色绒毛。叶革质，互生，全缘，先端骤尖，基部宽楔形，两面被疏毛，后渐脱落。伞形花序顶生或腋生；花芳香，黄绿色，多朵，总花梗长 5～6 mm；密被灰黄色短柔毛，小花梗长 0.5～1.2 cm；花萼筒浅钟形，5 裂，裂片矩圆形，先端钝圆，淡黄绿色，芳香，两面密被短柔毛；鳞片状花瓣 10 片，生于萼筒喉部，密被毛，基部合成一环；雄蕊 10 个，排成 1 轮，花丝粗壮，花药长圆形；子房密被绒毛，花柱极短或无。蒴果卵状，长 2～3 cm，绿色，密被黄色柔毛。种子褐色卵球形，基部有附属体，上端宽扁，下端呈柄状。花期 3—5 月，果期5—6 月。

三、种植技术要点

（一）场地选择

白木香多生于山地雨林或半常绿季雨林中，海拔要求在 400 m 以下，为弱阳性树种；喜温暖湿润，适宜高温多雨、湿热的热带和亚热带气候环境。幼苗耐阴不耐强光暴晒，较适宜的遮阴度为 50%，比较适宜日照较短的高山环境或山腰密林。成年植株喜阳光，阳光充足才能保证其正常开花结果、种子饱满精壮。白木香幼苗对土壤要求不高，成年植株在黏性土壤中生长缓慢、长势差，但木材结实，且易于结香，含油丰富；而在土层深厚肥沃的条件下，其木材和皮部组织疏松，分泌树脂少，结香极少，质量较差，喜腐殖质多、土层厚的疏松湿润的山地砖红壤、赤红壤、红壤和黄壤等。

（二）繁殖和种植技术

1. 育苗技术

目前常用的繁殖技术主要为种子繁殖、扦插、压条繁殖和组织培养等方式。

（1）种子繁殖。

宜选用 10～15 年生、无病虫害、生长健壮、能正常开花结实的优良植株作为采种母树，待蒴果成熟变为青黄色时进行采收；宜在清晨带湿时采收，连果枝一并剪下。种子最好随采随播，如不能及时播种，可将其置于通风、低湿处沙藏，贮藏不宜超过 7～10 天。宜条播或撒播，在苗床上开沟放种，行距 15 cm，株距 1～10 cm；或直接将种子均匀撒在苗床上，宜浅播，播种后撒上细土，厚度以看不到种子为度；可用树叶或稻草覆盖保湿，常喷洒浇灌，保持土壤湿润。

（2）扦插。

一般选择营养土或河沙、泥炭土等材料作为基质，在春末或秋初进行嫩枝扦插。选择当年生粗壮枝条作为插穗，剪成 5～15 cm 的木段，每段带有 3 个以上的叶节，上端剪口在最腹面 1 个叶节上方大约 1 cm 处平剪，下端剪口在最背面的叶节下方大约 0.5 cm 处斜剪，上下端剪口保持平整；也可在早春气温回升后进行老枝扦插，选取去年健壮枝条作为插穗，每段插穗保留 3～4 个叶节，剪取方法与嫩枝扦插一致。扦插时，将插穗直接插在基质内，入土深度为 1/3～1/2，然后将基部土压实，浇透水即可；初期宜遮阴，晨盖晚掀，长出根后，可逐渐增加光照。

（3）压条繁殖。

需选择健壮枝条，从顶梢以下 15～30 cm 处将树皮剥下一圈，宽度 1 cm 左右，深度以刚好把表皮剥掉为度；剪取一块长 10～20 cm、宽 5～8 cm 的薄膜，撒上少量湿润的园土，将环剥的部位包扎起来，薄膜上下两端扎紧，中间鼓起；4～6 周后生根，然后将枝条连同根系一同剪下，即为新植株。

（4）组织培养。

炼苗要求育苗基质既能保湿又不积水。可选用椰糠和珍珠岩作为育苗基质，二者比例为 7∶3，待组织培养根苗长至 6 cm 左右进行炼苗；将其移至折射光处 4 天，再打开瓶盖炼苗 5 天，取出组织培养苗用水洗净附在苗上的培养基，然后用稀释 1000 倍的高锰酸钾溶液浸泡根系 30 min；再用水洗净就可移栽到营养袋（椰糠和珍珠岩 7∶3），用手指或木棍在育苗杯的基质中插 1 个洞，将洗好的白木香苗放进去，压实苗周围的基质，淋足定根水，附上一层塑料薄膜。

2. 种植定植技术

宜选择在海拔 1000 m 以下的避风向阳地，按照株行距挖穴，穴的规格为 40 cm×40 cm×40 cm，每穴施用 5.0 kg 农家肥或 0.5 kg 复合肥后覆土。选择雨季定植，株行距 2 m×3 m 或 2 m×2 m；幼苗侧根较少，起苗时应尽量多带宿土；定植前剪除下部侧枝和枝叶，留上部数片叶，并剪去1/2，细土回填，压实，浇透定根水。

3. 幼苗及成年期管理

（1）幼苗期管理。

幼苗不耐旱，需常浇水，保持苗床湿润，移苗后要早晚各淋水1次；阴雨天少浇水或不浇水，注意防水和排水。保持荫蔽度50%～60%，出苗后及时移去覆盖稻草，根据天气和幼苗生长情况，逐步拆除荫蔽物。及时清除杂草，每60～90天除草松土1次，之后每年除草松土1～2次，切勿伤及树干或根部。苗高6～10 cm时进行疏苗或移栽至营养袋中，适当修剪侧枝以促进主干生长。苗高15～20 cm时，可施用少量农家肥，随幼苗生长可适当提高施肥量，施肥一定要以薄施勤施的原则，避免出现烧苗的情况。袋育苗高30～40 cm或裸根苗高70～100 cm时即可出圃定植。

（2）成年期管理。

及时除草松土，每年施肥2～3次，应在除草松土后进行。一般选择阴天或晴天下午，挖穴开沟，施用农家肥或复合肥；不定期修剪下部侧枝、弱枝、病虫枝和过密枝，保证养分集中供给主干，以利于结香。

（三）病虫害防治

1. 病害

白木香的病害主要有根结线虫病、幼苗枯萎病和炭疽病。可通过农业综合防治和药物防治两种方法，其中农业综合防治主要是采用无病种苗，种植前进行土壤消毒，反复深耕、翻晒、风干土壤，及时排水，合理密植，及时剪除病叶、病枝，集中烧毁等方法进行防治。用1.8%虫螨克乳油1000倍液或1.8%阿维菌素乳油1000倍液灌根1～2次，10～15天灌根1次防治根结线虫病；用50.0%多菌灵可湿性粉剂500倍液或40%多菌灵胶悬剂400倍液或70.0%甲基托布津可湿性粉剂1000倍液喷淋土壤和植物2～3次，每次间隔7～10天防治幼苗枯萎病；用1.0%波尔多液或70.0甲基托布津可湿性粉剂1000倍液或80.0%代森锰锌可湿性粉剂700倍液或80.0%炭疽福美可湿性粉剂600倍液或50.0%多菌灵可湿性粉剂500倍液喷雾2～3次，每次间隔7～10天，严重时4～5天喷洒一次防治炭疽病。

2. 虫害

白木香的虫害主要有黄野螟、天牛、卷叶虫和金龟子等。可通过清除枯枝落叶和杂草、消灭越冬蛹、灯光诱杀或人工捕捉等方法进行农业综合防治；同时还可用90.0%敌百虫1000倍液进行喷洒植株或注射虫孔，也可使用1.8%阿维菌素5000倍液或1.8%阿维菌素乳油4000倍液进行农药防治[1-4]。

四、采收加工

1. 采收

白木香树经过培养，一般1～2年或3～5年即可采香。当白木香树出现树叶生长不茂盛、外形凋黄、局部枯死等不正常现象，大多数已有结香可能，可以根据情况采收。结香时间越长，沉香的产量越高、质量越好，有时可等10～20年后采收。一年四季均可进行采香，但人工结香以春季为宜。

2. 加工

将采下的香，用刀剔除无脂及腐烂部分，留下黑色坚硬木质，加工成块状、片状或小块状，碎末则制成为沉香末和沉香粉，置于通风干燥处阴干，即为药用沉香。沉香不易虫蛀霉变，可用纸包好，放木箱内置干燥处贮藏，用时捣碎或研成粉末。

五、生药特征

白木香多呈不规则块状、片状或盔帽状等，长3～15 cm，直径3～6 cm。表面凹凸不平，有加工的刀痕，或有孔洞；黑褐色的含树脂部分与黄白色的木质部相间，形成斑纹；其孔洞及凹窝的表面呈朽木状；质坚实，断面刺状，棕色，能沉水；气芳香，味苦。燃烧时有油渗出，发浓烟，香气浓烈；入药以色黑、质重、油足、香气浓者为佳。

六、化学成分研究

白木香含挥发油及树脂，挥发油中含沉香螺醇、白木香酸、白木香醛、白木香醇、去氢白木香醇、白木香呋喃醛、白木香呋喃醇、β-沉香呋喃、二氢卡拉酮、异白木香醇；还含其他挥发成分，如苄基丙酮、对甲氧基苄基丙酮、茴香酸[5]。

部分化合物结构式如下：

沉香螺醇   苄基丙酮   对甲氧基苄基丙酮

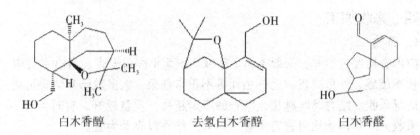

白木香醇　　　　　　　去氢白木香醇　　　　　　白木香醛

七、现代药理研究

（1）抗菌活性：白木香果皮的三氯甲烷提取物对金黄色葡萄球菌、枯草芽孢杆菌、铜绿假单胞菌、绿色木霉、黑曲霉、黄曲霉有显著抑制作用，而对大肠杆菌则没有抑制效果。

（2）抗肿瘤活性：白木香叶总提取物的乙酸乙酯部位具有明显的抑制肿瘤细胞生长的活性。

（3）镇痛和抗炎作用：白木香叶提取物存在显著的镇痛和抗炎作用。

（4）降糖作用：白木香叶95%乙醇提取物具有降低db/db 2小鼠空腹血糖和糖化血红蛋白水平、改善糖耐量的作用。

（5）清除自由基活性：白木香叶中所含的黄酮类化合物具有良好的清除O_2^-、H_2O_2和·OH自由基活性能力[5]。

八、传统功效、民间与临床应用

白木香味辛、苦，性温，能行气止痛、温中降逆、纳气平喘；主治脘腹冷痛、气逆员息、胃寒呕吐呃逆、腰膝虚冷、大肠虚秘、小便气淋。

九、药物制剂与产品开发

1. 以白木香（土沉香）为主要原料的常见中成药或方剂

（1）沉香顺气酒。

其处方如下：柑子根、青藤香、臭牡丹根、茴香根、朱砂连、岩乳香、鸡血藤根、苦（荬力）头、白木香、吴茱萸根、三香根、橙子根、通死根、臭草根、胡皂柑，观音莲。泡酒，可理气止痛。

（2）八味三香散。

其处方如下：白木香161.3 g、诃子129 g、肉豆蔻129 g、木香129 g、广枣193.6 g、木棉花96.8 g、石膏96.8 g、枫香脂64.5 g。其功效为补心、宁神、理气活血，用于气滞血瘀引起的胸痹、症见胸闷、胸痛、心悸等。

2. 其他含有白木香（土沉香）的中成药或方剂

如清心沉香八味散、紫雪颗粒、回春散、小儿和胃消食片、七十味松石丸、沉香降气丸、厚元行气丸、香砂胃痛散、珍宝解毒胶囊等。

十、其他应用与产品开发

1. 饮料

（1）白木香叶沉香叶咖啡[6]。

其配料如下：白木香叶 10%、沉香叶 10%、咖啡 50%、低脂牛奶 15%、可尔必思 7%、蜂蜜 3%、茉莉香蜜 5%。味道浓香，具有多种功能，有益于身体健康。制备方法如下：

①白木香叶和沉香叶制作：鲜叶经分类、摊放、萎凋、揉捻、解块、发酵、一次烘干和二次烘干；

②咖啡制作：原料筛选、清洗、干燥、粗研磨和精研磨；

③混合制作：混合搅拌、揉捻、发酵和干燥。

（2）白木香叶发酵茶[7]。

白木香叶发酵茶的制备方法主要包括：采摘白木香叶→晒青/烘青→凉青→冻结、解冻→揉捻/包揉→发酵→烘干→筛选→成品→封装。其中冻结、解冻是凉青后的白木香叶经过 -18 ℃温度冻结，再在 9～11 ℃的温度下解冻；发酵是将揉捻好的茶叶铺开置入发酵室中，发酵室内要遮挡光线，气温在 25～30 ℃，相对湿度 90% 以上，发酵时间在 22～26 h；或者发酵采用人工发酵：在白木香叶中均匀喷洒由乳酸菌、酵母菌、冠突散囊菌、青霉、黑曲霉、根霉组成的发酵剂，再将竹筛放置培养箱中发酵。制得的白木香叶发酵茶去除了原有的苦涩味，增加了发酵香味；冻结、解冻有利于白木香叶细胞内容物的浸出，最大程度发挥其功能。

2. 化妆品及化妆品原料

白木香化妆品常见的种类为沉香护肤液、沉香精华油、沉香焕颜精华水、沉香纯露、沉香膏、沉香木精油等。沉香茎提取物、沉香提取物等可用作化妆品原料。

3. 药膳

（1）沉香灵芝五味子炖瘦肉：配方包括白木香 5 g、灵芝 20 g、五味子 5 g、陈皮 5 g、瘦肉 250 g。将瘦肉洗净后切成小块，放入清水 200 mL，连同上述药材一起隔水蒸炖 2 h 下盐调味即可食用。

（2）沉香当归肉苁蓉煲猪尾骨：配方包括白木香 5 g、当归 10 g、肉苁蓉 30 g、猪尾骨 500 g、生姜少许。将猪尾骨洗净连同上述药物放入清水 1000 mL，烧开后文火煲 2 h 加盐调味即可食用。

（3）沉香鸡汤：配方包括白木香、鸡肫菇、鸡爪菇、茶树菇、姬松茸、土鸡，将土鸡杀好后，放入上述药物，煲汤加盐即可食用。

4. 香料

白木香常加工成线香作为香料。

参考文献

[1] 肖苏萍，周应群，赵润怀，等. 珍稀濒危药材白木香产地适宜性分析［J］. 中国现代中药，2012，14（7）：28 - 30.

[2] 林妃，李敬阳，王必尊，等. 白木香组培苗育苗管理技术［J］. 基因组学与应用生物学，2015，34（7）：1531 - 1533.

[3] 晏小霞，王祝年，王建荣. 海南白木香规范化种植技术［J］. 安徽农业科学，2010，38（24）：13042 - 13044.

[4] 吴道念，屈林丰，杨紫龙，等. 白木香扦插技术研究［J］. 西部林业科学，2017，46（4）：84 - 87.

[5] 李薇，梅文莉，左文健，等. 白木香的化学成分与生物活性研究进展［J］. 热带亚热带植物学报，2014，22（2）：201 - 212.

[6] 吴敦壮. 一种白木香叶沉香叶咖啡制作工艺：CN 112314763 A［P］. 2021 - 02 - 05.

[7] 张钟，周颐. 一种白木香叶发酵茶：CN 106173114 A［P］. 2016 - 12 - 07.

鹰爪花

一、来源及产地

番荔枝科植物鹰爪花 *Artabotrys hexapetalus* （L. f.）Bhandari，又名鹰爪、鹰爪兰、莺爪、鹰爪桃。中国南方常有种植，广布于全球亚热带地区。

二、植物形态特征

该植物为攀缘灌木。高达 4 m，常借助钩状总花梗攀缘于它物上，无毛或近无毛。叶互生，纸质，长圆形或阔披针形，先端渐尖或急尖，基部楔形；叶正面无毛，叶背面沿中脉上被疏柔毛或无毛。花 1～2 朵，生于木质钩状的总花梗上，淡绿色或淡黄色，芳香；萼片 3 枚，绿色，卵形，两面被稀疏柔毛；花瓣 6 枚，2 轮，长圆状披针形，长 3～4.5 cm，近基部收缩，外面基部密被柔毛，其余近无毛或稍被稀疏柔毛；雄蕊多数；心皮多数，各具长圆形胚珠 2 颗。果卵圆状，长 2.5～4 cm，直径约 2.5 cm，顶端尖，数个群集于果托上。花期 5—8月，果期 5—12 月。

三、种植技术要点

（一）场地选择

鹰爪花喜温暖湿润阳光充足的环境，对土壤要求不严，宜选择土层深厚、土壤肥沃、排水良好的砂质壤土种植。

（二）繁殖和种植技术

1. 育苗技术

（1）种子繁殖。

种子选择：鹰爪花常以种子繁殖，其种子较小，选择种子时应多加注意，宜选用当年采收的种子。种子保存的时间越长，其发芽率越低，宜选用籽粒饱满、没有残缺或畸形、无病虫害的种子。

消毒：包括对种子消毒和播种用基质消毒。对种子进行消毒时，常用 60 ℃左右的热水浸种 15 min，然后再用温热水催芽 12～24 h；播种用基质常进行药剂消毒。

播种：鹰爪花露天栽培或盆栽均可。盆栽播种时首先将种子直接以 3 cm × 5 cm 的间距点播到培养基质中，播种后再覆盖上一层基质；之后用喷雾器或者细孔花洒把基质层淋湿，其间间隔淋水，以保持土壤一定的湿度，淋水时应注意控制力度，防止将种子冲出基质。当在深秋、早春季或冬季播种遇到寒潮低温时，可以用塑料薄膜包起来，以利保温保湿。

（2）扦插繁殖。常于春末秋初用当年生的粗壮枝条进行嫩枝扦插，或于早春用健壮老枝扦插。需要预先准备扦插的营养土或河沙、泥炭土等消过毒的扦插基质材料。枝条进行嫩枝扦插时，把枝条剪下后，选取壮实的部位，剪成 5 ～ 15 cm 长的一段，每段要带 3 个以上的节。分别在最上一个节上方大约 1 cm 处平剪和在最下面的叶节下方大约为 0.5 cm 处斜剪，上下剪口都要平整；进行硬枝扦插时，每段插穗常保留 3 ～ 4 个节，剪取的方法同嫩枝扦插。

插穗生根的最适温度为 20 ～ 30 ℃，否则低温会导致插穗生根困难、缓慢；高温会导致插穗的上、下两个剪口容易受到病菌侵染而腐烂，并且温度越高，腐烂的比例越大。降温的措施主要是给插穗遮阴，要遮去阳光的 50% ～ 80%，待根系长出后，再逐步移去遮光网；或晴天时每天下午 4：00 除下遮光网，第二天上午 9：00 前盖上遮光网。同时，给插穗进行喷雾，每天 3 ～ 5 次，晴天温度较高，喷的次数也较多。扦插后必须保持空气的相对湿度在 75% ～ 85%。

（3）压条繁殖。鹰爪花还可以使用压条的方式来进行繁殖。选择比较健壮的枝条，从枝条的顶端向下 15 ～ 30 cm 的地方将皮剥掉一圈，剥开的伤口宽度约有 1 cm。然后选取一块长 10 ～ 20 cm、宽 5 ～ 8 cm 的薄膜，在里面放些淋湿的基质，然后将环剥的部位像包扎伤口一样包扎起来，最后用绳子扎紧薄膜的上下两端，中间鼓起来。等生根之后，即可用常规压条方法处理。

2. 定植

当大部分幼苗具有 3 片或 3 片以上的叶子时即可定植移栽。

3. 幼苗及成年植株管理

施肥管理：一般在春夏植物生长旺盛之际，每月施肥 1 次，有机肥和复合肥交替使用。

间苗：大多数的种子出齐后，需要适当地间苗，把有病的、生长不健康的幼苗拔掉，使留下的幼苗相互保留一定的空间。当大部分的幼苗长出了 3 片或 3 片以上的叶子后就可以移栽[1]。

（三）病虫害

该种植物抗性强，病虫害稀少。

四、采收加工

秋季果实成熟时采收果实，鲜用或晒干研末备用；根一般秋冬季采挖，鲜用或晒干，浸润透心，切片备用。

五、生药特征

果实为核果，绿色，卵圆状，长 2.5 ～ 4 cm，直径约 2.5 cm，顶端尖。根呈长条圆柱形，稍弯曲，长 30 ～ 60 cm，直径 0.6 ～ 2 cm；表面灰褐色，稍粗糙，有纵皱纹及微凸起的点状须根痕。质坚硬，不易折断，切断面皮部灰褐色，木部占大部分，浅黄棕色，结密，略显放射状纹；气微香，味微辛苦。

六、化学成分研究

其花含精油，其主要化学组成为：2 - 甲基丙酸乙酯（6.01%）、丁酸丁酯（22.24%）、丁酸乙酯（4.15%）、2 - 甲基丁酸乙酯（3.66%）、2 - 甲基丙酸丙酯（1.68%）、2 - 甲基丙酸 - 2 - 甲基丙酯（26.89%）、3 - 甲基 - 2 - 丁烯酸乙酯（1.66%）、异丁酸丁酯（4.75%）、己酸乙酯（7.26%）、2 - 甲基丁酸 - 2 - 甲基丙酯（4.09%）、2 - 甲基丙酸 - 2 - 甲基丁酯（1.24%）、3，3 - 二甲基丙烯酸叔丁酯（1.11%）等[2]。

根中含有鹰爪甲素、鹰爪乙素、鹰爪丙素、epi-yingzhaosu C、humulene diepoxide A、kobusone、caryophyllene oxide、spathulenol 等成分。

鹰爪花叶所含挥发油主要为大根香叶烯 D、榄香醇、α - 石竹烯、α - 毕澄茄烯、芳樟醇等[3]。

部分化合物结构式如下：

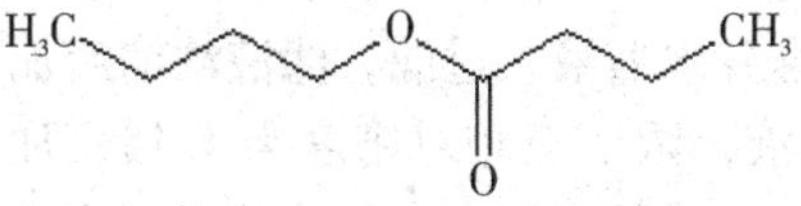

丁酸丁酯

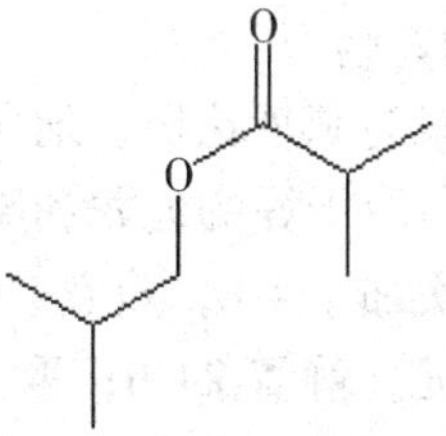

2-甲基丙酸-2-甲基丙酯

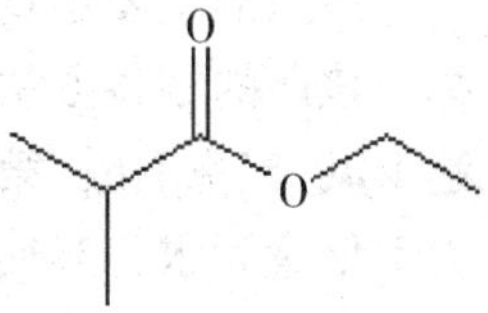

2-甲基丙酸乙酯

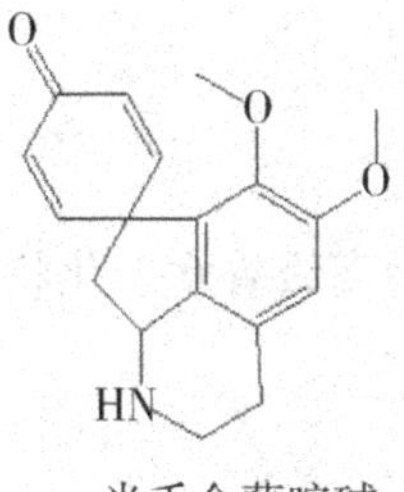

光千金藤啶碱

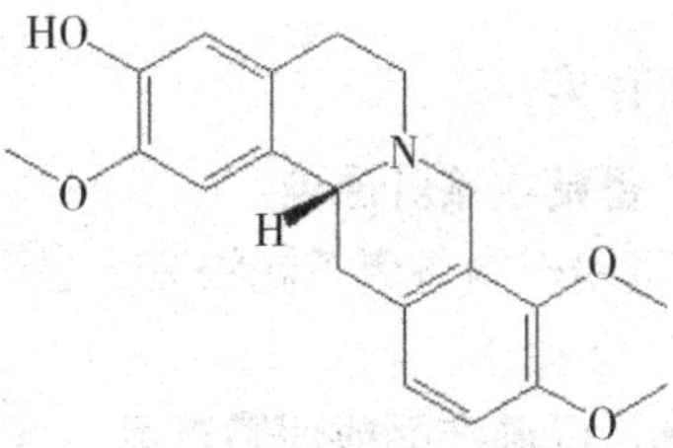

四氢药根碱

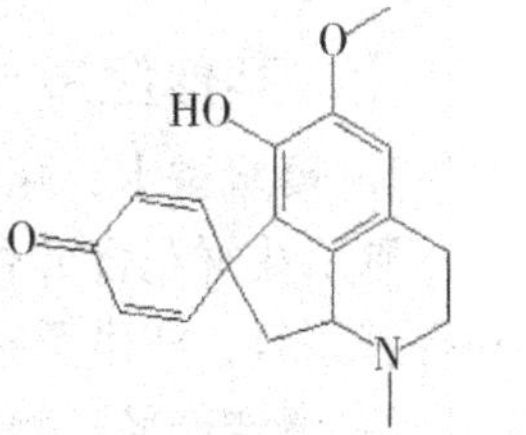

奥可梯木种碱

七、现代药理研究

主要药理作用如下：

（1）抗肿瘤作用：鹰爪花乙醚萃取物对 4 种肿瘤细胞（肺癌细胞 SPCA-1、胃癌细胞 SGC-7901、白血病细胞 K562 和肝癌细胞 BEL-7402）增殖有较强的体外抑制活性；叶中挥发油也有类似的作用[3]。

（2）抗菌作用：鹰爪花的氯仿、甲醇和水提取部位对大肠杆菌、伤寒杆菌、金黄色葡萄球菌、假单胞菌、白色念珠菌和曲霉属真菌均具有较好的活性。

（3）抗疟作用：该种植物含倍半萜类化合物鹰爪甲素，其对鼠疟原虫有较强抑制作用[4]。

八、传统功效、民间与临床应用

鹰爪花根可入药，治疟疾。其果实微苦、涩，性凉。用于清热解毒，治疗瘰疬；捣烂贴患处，可治头颈部淋巴结核。

九、药物制剂与产品开发

1. 鹰爪花挥发油微胶囊[5]

其成分如下：鹰爪花挥发油、壳聚糖、海藻酸钠水溶液、单甘酯、稳定剂（聚二甲基二烯丙基氯化铵或聚丙烯酰胺）。先制备鹰爪花挥发油乳液，再将其离心、洗涤沉淀，于 −50 ℃下冷冻干燥后即得鹰爪花挥发油微胶囊。其功效为抗菌、杀菌。

2. 一种治疗瘢痕的药物[6]

该药的主要制备原料为鹰爪花根、地龙、对羟基苯甲酸乙酯、羊毛脂和凡士林。该药的制备方法为：取干燥的地龙和鹰爪花根各 500 g，第一次加 11 L 水浸泡 1 h，煎煮 1 h；第二次加水 4 L，煎煮 1 h；合并水煎液，过滤，滤液浓缩后加入 1 倍量无水乙醇使沉淀，静置 24 h；取上清液，浓缩至相对密度为 1.15，加入对羟基苯甲酸乙酯、羊毛脂与凡士林，混匀，制成软膏剂 20 g。该药对瘢痕具有较好的治疗效果。

十、其他应用与产品开发

1. 高级香水、化妆品、香精或茶叶原料

鹰爪花鲜花含芳香油，可用于制备鹰爪花浸膏，也可作为高级香水、化妆品和香精原料，亦供熏茶用。

2. 清洁产品、爽肤产品、保湿产品或面膜产品

鹰爪花提取物的组合物可保护皮肤细胞免受自由基和活性氧物质所致的氧化

性损伤，还可抑制皮肤细胞中的 MMP-1 和脂加氧酶活性。其可用于消除皮肤细纹或皱纹，增加皮肤紧致度；用于红斑皮肤、敏感性皮肤和发炎皮肤，还可用于干性、脱皮或瘙痒皮肤及不均匀肤色皮肤；可减少老年斑、雀斑；可用作清洁产品、爽肤产品、保湿产品等。

参考文献

［1］孙光闻. 鹰爪花［J］. 花木盆景（花卉园艺），2006（11）：3.

［2］周戚，赵婷，吴寿远，等. 鹰爪花中生物碱类成分研究［J］. 热带亚热带植物学报，2018，26（2）：191－196.

［3］王燕，陈文豪，陈光英，等. 鹰爪花挥发油 GC－MS 分析及抗肿瘤活性研究［J］. 中国实验方剂学杂志，2013，19（17）：100－103.

［4］杨叶鹏，代勇. 鹰爪花属植物生物活性及应用现状［J］. 亚太传统医药，2018，14（4）：91－93.

［5］刘东峰，杨成东. 一种鹰爪花挥发油微胶囊的制备方法及其应用：CN 104940254 A［P］. 2015－05－26.

［6］黄敬文，季顺欣，张金良，等. 一种由地龙制成的治疗瘢痕的药物及其制法与质检方法：CN 105687267 A［P］. 2016－06－22.

依　兰

一、来源及产地

番荔枝科植物依兰 *Cananga odorata* （Lamk.） Hook. f. & Thomson，又名依兰香、香水树、加拿楷、夷兰。原产于马来西亚、印度尼西亚、菲律宾、缅甸等地，现广泛分布于世界各热带地区。中国广东、福建、广西、四川、云南和台湾等省区有种植。

二、植物形态特征

该植物为常绿大乔木。幼枝条被短柔毛，老时无毛，有小皮孔。叶大，膜质至薄，纸质，卵状长圆形或长椭圆形，长 10～23 cm，宽 4～14 cm，先端渐尖至急尖，基部圆形；叶面无毛，叶背仅在脉上被疏短柔毛；侧脉 9～12 对，正面扁平，背面凸起；叶柄长 1～1.5 cm。伞房花序生于叶腋内或叶腋外，有花 2～5 朵；花大，长约 8 cm，黄绿色，芳香，倒垂；总花梗和具鳞片状苞片的小花梗均被短柔毛；萼片卵圆形，两面被短柔毛。内外轮花瓣近等大，线形或线状披针形，长 5～8 cm，宽 8～16 mm，初时两面被短柔毛，老渐几无毛；雄蕊花药被短柔毛；心皮 10～12 枚，长圆形，初被疏微毛，老渐无毛，柱头近头状羽裂。总果柄长 7 cm，果近圆球状或卵状，直径约 1 cm，黑色。花期 4—8 月，果期 12 月至次年 3 月。

三、种植技术要点

（一）场地选择

1. 种植场地的选择

依兰为热带木本植物，广泛分布于热带地区，较适宜热带季风气候，主要种植于中国的云南景洪和勐腊地区，广东江门、新会、恩平和鹤城地区也有引种。

2. 空气和土壤

依兰喜温暖湿润环境，适宜在月平均气温为 18～34 ℃、年平均降雨量为 1000～2000 mm 的低海拔地区种植，喜火山灰冲积土或盆地冲积土。

（二）繁殖和种植技术

1. 育苗技术

目前常用的繁殖技术主要为播种繁殖。播种前，先用 0.2% 高锰酸钾溶液浸泡 2 h，取出种子，密封消毒 30 min，清洗干净后再浸泡 12 h；取出种子，用 50 ℃ 温水浸泡种子，待水冷却至室温后换水，重复 3 次。次年 3 月份播种，2 个月后种子发芽，发芽率可达 80% 以上[1-2]。

2. 种植定植技术

当苗高 8～10 cm 时，用 14 cm×7 cm 营养袋移苗，基质为黄心土和火烧土，二者比例为 4∶1。采用穴状整地，规格为 40 cm×40 cm×40 cm，株行距为 6 m×6 m，5 月造林。

3. 幼苗及成年植株管理

（1）幼苗管理。

定植后每年雨季前后除草，同时每株施复合肥 250 g。冬季注意防寒，次年 2 月，气温回升后，对地上部分死亡的依兰采取截干措施，十几天后主干基部能重发新枝条，并恢复生长。

（2）成年植株管理。

成年植株具有一定抗寒能力，且树龄越长，其抗寒力越强，但对温度骤降天气无抵抗能力；为促进花枝的生长，需对依兰进行矮化处理。

（三）病虫害防治

依兰树叶易受毛虫、蚜虫、天蛾、毒蛾类危害，发现时可在采花后及时用 500 倍的 50% 敌百虫或 800～1000 倍的 50% 敌畏乳剂喷雾杀灭。

四、采收加工

依兰在不同花期的精油含量差别较大。宜在盛花期采收，此时花中总酯含量为 19.7%，倍半萜含量为 70.4%[2]。依兰精油主要是从成熟依兰花朵中提取。

五、生药特征

依兰花长约 8 cm，黄绿色，芳香，倒垂。总花梗长 2～5 mm，被短柔毛；小花梗长 1～4 cm，有鳞片状苞片，被短柔毛。萼片卵圆形，外反，绿色，两面被短柔毛。内外轮花瓣近等大，线形或线状披针形，长 5～8 cm，宽 8～16 mm，初时两面被短柔毛，老渐几无毛。雄蕊花药线状倒披针形，基部窄，上部宽，长 0.7～1 mm，药隔顶端尖，被短柔毛；心皮 10～12 个，长圆形，初被疏微毛，老渐无毛，柱头近头状羽裂。

六、化学成分研究

依兰花含有精油，其主要化学组成为芳樟醇（29.20%）、乙酸苯甲酯

（24.14%）、苯甲酸苯甲酯（20.45%）、乙酸香叶酯（6.08%）、苯甲酸甲酯（2.70%）、γ－杜松烯（2.69%）、对甲氧基甲苯（2.05%）、苯甲醇（1.90%）、异丁香酚（1.54%）等。

部分化合物结构式如下：

乙酸苯甲酯　　　　　　　　　苯甲酸苯甲酯

七、现代药理研究

依兰提取物具有抗氧化、抗忧郁、抗菌、催情、降低血压和镇静等药理作用。

八、传统功效、民间与临床应用

目前还无药用的文献记载，作为观赏和香料植物，依兰花香气浓郁，可提取高级香精油，称依兰油，广泛用于调配多种化妆品原料。

九、药物制剂与产品开发

目前无有关制剂上市。

十、其他应用与产品开发

1. 天然依兰香水[3]

其配料如下：依兰精油 0.6 份、撷草精油 0.3 份、薰衣草精油 0.3 份，檀香精油 0.16 份、乳香精油 0.12 份、迷迭香精油 0.06 份、抗氧化剂 0.08 份、90%的乙醇 105 份。按照制作香水的方法得到天然依兰香水。该香水香气可令人放松和舒缓，还具有镇静、减轻忧郁不安和抗焦虑，促进入睡、提高睡眠质量，达到改善睡眠的效果。

2. 依兰精油洁肤皂[4]

其配料如下：依兰精油、皂基、甘油、蔗糖、茉莉纯露、乳木果油、双－1，6－亚己基三胶五亚甲基膦酸、甜橙精油、花梨木精油、莲花、金银花、五加皮和溶剂。按照香皂的制作方法可得到依兰精油洁肤皂；其具有较小的刺激性，十分适合紧张疲芳时使用，能够对肌肤起到合缓的良好效果。

3. 美白护肤乳液[5]

其配料如下：依兰精油、甘油酯、异丁烷、霍霍巴油、聚甘油、芦荟油、米糠油、瓜尔胶、葡聚糖酶、珍珠粉、红没药醇、明矾粉末、苹果酸、碘丙炔醇丁基氨甲酸酯、对羟基苯甲酸丙脂、多肽、百里香精油、当归提取物、佛手瓜提取物、松树皮提取物、磺化丁二酸酯、季戊四醇四异硬脂酸酯、甲基葡萄糖异硬脂酸酯、鲸蜡硬脂基葡糖苷、聚醚季铵化聚硅氧烷、咪唑烷基脲、去离子水。按照乳剂的制作方法可得到美白护肤乳液。其可美白，对皮肤无刺激，使用后皮肤弹性好，护肤美容效果佳。

4. 依兰护肤复合精油[6]

其配料如下：依兰精油，丝柏精油，防腐剂（芝麻秦和纳他霉素）。制备方法如下：各精油与防腐剂混合均匀即可。其可平衡皮肤油脂分泌，保湿，改善油性及干燥老化皮肤。

5. 依兰透明香波[7]

其配料如下：依兰精油 11 份、十二烷基硫酸钠（30%）15 份、月桂基聚氧乙烯醚硫酸钠 8 份、月桂酸二乙醇酰胺 5 份、柠檬酸 0.1 份、EDTA 二钠 0.1 份、氯化钠 1 份、香精适量、防腐剂适量、去离子水 100 份。按照洗发剂的制作方法可得到依兰透明香波。其对皮肤无刺激，使用后明显感到舒适、清爽、无油腻感，可使头发清洁滋养、柔顺莹亮。

6. 其他化妆品

如依兰香薰油、依兰香调淡香水、依兰香护手霜等。

参考文献

[1] 蔡静如，蔡燕灵，何波祥，等. 依兰香引种种植试验初报 [J]. 广东林业科技，2012，28（5）：9 – 15.

[2] 丁靖凯，易元芬，吴玉，等. 不同品种、不同花期的依兰花精油成分研究 [J]. 云南植物研究，1988（3）：331 – 334.

[3] 王成祥，陈广胜，宋体妹. 一种天然依兰香水：CN 109288732 A [P]. 2019 – 02 – 01.

[4] 夏安娜. 一种舒缓紧张依兰精油洁肤皂：CN 107653106 A [P]. 2018 – 02 – 02.

[5] 不公告发明人. 一种含有依兰精油的美白护肤乳液：CN 106361677 A [P]. 2017 – 02 – 01.

[6] 王斐芬. 依兰复合精油：CN 103585055 A [P]. 2014 – 02 – 19.

[7] 周晓浩. 依兰透明香波：CN 106137802 [P]. 2016 – 11 – 23.

茉莉花

一、来源及产地

木樨科植物茉莉花 *Jasminum sambac* （Linnaeus）Aiton，原产于波斯湾附近的印度、伊朗南部，以及中国西部。现中国广东、海南、广西、云南、福建、台湾等省区均有种植。

二、植物形态特征

该植物为直立或近攀缘状灌木。小枝圆柱形或稍压扁状，有时中空，幼枝常被柔毛。单叶，对生，纸质，先端急尖或钝而具有小凸尖，侧脉 4～6 对，背面凸起，细脉在两面常明显，微凸起，两面被稀疏柔毛或无毛；叶柄具关节。聚伞花序顶生，通常由花 3～5 朵花组成；总花梗被短柔毛，长 1～4.5 cm；微小苞片锥形，小花梗粗壮，被柔毛；花极芳香，常重瓣；花萼无毛或疏被短柔毛，裂片线形，长 5～7 mm；花冠白色，花冠管长 0.7～1.5 cm，裂片长圆形至近圆形，先端钝形。果球形，直径约 1 cm，呈紫黑色。花期 5—8 月，果期 7—9 月。

三、种植技术要点

（一）场地选择

1. 种植场地的选择

茉莉花为亚热带植物，喜温热湿润气候，适宜炎热潮湿、通风透气环境。宜选择土壤肥沃疏松、排灌方便、阳光充足的缓坡或平地作为种植地。生长期需要月降雨量 250～270 mm，不耐低温，不抗旱，忌积水；适宜种植温度为 25～35 ℃[1-2]。

2. 空气和土壤

茉莉花整个生长期需充分的水分和湿润气候，空气相对湿度在 80%～90% 较为适宜；喜肥沃的沙质和半砂质土壤，pH 在 6.0～6.5 较为适宜。

（二）繁殖和种植技术

1. 育苗技术

茉莉花目前常用的繁殖技术主要为播种繁殖、扦插繁殖、压条繁殖和分株繁殖。播种繁殖时，于秋冬季果实成熟后，采集种子晒干后去壳，贮存待次年春天播种；发芽和生长较为容易，无须特殊管理。扦插时，于每年 4—10 月，选取成熟的 1 年生枝条，剪成带有 2 个节以上的抽穗，剪去下部叶片；扦插前对土地深翻 35～45 cm，施腐熟农家肥，每亩施 1000～2000 kg；插在泥沙各半的插床，覆盖塑料薄膜，保持较高的空气湿度；40～60 天生根，注意插穗时随剪随用，不可存放过久；扦插后 20～30 天内，每天在叶片上喷淋浇水 2～3 次。压条繁殖时，选取较长的枝条，在节下部轻轻刻伤，埋入盛有泥沙的小盆，经常保持土壤湿润；20～30 天开始生根，2 个月后即可与母株割离成苗。分株繁殖时，选择发育良好、长势旺盛、枝条多 2 年生以上的茉莉母树，结合修剪和换盆，将植株根部劈开，每株分 5 个枝条，移栽在疏松肥沃的土壤中，缓苗 15 天左右进行正常管理[3-4]。

2. 种植定植技术

扦插次年的清明、雨水期间进行定植。定植穴加入一定量的营养土，扦插 3～4 个月后，待茉莉根系发达，苗高 40～50 cm 时，移栽定植，浇足定根水，无须遮阴即可；15 天后清除病苗和死苗，补种新苗。移栽定植第一年，可在茉莉花苗行间套种花生或大豆；待花生、大豆采收后，可将花生藤或大豆杆打碎埋入茉莉花根部附近，增加固氮菌。

3. 幼苗及成年植株管理

（1）幼苗管理。

选择土壤肥沃疏松、排灌方便的平地作为育苗地，可在育苗地建立大棚，幼苗移栽后，宜进行整枝疏叶，培养丰产树型，修剪工作须在茉莉萌发前结束。苗高 0.7～1.0 m 时开始打顶，促发侧枝，保持土壤含水量在 60%～70% 为宜。

（2）成年植株管理。

除草喷淋：宜经常浅耕松土除草，每年中耕除草 6～8 次；宜常保持土壤湿润，特别是枝繁叶茂时，采花期应保持 60%～80% 的含水量。

施肥：茉莉花新梢萌发时，每亩施 1 次 50% 的稀薄人畜肥 1500 kg，加尿素 4 kg。夏季修剪后，每亩施农家肥 500～1000 kg、尿素 15～20 kg、过磷酸钙 35～50 kg、复合肥 25 kg。孕蕾期每亩用 50 g 磷酸二氢钾、150 g 尿素兑水 40 kg，进行叶苗喷施；秋花末期，10～15 天施 1 次。

整形修剪：生长 6 年以上者，立夏后至小满前，应剪除第一次出现的花蕾和带叶嫩枝，每个花期采摘结束后，都需进行 1 次短截，6—7 月上旬每期花采后，均保留 2 对叶修剪[4-5]。

安全越冬处理：冬季需在 5 ℃以上的环境才能安全越冬，夜间最低温度保持在 12～14 ℃为宜，白天最高温度保持在 18～20 ℃为宜；注意适当通风。

(三) 病虫害防治

1. 病害

茉莉花的主要病害为白绢病、枯枝病和黑点病等。发现病株应及时拔除烧毁，用40%菌核净或25%施保克500～800倍液灌根防治，其中白绢病还可通过施用包括木霉菌剂和伴侣型菌肥防治。此外可采取高畦种植，合理密植，及时中耕除草、修剪枝条，以保证植株间的通风和透光性。

2. 虫害

茉莉花的主要虫害包括介壳虫、红蜘蛛和蓟马花心虫等。可用40%乐果乳剂1500～2000倍液喷洒，每7～10天复喷1次，也可用万能粉或杀灭菊酯200倍液进行喷洒，每半个月喷洒1次。喷药宜在下午采花结束后进行，中午烈日不宜喷洒。此外，当虫害发生时，可在黄昏时进行熏烟，驱赶成虫产卵[5-6]。

四、采收加工

1. 采收

选择纯净饱满、含苞欲放、当晚能开放吐香的鲜蕾采摘。茉莉花挥发油含量在4—6月期间较低，8月份含量最高；此外，不同产地的花期不同，可根据其花期进行采收。

2. 加工

采收后的茉莉花应用通风透气的竹篓或尼龙网袋盛装，储藏在阴凉处，避免阳光照晒。茉莉花清香四溢，为制造香精的重要原料，可通过水蒸气蒸馏法、同时蒸馏萃取法、亚临界萃取法和超临界萃取法提取茉莉精油，也可直接将其用于熏制茶叶；另外茉莉花叶和根可入药。

五、生药特征

叶多呈卷曲皱缩状，薄膜质，展平后呈圆形、椭圆形、卵状椭圆形或倒卵形，长4～12 cm，宽2～7 cm，两端较钝，背面脉下有黄色簇生毛；叶柄短，长2～6 mm，有柔毛；气微香，味微涩。花多呈缩团状，长1.5～2 cm，宽约1 cm；花萼管状，裂片线形，长8～10 mm；花瓣展平后呈椭圆形，长约1 cm，宽约5 mm，黄棕色至棕褐色，表面光滑无毛，基部联合成管状；质脆；气芳香，味涩。以色黄白、朵大、气香浓者为佳。花露为无色至浅黄色液体，气芳香，味淡。

六、化学成分研究

茉莉精油中含量较高的成分有：苯甲酸顺﹣3﹣乙烯酯、芳梓醇、石竹烯、乙酸苯甲酯、苯甲醇、3﹣二十三烯、吲哚、乙酸顺﹣3﹣乙烯酯、苯甲酸甲酯。

具有茉莉型香气特征的主要成分有：乙酸苯甲酯、茉莉酮和茉莉内酯。具有茉莉清香的组分有：乙酸顺－3－乙烯酯、顺－3－乙烯醇、苯甲醇、苯甲酸顺－3－乙烯酯。茉莉中其他类化学成分有：脂肪类，如正二十六烷酸、正三十二烷醇、正三十烷酸、三十二烷酸、正三十烷酸；糖苷类，如茉莉花花蕾含苄基－O－β－D－葡萄吡喃糖苷、苄基－O－β－吡喃糖基（1－6）－β－D－葡萄吡喃糖苷等化合物；黄酮类，如槲皮苷、异槲皮苷、芦丁、槲皮素－3－双鼠李糖等；萜类成分有蒎烯、香叶烯、柠檬烯、萜烯、罗勒烯；生物碱类成分有新烟碱。

部分化合物结构式如下：

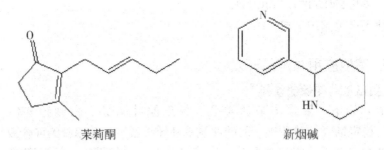

茉莉酮　　　　　　　　　　　　新烟碱

七、现代药理研究

（1）抗菌作用：茉莉叶和花提取物可抑制部分革兰氏阴性菌、革兰氏阳性菌、结核分枝杆菌和真菌的活性。

（2）抗氧化作用：茉莉叶的不同提取部位（石油醚、乙酸乙酯、正丁醇以及水）对 DPPH·和 ABTS$^+$·均具有清除能力，其中石油醚部位清除氧阴离子自由基的能力最强。

（3）促进伤口愈合：茉莉叶乙醇提取物含有黄酮、三萜类及鞣质等成分，具有收敛性、抗菌和清除自由基的作用，可使早期伤口收缩快、上皮化时间缩短、伤口断裂强度增加、胶原蛋白浓度增加，从而有明显的伤口愈合作用。

（4）镇痛作用：茉莉叶石油醚提取物具有外周和中枢镇痛活性。

（5）对胃肠道作用：茉莉叶水提物对家兔离体十二指肠平滑肌的平均张力和振幅，以及小鼠小肠的推进运动有抑制作用。

（6）抗炎作用：茉莉叶石油醚提取物对角叉菜胶诱导的小鼠足部水肿有明显的抑制作用。

（7）免疫促进作用：茉莉花茶浸出液、茉莉花脱脑油具有一定的免疫促进效应。

（8）镇静催眠、戒毒作用：茉莉花根具有镇静和催眠的作用。茉莉花根石油醚、氯仿、丙酮提取物对小鼠催瘾后戒断反应有非常好的治疗作用[7-8]。

八、传统功效、民间与临床应用

茉莉鲜花中含有挥发油，其叶、花、根可入药。花性味辛、甘，性凉；主治下痢腹痛、结膜炎、疮毒，用于感冒发热、腹胀腹泻、目赤肿痛、迎风流泪、龋齿、失眠、头顶痛、跌打损伤、骨折疼痛、高血压。根苦，温，有毒，可镇痛、麻醉。茉莉也具有调和子宫的功能，可以治疗痛经和经期子宫痉挛等症，亦可用于改善某些男性病症及增强男性功能。

九、药物制剂与产品开发

目前无有关制剂上市。

十、其他应用与产品开发

1. 黄瓜茉莉花保健饮料[9]

其成分如下：茉莉花茶汁40%、黄瓜原汁25%、白砂糖9%、柠檬酸0.15%、稳定剂（海藻酸钠、耐酸性羧甲基纤维素钠、黄原胶的混合液）。

制备方法如下：将黄瓜原汁、茉莉花茶汁、白砂糖液、柠檬酸液、稳定剂液、维生素C溶液加入配料罐中，加水定容、混合均匀后过滤；真空脱气、均质机均质、135 ℃杀菌10 s、灌装封盖、喷淋冷却。其口感清爽、营养丰富，具有黄瓜和茉莉花茶混合的特殊滋味与香气。

2. 香芋复合饮料[10]

其成分如下：干茉莉花、香芋、蜂蜜、柠檬汁、粳米、枸杞子、牛奶、水。按照饮料的制备方法得到香芋复合饮料。其具有茉莉花和牛奶的清香和乳香，口感细腻，为淡乳黄色液体。

3. 保健食品

（1）以茉莉花为原料制成各种食品：如茉莉花茶、茉莉花粥、茉莉玫瑰粥、茉莉虾仁、茉莉海参、茉莉仔鸽、茉莉菊鸡、茉莉花烩海参、茉莉花琵琶豆腐、茉莉花烤膳片、茉莉花牛尾、番茄茉莉腰花等。

（2）鲜茉莉花可熏制茶叶，也可用于烹调饮食中，它芳香四溢，美化食品，唤人食欲，令人喜爱。食之能清热明目，可防治高血压。

4. 化妆品

如茉莉花纯露、茉莉花香水、茉莉花瓣水嫩冻膜、茉莉花瓣精华水、茉莉花精华油、茉莉花柔嫩焕肤面膜、茉莉花汁晶冻面膜、茉莉花面膜等。

5. 其他

茉莉鲜花中含有挥发油，从茉莉花中提取的茉莉浸膏有强烈的茉莉花香味，是香料工业调制茉莉型香料的主要原料，也可用于优质香皂等日用化学工业的生产，以及作为医药工业的原料。

参考文献

[1] 吴峰，韦玉全，黄昌社，等. 有机茉莉花的种植技术示范分析［J］. 广西农学报，2018，33（5）：52－54.

[2] 陈少萍. 茉莉种植与病虫害防治［J］. 中国花卉园艺，2019（2）：22－24.

[3] 刘琼英，杨子威，杨志刚，等. 茉莉花白绢病发生特点与防治措施［J］. 植物医生，2016，29（5）：42－44.

[4] 梁丹，陈丽玫，龚月嫔，等. 广西横县茉莉花挥发油积累动态的研究［J］. 江西中医药，2016，47（6）：69－70.

[5] 侯彦林，黄梅，贾书刚，等. 茉莉花种植适宜生境及高产产区研究［J］. 吉林农业大学学报，2022（2）：1－6.

[6] 徐晓俞，李爱萍，郑开斌，等. 茉莉花香气成分及其加工应用研究进展［J］. 中国农学通报，2017，33（34）：159－164.

[7] 吕龙祥，黄锁义. 茉莉花研究的新进展［J］. 化学世界，2013，54（12）：751－753.

[8] 詹源菲，侯小涛，林翠英，等. 茉莉叶化学成分、药理作用及应用研究进展［J］. 辽宁中医药大学学报，2023，25（4）：189－194.

[9] 赵爱萍，樊颜丽. 黄瓜茉莉花茶保健饮料的研制［J］. 保鲜与加工，2015，15（4）：55－58.

[10] 田方，倪穗，孙志栋，等. 香芋复合饮料的研制［J］. 中国蔬菜，2013（24）：57－64.

肉豆蔻

一、来源及产地

肉豆蔻科植物肉豆蔻 *Myristica fragrans* Houtt，又名肉蔻、玉果、顶头肉。原产于马鲁古群岛，今格林纳达、印度尼西亚均有大量种植。中国海南、台湾、云南等地区有引种；亚洲热带地区其他国家也有引种。

二、植物形态特征

该植物为常绿乔木。幼枝细长；常有香味，茎有黄色汁液。叶近革质，互生；椭圆状披针形或长圆状披针形，长 5 ～ 15 cm，革质，先端尾状，基部急尖，两面无毛，全缘，叶脉红棕色；侧脉 8 ～ 10 对。花雌雄异株。雄花总状花序，小花 3 ～ 20 朵，疏生，黄白色，下垂；无毛，小花长 4 ～ 5 mm；花被裂片 3 ～ 4 片，三角状卵形，外面密被灰褐色绒毛。雌花序较雄花序为长，总梗粗壮，小花疏生，1 ～ 2 朵，黄白色，花被裂片 3 片，外面密被微绒毛，花梗长于雄花。小苞片着生在花被基部，脱落后残存常为环形的疤痕；子房外面密被锈色绒毛，柱头先端 2 裂。果单生，具短柄，有时具残存的花被片，淡红色或黄色，成熟后纵裂成 2 瓣，显出绯红色假种皮，至基部撕裂。种子的种皮红褐色，木质。果期 6—8 月。

三、种植技术要点

（一）场地选择

肉豆蔻喜热带海岛性气候，宜选择静风或背风环境种植，以阳光充足、土质疏松肥沃、排水良好的中性或偏酸性沙壤土地块为宜。

（二）繁殖、定植技术和管理

1. 育苗技术

肉豆蔻目前常用的繁殖技术主要为种子繁殖和压条繁殖。种子繁殖方面，全遮阴条件下发芽率达 87.5% 以上，半成熟和不成熟的肉豆蔻种子发芽率极低。肉豆蔻种子不耐贮藏，采收的新鲜种子应放置在通风的室内。随着贮藏时间的延长，种子含水量、生活力和发芽率急剧下降，宜收集高产优良肉豆蔻母树上全成熟、饱满粒大的种子，随采随播。播种前将种子清洗干净，晾干表面水分再进行播种；用干净细河沙作育苗床，播种株行距为 5 cm×5 cm，覆土以不见种子为度；苗床保持荫蔽、湿润，地温保持在 27 ～ 30 ℃，30 天后出芽。压条方面，每年 4—5 月，选取直径为 0.8 ～ 2.0 cm 的无病害硬枝条或半硬枝条，以 0.005% 的 α - 萘乙酸涂抹切口，60 ～ 80 天生根，4 个月后可剪取假植或定植[1-3]。

2. 定植技术

以每年 3—4 月或 8—9 月定植为宜，实生苗每穴定植 2 株，雌株、雄株和两性株的比例为 55∶40∶5。压条苗每穴定植 1 株，雌株和雄株的比例 10∶1 ～12∶1 为宜。

3. 幼苗及成年植株管理

（1）幼苗管理。

育苗土宜选择充分腐熟、富含腐殖质、无病原菌的营养土，做好遮阴、防寒工作，避免强光暴晒；宽行宜间作毛豆、牧豆、猪屎豆或灌木状的蒿秆绿肥、香蕉等。幼苗期注意保证树盘土壤疏松、无杂草，可用稻草、秸秆等覆盖树盘，厚度 5 ～ 10 cm。幼苗期以氮肥为主，配合少量磷肥和钾肥，应做到勤施薄施，冬季可增施有机肥和钾肥，待苗高 25 ～ 30 cm、茎粗 0.3 cm 时进行出圃定植[4]。

（2）成年植株管理。

幼苗定植后 3 ～ 4 年进行扩穴改土，在原植穴旁挖 50 cm 深、50 cm 宽的沟穴，每株每年施 50 ～ 100 kg 绿肥和 0.5 kg 过磷酸钙，表面覆土。每年 3—4 月追肥，每亩施尿素 20 ～ 25 kg、过磷酸钙 20 kg、氯化钾 15 kg，7—8 月旺盛生长季节，每亩施厩肥 1000 kg、复合肥 30 kg，10 月果实大量成熟前 15 天，每亩施尿素 20 kg、钾肥 25 kg；冬末春初，每亩施有机肥 1000 kg、磷肥 20 kg。及时对植株进行修枝整形，有条件的种植地周围宜造防护林，并用绳子、支柱固定植株，以减轻风害损失；同时应适当修剪过密枝条，以保持通风透光。风害倒伏树、倾斜树应及时扶正并培土，修剪 1/3 枝条，成活率可达 57.7%。中心干保留 2 条，待生长二轮枝梢时再进行第二次打顶，促进矮化[4-5]。

肉豆蔻开花结果前 3 年，通过自然授粉其坐果率较低，且果实偏小；有条件的应进行人工授粉，提高坐果率。人工授粉宜选择晴天上午 11：00 前进行。结果期间，要及时将授粉不良、形状不佳和有病虫害的果实摘除。

（三）病虫害防治

1. 病害

肉豆蔻高温季节易发生炭疽病，可用 80% 炭疽福美可湿性粉剂 500 倍液，70% 甲基托布津可湿性粉剂 500 倍液或 0.5% 石灰倍量式波尔多液喷洒防治，每 7 ～ 10 天喷洒 1 次，连续喷洒 2 ～ 3 次。

2. 虫害

肉豆蔻在高温高湿季节易受介壳虫危害，可用灭百可 1∶1000 倍液。10% 吡虫啉可湿性粉剂 3000 倍液或 20% 好年冬乳油 2000 倍液喷雾防治[5]。

四、采收加工

1. 采收

肉豆蔻果实采收季节包括 5—7 月和 10—12 月，其他月份也有零星果实成熟。

2. 加工

将采摘的成熟肉豆蔻果实纵切为 2 瓣，种仁（肉豆蔻）及假种皮（肉豆蔻衣）作为药材用，将果肉加工成果脯或蜜饯。此外还能将种仁、假种皮和叶片加工成天然香料（精油）[4-5]。

五、生药特征

肉豆蔻种子呈卵圆形或椭圆形，长 2～3.5 cm，直径 1.5～2.5 cm，表面灰棕色或灰黄色，有时外被白粉（石灰粉末），有浅色纵行沟纹及不规则网状沟纹。种脐位于宽端，呈浅色圆形突起，合点部位呈暗色凹陷；种脊呈纵沟状，连接两端。质坚，难破碎，碎断面可见棕黄色或暗棕色的大理石状花纹状外胚乳向内伸入，与白色内胚乳交错；纵切时可见宽端有小型腔隙，可见干燥皱缩的胚，子叶卷曲，富油性。气芳香浓烈，味辛辣、微苦。

六、化学成分研究

肉豆蔻种子含精油 5%～15%，主要化学成分为：莰烯（60%～80%）、肉豆蔻醚（4.00%），还含桉叶醇、异丁香醇、甲基丁香酚、甲氧基丁香酚、甲氧基异丁香酚、黄樟油素、榄香脂素等。

肉豆蔻花含精油，主要化学成分为：α - 侧柏烯、α - 蒎烯（27.63%）、桧烯（26.84%）、β - 蒎烯（15.52%）、β - 月桂烯、莳烯 - 2、4 - 松油醇、黄樟油素、肉豆蔻醚（7.39%）等。

肉豆蔻其他化学成分还有香草酸、紫铆因、(2R) - 3 - (3', 4', 5' - 三甲基苯基) - 1, 2 - 丙二醇、硫黄菊素、3 - 甲氧基 - 4, 5 - 亚甲二氧基肉桂酸、7, 3', 4' - 三羟基黄酮、7 - 羟基色原酮、verrucosin、(+) - 赤 - (7S, 8R) - Δ8' - 7 - 羟基 - 3, 4, 3', 5' - 四甲氧基 - 8 - 氧代 - 4' - 新木脂素、(-) - 赤 - (7R, 8S) - Δ8' - 7 - 乙酰基 - 3, 4, 3', 5' - 四甲氧基 - 8 - 氧代 - 4' - 新木脂素、(-) - (7S, 7'R, 8S, 8'R) - 4, 4' - 二羟基 - 3, 5, 3' - 三甲氧基 - 7, 7' - 环氧木脂素、fragransin B3、fragransin B1、(-) - enantiomer、(-) - 赤 - (7R,

8S）－Δ8'－7－羟基－3，4，5，3'，5'－五甲氧基－8－氧代－4'－新木脂素、（＋）－赤－（7S，8R）－Δ8'－7，4－二羟基－3，5，3'，5'－四甲氧基－8－氧代－4'－新木脂素、（＋）－5－甲氧基脱氢二异丁香酚等。

部分化合物结构式如下：

肉豆蔻醚   紫铆因   硫磺菊素

7，3'，4'－三羟基黄酮   verrucosin

七、现代药理研究

（1）壮阳作用：肉豆蔻中丁香油酚发挥了壮阳作用，因为丁香油酚具有舒张血管和松弛平滑肌的作用。

（2）防龋齿：肉豆蔻提取物中的肉豆蔻衣木脂素对变异链球菌具有很强的抑制作用。

（3）抗癫痫：肉豆蔻所含的松油醇对大鼠癫痫发作的治疗效果呈剂量依赖性，可能的机制与抑制 GABA 有关。

（4）保肝抗炎：肉豆蔻醚具有抑制一氧化氮、细胞因子的抗炎特性，含有肉豆蔻的混合物可以保护对乙酰氨基酚和四氯化碳诱导急性肝损伤的小鼠。

（5）镇痛作用：肉豆蔻油通过抑制 COX-2 表达和血中 P 物质水平来减轻弗氏完全佐剂注射引起的大鼠关节肿痛、机械性异常性疼痛和热痛觉过敏。

（6）抗抑郁作用：肉豆蔻的抗抑郁作用可能与促进多巴胺分泌和抗氧化有关。

（7）抗肿瘤作用：肉豆蔻挥发油对人大肠癌（HCT-116）细胞和人乳腺癌

（MCF-7）细胞系具有抗癌活性。

（8）抗菌作用：肉豆蔻挥发油对金黄色葡萄球菌、枯草芽孢杆菌、灰葡萄孢菌、青霉菌、藤黄八叠球菌、黑曲霉敏感，但是对白色念珠菌和铜绿假单胞菌无抑制作用。

（9）抗寄生虫：肉豆蔻挥发油具有杀虫活性，可杀灭天蛾科的幼虫、绿豆象、弓形寄生虫、蟑螂、烟草甲、烟粉虱和椎实螺。

（10）麻醉作用：肉豆蔻挥发油中的甲基丁香酚和榄香脂素对小鼠、兔、猫和狗有麻醉作用[6-7]。

八、传统功效、民间与临床应用

肉豆蔻的种子和假种皮是著名的芳香原料。除花和果实外，其树皮、树叶、种子均具有芳香性。肉豆蔻其味辛，性温，具有祛风、防止呕吐、兴奋、缓和肌肉痉挛等作用，入药可治疗虚泻冷痢、脘腹冷痛、呕吐、手足厥冷、滑泄不禁、积食不化等症。

九、药物制剂与产品开发

1. 以肉豆蔻为原料的常见中成药

（1）健康补脾丸。

其处方如下：肉豆蔻（煨）135 g、黄芪 135 g、龙骨（煅）135 g、党参135 g、牡蛎（煅）135 g、白术（麸炒）135 g、茯苓 135 g、黄柏 17.2 g、车前子（炒）135 g、茵陈 17.2 g、苍术（炒）135 g。其成药为灰褐色的水丸，味微苦；健脾利湿，用于臌症后期脾胃虚弱、食欲不振、湿热黄疸、小便不利。

（2）温脾固肠散。

其处方如下：肉豆蔻（煨）20 g、白术（土炒）30 g、车前子 30 g、诃子肉20 g、白扁豆（土炒）30 g、莲子肉（麸炒）20 g、薏苡仁（麸炒）20 g、山药（麸炒）20 g、甘草（蜜炙）15 g、木香 10 g、罂粟壳 20 g、党参 20 g。其成药为土褐色的粉末，味稍苦；能健脾止泻，用于脾虚久泻、便溏腹胀、腹痛肠鸣。

2. 其他含有肉豆蔻原料的中成药

如泻痢固肠片、冠心七味片、三味檀香散、十五味沉香散、蒙药八味沉香散、安神补心六味丸、扎冲十三味丸、罗浮山百草油、泻痢保童丸、御制平安丸等。

十、其他应用与产品开发

1. 食品

（1）红景天肉豆蔻片：含肉豆蔻、酸枣仁、红景天、蝙蝠蛾被毛孢菌丝体、麦冬、百合、小茴香、珍珠粉、丁香。该品适宜睡眠状况不佳的人群使用。

（2）灵芝酒：含灵芝、首乌、肉桂、白芷、茯苓、肉豆蔻、乌蛇、龟板、当归、丁香、陈皮。该品适宜成年人，有免疫调节、抗氧化、延缓衰老的作用。

2. 化妆品

（1）肉豆蔻精油：含肉豆蔻仁油，具有美容的作用。

（2）肉豆蔻醇、肉豆蔻酸酯、肉豆蔻酸异丙酯、肉豆蔻酸乙基己酯等均可作为化妆品原料。

3. 香料

如香料十三香、十四香均含有肉豆蔻。

4. 肉豆蔻型鼻烟[8]

肉豆蔻型鼻烟的主要制备原料包括：绿茶叶 300 g、麝香 0.2 g、砂仁 100 g、苍术 50 g、薄荷叶 200 g、冰片 0.25 g、细辛 0.07 g、犀牛角 0.05 g、石菖蒲 10 g、红酒 100 g、烟叶 75 g、沉香 4 g、公丁香 4 g、白芷 15 g、肉豆蔻 15 g。该品可提神醒脑，能使鼻腔通气。其气芬芳，香气先入脾，脾主消化，温和而辛香，故该鼻烟气味独特，具有开胃的功效，且吸该鼻烟，可振奋精神，工作疲倦时在鼻孔上抹少许鼻烟，几个喷嚏过后，顿觉轻松。

5. 肉豆蔻脾胃虚弱保健茶[9]

肉豆蔻脾胃虚弱保健茶的主要成分为肉豆蔻 16 g、甘草 15 g、大枣 17 g、木香 11 g、藿香叶 17 g、菊花 22 g。该品的制备方法为将上述各成分去杂、干燥、混合均匀，加水进行煎煮，第一次煎煮时间为 4 h，温度为 56 ~ 62 ℃，水量为淹没所有药材的 1.7 倍体积，过滤得第一次煎煮液和药材残渣；将药材残渣进行第二次煎煮，水量以淹没药材为准，时间为 4 h，温度为 64 ~ 68 ℃，得第二次煎煮液；合并两次煎煮液，加热浓缩制成膏状，真空干燥，制得干粉，装袋制得肉豆蔻脾胃虚弱保健茶。该品有效成分含量高，饮用效果好，具有益气补中、健脾养胃的功效。

参考文献

［1］张凤良，李小琴，杨湉，等. 肉豆蔻科 4 种植物幼苗生长与光合生理特性研究［J］. 西南林业大学学报（自然科学），2019，39（3）：26 – 32.

［2］吴怡，顾雅坤，符丽，等. 肉豆蔻种子超低温保存技术及生理生化活性研究［J］. 中国农学通报，2019，35（19）：78 – 82.

［3］刘际梅，徐玉梅，钟萍，等. 云南肉豆蔻育苗技术试验初报［J］. 林业调查规划，2018，43（5）：188 – 191.

［4］冯锦东，吉梦勃. 肉豆蔻栽培技术及其利用［J］. 中国园艺文摘，2010，26（12）：180 – 181.

［5］冯锦东，吉梦勃. 肉豆蔻的栽培技术［J］. 农村百事通，2016（20）：25－27.

［6］张爱武，刘乐乐，何学敏，等. 肉豆蔻化学成分与药理活性的研究进展［J］. 内蒙古医科大学学报，2014，36（1）：85－88.

［7］马可，南星梅，赵婧，等. 肉豆蔻的药理和毒理作用研究进展［J］. 中药药理与临床，2022，38（1）：218－224.

［8］王国琴. 一种肉豆蔻型鼻烟：CN 103027371 A［P］. 2013－04－10.

［9］不公告发明人. 一种肉豆蔻脾胃虚弱保健茶：CN 103719464 A［P］. 2014－04－16.

下编 | 单子叶植物类热带
特色芳香植物

红豆蔻

一、来源及产地

姜科植物红豆蔻 *Alpinia galanga*（Linn.）Willd.，又名大高良姜、山姜子、红扣。产于中国广东、广西、云南、台湾等地。

二、植物形态特征

该植物为多年生草本。地下根茎块状，稍有香气。叶片长圆形或披针形，长 25～35 cm，宽 6～10 cm，先端短尖或渐尖，基部渐狭，两面均无毛或于叶背被长柔毛，具有明显的白色边缘，干后边缘褐色；叶柄极短，叶舌近圆形。圆锥花序，直立，花多密生，总花序轴被短柔毛，分枝多而短，每一分枝上具花 3～6 朵，下部的花常 5～6 朵；苞片与小苞片均迟落，小苞片长圆状披针形；花绿白色，有异味，散生于花序分枝上；花萼筒状，果时宿存；花冠管略长于花萼管；侧生退化雄蕊细齿状至线形，位于唇瓣基部两侧，紫色；唇瓣自顶部深 2 裂，白色而有红线条，下部收缩成一长柄。果长圆形，长 1～1.5 cm，直径约 7 mm，中部稍收缩，熟时橙红色，手捻易破碎。种子 3～6 颗。花期 5—8 月，果期 9—11 月。

三、种植技术要点

（一）场地选择

红豆蔻为亚洲热带地区植物，宜生长于海拔 100～1300 m 的山谷、灌木丛或草丛；喜温暖湿润的气温环境，耐短时 0 ℃ 低温，稍耐旱，忌水涝。宜选择疏松肥沃、土层深厚、排水良好的壤土或黏土种植[1]。

（二）繁殖和种植技术

1. 育苗技术

红豆蔻的主要繁殖方式为种子繁殖。于每年 11—12 月果实成熟后，选择果实饱满、坐果率高、无病虫害的果序作种。果实脱粒后置于干燥处沙藏，于来年播种。播种前，筛出种果，搓去种皮，揉散种子团进行播种[1]。

2. 种植定植技术

每年 6 月雨季时进行定植，按照行株距 1.3 m×1.0 m 挖穴，穴深宽各 33 cm。每穴施土杂肥 3 kg，将其与定植土混匀，每穴 2～3 苗；定植后浇足定根水，填土压实。

3. 幼苗及成年植株管理

（1）幼苗管理。

幼苗怕太阳直晒，应搭篷进行遮阴。出苗前可覆盖杂草进行遮阴，待出苗后，搭 1 m 高的遮阴篷进行遮阴，荫蔽度以略有太阳晒到为宜。保证苗床无杂草，施农家肥 3～4 次；待苗高至 6～10 cm 时进行第一次施肥，每 50 kg 农家肥中加 100 g 尿素；之后每隔 2 个月追肥 1 次。第二年春季苗高 33 cm 左右，撤去遮阴篷，进行炼苗。

（2）成年植株管理。

定植后前 2 年，加强管理，每年中耕除草 2～3 次，第一次和第二次分别于每年 6 月和 8 月进行，第三次于 12 月进行，中耕时宜浅不宜深。定植第三年进行封盖地面，抑制杂草生长，每年冬季采收种果后或早春 2—3 月清理枯枝烂叶后进行浅松土。每年施肥 1～2 次，春季中耕后施农家肥，冬季施腐熟堆肥和过磷酸钙。孕蕾期和花期叶面进行喷施浓度为 0.1% 的硼肥各 1 次，提高坐果率[1]。

（三）病虫害防治

1. 病害

红豆蔻常见病害为根茎腐病，常用 0.2～0.4 波美度的石硫合剂灌根防治。

2. 虫害

可用 6% 甲萘威 – 四聚乙醛防治扁蜗牛。

四、采收加工

每年 11—12 月，果实略带红点或刚发红时进行采收，采收时，直接将果序割下。将采收后的果实摊放在阴凉干燥、通风的地方后熟 4～7 天，待种子由绿色变为红色时进行脱粒，除去枝干杂物后晒干或阴干即可[1]。

五、生药特征

红豆蔻生药长圆形，中部略收缩，长 7～12 mm，直径 5～7 mm。表面红棕或暗红色（未成熟的呈黄色），平滑无毛或略有皱缩。顶端有黄白色的管状宿萼，基部有果梗或果梗痕。果皮薄，不开裂，易破碎。种子 3～6 粒，呈扁圆形或三角状多面体，红棕或黑棕色，外被黄白色膜质假种皮。胚乳灰白色。其气香，味辛辣，以粒大、饱满、不破碎、气味浓者为佳。

六、化学成分研究

果实含挥发油，其主要化学成分为 1 - 乙酰氧基胡椒酚乙酸酯、1 - 乙酰氧基丁香酚乙酸酯、金合欢醇、β - 甜没药烯、丁香烯环氧物、丁香醇、十五烷、7 - 十七碳烯等。

黄酮类和黄酮苷类是红豆蔻的主要活性成分之一，分别为（2R，3S）- pinobaksin - 3 - cinnamate、（2R，3R）- pinobaksin - 3 - cinnamate、乔松素、短叶松素、3 - O - 乙酰基短叶松素、高良姜素、高良姜素 - 3 - 甲醚、华良姜素、山奈酚 - 3 - 甲醚、（2R，3R）- 3，5 - dihydroxy - 7 - methoxy - flavanone[2 = 3]。

部分化合物结构式如下：

1-乙酰氧基胡椒酚乙酸酯　　　　β-甜没药烯　　　　　　短叶松素

七、现代药理研究

红豆蔻主要的药理作用如下：

（1）抗溃疡作用：红豆蔻具有抗胃溃疡作用，其主要的作用机制是降低胃酸分泌量。

（2）抗菌作用：红豆蔻挥发油具有广谱抗菌活性，抗细菌活性大于抗真菌活性，抗革兰氏阳性菌活性大于抗革兰氏阴性菌活性。

（3）抗肿瘤作用：其所含的高良姜萜醛 A、高良姜萜醛 B 具有较强的抗肿瘤活性。

（4）对胃黏膜的保护作用：红豆蔻挥发油对胃实寒证大鼠胃黏膜有保护作用。

（5）降血糖作用：红豆蔻根茎对正常大鼠有降血糖作用。

（6）抗炎作用：红豆蔻具有一定的抗炎活性[2 - 3]。

八、传统功效、民间与临床应用

红豆蔻根茎和果实均可作调味品，具有增香赋味、去腻解异的作用。但根茎的气味不如高良姜，可同用。果实气香，味辛辣，多用于调味。根茎和果实可入药，具有燥湿散寒、醒脾消食之功效，并具有抗溃疡、抗病原微生物、抗肿瘤的作用，用于治疗脘腹冷痛、食积胀满、呕吐泄泻、饮酒过多。

九、药物制剂与产品开发

1. 以红豆蔻为原料的常见中成药

（1）红豆蔻药酒。

其处方如下：红豆蔻 30 g、制何首乌 15 g、地黄 15 g、白芷 15 g、山药（炒）15 g、五倍子 15 g、广藿香 15 g、人参 30 g、桑白皮 15 g、海桐皮 15 g、甘松 15 g、独活 15 g、苍术（炒）15 g、川芎 15 g、菟丝子（盐炒）15 g、茯神 15 g、青皮（炒）15 g、草果 15 g、山茱萸（去核）15 g、附子（制）15 g、厚朴 30 g、陈皮 15 g、五味子 15 g、牛膝 15 g、枳实（炒）30 g、高良姜 15 g、山柰 15 g、款冬花 15 g、小茴香（盐炒）240 g、桔梗 60 g、熟地黄 30 g、九节菖蒲 30 g、白术（炒）45 g、槟榔 45 g、甘草 30 g、当归 90 g、秦艽 15 g、红花 60 g、莪术 15 g、莲子（去心）15 g、木瓜 15 g、麦冬（去心）15 g、羌活 15 g、香附（炒）15 g、肉苁蓉 15 g、黄芪 15 g、天冬 15 g、桃仁 15 g、栀子（炒）15 g、泽泻 15 g、乌药 15 g、半夏（制）15 g、天南星（制）15 g、苦杏仁（去皮、尖）15 g、茯苓 30 g、远志 15 g、淫羊藿（炒）15 g、三棱（醋制）15 g、茜草 15 g、砂仁 60 g、肉桂 120 g、白豆蔻 60 g、荜茇 60 g、沉香 30 g、麝香 1 g、红曲 900 g。成品为深红棕色的液体。其味微甜、微苦；能祛风除湿、补气通络、舒筋活血、健脾温肾，用于风寒湿痹、筋骨疼痛、脾胃虚寒、肾亏腰酸以及妇女气虚血亏等症。

（2）御制平安丸。

其处方如下：苍术（炒）104 g、陈皮 104 g、厚朴（炙）104 g、甘草 104 g、山楂（焦）104 g、老范志万应神曲 104 g、麦芽（炒）104 g、枳实（炒）67.2 g、红豆蔻 52 g、白豆蔻 52 g、草豆蔻 52 g、肉豆蔻 52 g、沉香 67.2 g、木香 52 g、檀香 67.2 g、丁香 52 g。成品为黑色的包衣浓缩水丸，除去包衣后显淡褐色。成品具特异香气，味辛、微苦，能温中和胃、行气止痛、降逆止呕、消食导滞，用于晕车晕船、恶心呕吐、肠胃不和、胸膈痞满、嗳腐厌食、脘腹胀痛、大便溏泻。

2. 其他含有红豆蔻的中成药

如七十味松石丸、透骨镇风丸（透骨镇风丹）、三余神曲、药酒丸等。

十、其他应用与产品开发

1. 香料和调料

红豆蔻常用于卤味，具有去腥解腻的作用。

2. 药膳

（1）将红豆蔻和鲤鱼煮汤食用，对水肿、脚气、小便困难等具有治疗作用，对肝硬化、肝腹水等具有食疗作用。

（2）红豆蔻与冬瓜同煮后的汤汁，可解全身水肿。

（3）红豆蔻与扁豆、薏仁同煮，有助于腹泻的食疗。

3. 化妆品

红豆蔻果实和花的精油可用作化妆品的原料。

4. 红豆蔻风味馒头[4]

红豆蔻风味馒头以红豆蔻、白苏梗为原料，同时添加泡桐花、木香、芜菁子，制作出一种红豆蔻风味小馒头。其充分利用红豆蔻、白苏梗、木香的营养价值，与中药相互配伍，协同增效，从而达到醒脾消食、行气宽中等功效。该品制备过程中对原料进行酶解处理，有效去除了原料中含有的酸苦辛辣等刺激性成分。制得的成品姜香浓郁、口感细腻、酥软可口，易保存，且保健功能突出，长期食用可明显改善人体胸腹胀闷、食欲不振等不适。

参考文献

[1] 肖杰易，周正，余明安. 红豆蔻种植技术 [J]. 中国中药杂志，1995（4）：208 – 209.

[2] 龙凤来，陈美红. 大高良姜化学成分及药理作用研究进展 [J]. 现代农业科技，2016（24）：73 – 74.

[3] 陆廷亚，陈琪，赵晓歌，等. 大高良姜地下根茎挥发油化学成分及体外药理活性研究 [J]. 天然产物研究与开发，2020，32（11）：1866 – 1875.

[4] 黄文雅. 一种红豆蔻风味小馒头：CN 108739926 A [P]. 2018 – 04 – 25.

海南山姜

一、来源及产地

姜科植物海南山姜 *Alpinia hainanensis* K. Schum. ，又名草豆蔻、草蔻仁、假麻树、偶子。在中国福建、云南、贵州、广东、广西、海南等地均有种植。

二、植物形态特征

该植物为多年生草本。茎稍粗壮，具根状茎。叶无柄，叶片带形，干时革质，长 22 ～ 50 cm，宽 2 ～ 4 cm，先端渐尖并有一旋卷的尾状尖头，基部长渐狭，两面均无毛；叶舌膜质，顶端急尖。总状花序中等粗壮，长 13 ～ 15 cm，花序轴曲折状，金黄色，被黄色、稍粗硬的绢毛；顶部具极大苞片，长圆状卵形，长 4 ～ 4.5 cm，膜质，渐尖，无毛。小苞片红棕色；小花梗短；花萼筒钟状，顶端具 2 齿，一侧开裂至中部以上，散生金黄色长柔毛，具缘毛；花冠管喉部及侧生退化雄蕊稍增厚，被金黄色小长柔毛，唇瓣倒卵形，长 3 cm，顶端有极短的 2 裂片；药隔附属体短，约 2 mm。蒴果，常不开裂或不规则开裂，有时 3 裂。种子多数，有假种皮。

三、种植技术要点

（一）场地选择

场地宜选择山谷坡地、溪旁和疏林下；荫蔽度 40% ～ 60%，年平均气温 18 ～22 ℃，年降雨量 1800 ～ 2300 mm 较为适宜。喜温暖湿润环境，忌干旱和强光照射，耐轻霜；喜腐殖质含量高、质地疏松微酸性土壤或沙壤土，忌贫瘠和重黏土土壤[1-2]。

（二）繁殖和种植技术

1. 育苗技术

海南山姜的主要繁殖方法为种子繁殖和分株繁殖。种子繁殖应选择生长健壮、高产的植株丛作为采种母株，待果实充分成熟时，收集饱满、无病虫害的果实作种，宜随采随播。播种前将果皮剥去，洗净果肉，用清水浸泡种子 10 ～ 12 h，然后将沙子与种子充分搓擦，去掉假种皮；种子可晾干保存至次年春季播种。分株繁殖应选择 1 年生健壮母株,在春季新芽萌发且尚未破土之前,将根茎截成 7 ～8 cm 的小段,每段 3 个芽点,将其进行定植[1-2]。

2. 种植定植技术

定植要待种子苗长至 30 cm 后,或培育 1 ～2 年、分株苗萌发破土后定植。定植宜在 4—10 月间阴雨天进行,每穴种植种子苗 1 ～2 株,分株苗 1 丛,覆上细土并压实,及时浇水。

3. 幼苗及成年植株管理

(1) 幼苗管理。

苗圃应进行搭篷遮阴,荫蔽度保持 50% 左右,出苗后揭去覆盖的稻草,保持土壤湿润;及时清理落叶和杂草,可施少量草木灰和腐熟的有机肥。

(2) 成年植株管理。

每年中耕除草 2 ～3 次,及时铲除枯枝次枝,对过密的植株进行疏枝,结合中耕除草;施肥 2 ～3 次,开环状沟施农家肥或复合肥。

(三) 病虫害防治

1. 病害

海南山姜的主要病害为立枯病,可在患病植株周围撒上石灰粉或用 50% 多菌灵 1000 倍液浇灌进行防治。

2. 虫害

海南山姜的主要虫害为钻心虫,发现虫害应及时剪去病株,集中深埋或烧毁,并喷洒 5% 螟松乳油 800 ～ 1000 倍液防治[1-2]。

四、采收加工

果实于每年 8 月成熟变黄时进行采收。果实采收后,将茎秆从基部割下,切去叶片;将果实晒至八九成干,果皮开裂时剥去果皮,将种子团晒干。茎秆的加工方法为晒干。

五、生药特征

蒴果圆球形,直径 2 ～ 3 cm;黄棕色或棕褐色,皮厚多刺;不开裂或不规则开裂。种子集结成团,呈不规则的多面形,灰棕色或棕褐色;外被白色假种皮;质梗、气微、味微辛。

六、化学成分研究

海南山姜中含量较高的成分为挥发油类,主要化合物有法尼醇、1,8 - 桉叶素、月桂酸、棕榈酸、肉豆蔻酸、L - 芳樟醇、丙酸芳樟酯、胡萝卜醇、α - 蒎烯、β - 蒎烯。

其他成分包含二苯庚烷类化合物及黄酮类化合物，如小豆蔻素、乔松素、槲皮素 – 3 – O – 刺槐二糖苷、儿茶素、山姜素、高良姜素、7，4 – dihydroxy – 5 – methoxy flavanones、（2R，3S）– pinobanksin – 3 – cinamate；糖苷类如 pinocembrin – 3，7 – di – β – D – glucoside、3 – O –（2，6 – di – O – rhamnopyranosylgalactopyranoside）、sorhamnetin3 – O –（2，6 – di – O – rhamnopyranosylga – lactopyranoside）。

部分化合物结构式如下：

法尼醇

小豆蔻素

七、现代药理研究

（1）保护胃黏膜、抗胃溃疡作用：海南山姜对大鼠醋酸性胃溃疡有较好的治疗作用，其作用机制可能为清除自由基。其挥发油能显著提高溃疡抑制率及降低胃液酸度和胃蛋白酶活性，明显升高大鼠血清的 SOD 活性，亦可显著下调 MDA 的含量。

（2）促胃肠动力作用：海南山姜提取物具有显著的促进胃肠动力作用。其促胃肠动力作用可能与血液和胃肠道 MTL、SP 含量的增加有关。

（3）镇吐作用：海南山姜中的双苯庚酮类化合物为镇吐止呕药物的有效成分。

（4）抗炎作用：海南山姜具有抗炎的化学成分主要集中在黄酮类。

（5）抗肿瘤作用：海南山姜可通过多种途径，如通过对免疫系统的调节、影响细胞有丝分裂 G0/G1 期、下调肿瘤细胞中抗凋亡基因蛋白以及上调拮抗促凋亡基因蛋白的表达等，抑制肿瘤细胞的生长和转移，最终导致肿瘤细胞的凋亡，对肺癌、肝癌等肿瘤细胞都表现出抑制作用。

（6）抗氧化作用：海南山姜具有较强的抗氧化作用，既能减少氧化剂的产生，又能够调节抗氧化的防御目标系统，维持细胞能量。

（7）其他作用：海南山姜中黄酮（2R，3S）- pinobanksin - 3 - cinnamate 具有神经保护作用，可能是通过清除 PC12 细胞内 ROS 实现[3]。

八、传统功效、民间与临床应用

该药味辛，性温，归于脾、胃两经；能燥湿行气、温中止呕，用于寒湿内阻、脘腹胀满冷痛、嗳气呕逆、不思饮食等证。在蒙药中用于治肾赫依病、肾痼疾、腰痛、颈项及脊柱僵直、肾结石、膀胱结石、尿血、尿闭、尿频、肺赫依病、阵咳、咳痰不利、气喘、气短、失眠。

九、药物制剂与产品开发

1. 以海南山姜为原料的常见中成药

（1）消食健脾丸。

其处方如下：海南山姜（炒）48 g、党参 96 g、白术（麸炒）64、白扁豆（炒）96 g、茯苓 80 g、山药（麸炒）96 g、枳壳（麸炒）96 g、麦芽（炒）96 g、陈皮 48 g、木香 12 g、甘草 23 g、山楂（焦）144 g。成品为黄棕色的大蜜丸；味甜、微涩。该药能健脾消食、除湿止泻，用于脾胃虚弱、消化不良、气虚湿滞、食积腹泻。

（2）散风活络丸（浓缩丸）。

其处方如下：海南山姜 45 g、乌梢蛇（酒炙）30 g、草乌（甘草银花炙）30 g、附子（炙）22.5 g、威灵仙（酒炙）30 g、防风 45 g、麻黄 22.5 g、海风藤 30 g、细辛 15 g、白附子（矾炙）15 g、胆南星（酒炙）15 g、蜈蚣 15 g、地龙 15 g、乳香（醋炙）30 g、桃仁（去皮）22.5 g、红花 22.5 g、当归 30 g、川芎 45 g、赤芍 45 g、桂枝 22.5 g、牛膝 30 g、骨碎补 30 g、熟地黄 45 g、党参 45 g、白术（麸炒）30 g、茯苓 22.5 g、木香 30 g、香附（醋炙）30 g、石菖蒲 22.5 g、黄芩 45 g、熟大黄 22.5 g、牛黄 5.16 g、冰片 1.935 g。成品为棕褐色的浓缩丸，除去包衣后显黄褐色；味苦、辛。该药能舒筋活络、祛风除湿，用于风寒湿痹引起的中风瘫痪、口眼歪斜、半身不遂、腰腿疼痛、手足麻木、筋脉拘挛、行步艰难。

2. 其他含有海南山姜的中成药

如通络活血丸、健胃片、抗栓再造丸、八宝瑞生丸、白蔻调中丸、健胃止痛片、舒肝健胃冲剂、佛山人参再造片、御制平安丸、八仙油、人参再造丸（蜜丸）等。

十、其他应用与产品开发

1．化妆品原料

海南山姜提取物可用于化妆品原料。

2．香辛料和调味品

海南山姜能很好地祛除食材的异味、增加食材的辛香味。作为调味品，其多被用于调制卤料、复合香料等。其常与花椒、八角、肉桂、豆蔻等配合使用，可用作火锅底料、香锅酱料、水煮料和各种卤水。

3．药膳

（1）海南山姜蒸牛肉。含海南山姜 15 g，牛肉 500 g，料酒、酱油、葱、生姜、白糖各 10 g，精盐 5 g，味精、胡椒粉各 3 g，生姜 10 g，香菜 30 g。其做法为将已碾末的海南山姜和腌渍好的牛肉片混匀，置蒸笼内，武火蒸 55 min，取出蒸碗，撒上香菜即成。该药膳有助于燥湿健脾、温胃止呕。

（2）海南山姜鲫鱼汤。将 6 g 已碾末的海南山姜放入洗净的鱼腹内，将鱼、陈皮、胡椒、生姜一起入锅，放入适量清水，武火煮沸腾后，文火再煮 1 h。该汤有助于化湿醒脾。

4．海南山姜风味布福娜奶茶[4]

其主要原料为海南山姜、布福娜，同时添加白扁豆、大枣，制作出一种海南山姜风味布福娜奶茶。通过对海南山姜进行果酒酒母初发酵，对布福娜进行甜酒曲初发酵，其充分利用海南山姜、布福娜的营养价值，与中药相互配伍，协同增效，还增添醇香味，有助于益脾健胃、美容养颜。

5．防治脱发海南山姜组合物[5]

防治脱发海南山姜组合物由海南山姜提取物和吡咯烷基二氨基嘧啶氧化物按重量比 9：1 ～1：9 制成。其中海南山姜提取物的制备方法为：取海南山姜药材，加 10 倍蒸馏水，浸泡 1 h，加热煎煮 30 min，纱布过滤，保存滤液；药渣再加 6 倍蒸馏水，同法浸泡、煎煮、过滤；将两次滤液混合，冷冻、干燥、粉碎，即得。该品可有助于防治雄激素性脱发。

6．海南山姜精油香蕉保鲜剂[6]

海南山姜精油香蕉保鲜剂的主要成分为海南山姜精油、吐温 80 和无水乙醇。该品的制备方法为称取无水乙醇和吐温 80，混合，制得混合表面活性剂；取海南山姜精油加入涡旋振荡器，以 300 r/min 的速度进行振荡处理，边振荡搅拌边滴加混合表面活性剂，滴加速度为 15 mL/min，得到海南山姜精油混合油相；将海南山姜精油混合油相，在搅拌状态下加水混合定容，高速剪切，得到海南山姜精油微乳液。该品可用于香蕉保鲜，对香蕉炭疽病菌具有良好的抑制作用，对香蕉炭疽病的防效达到 88% 以上，并能够达到对香蕉果实采摘后的绿色安全保鲜处理，在保鲜过程中有效抑制香蕉炭疽病的真菌性病害和维持香蕉果实采后品质。

参考文献

[1] 王素霞. 草豆蔻的种植与利用 [J]. 农村经济与科技，2005 (7)：32–33.

[2] 甘炳春. 草豆蔻的种植与利用 [J]. 资源开发与市场，2005 (2)：144–145.

[3] 谢鹏，秦华珍，谭喜梅，等. 草豆蔻化学成分和药理作用研究进展 [J]. 辽宁中医药大学学报，2017，19 (3)：60–63.

[4] 张艳. 一种草豆蔻风味布福娜奶茶：CN 106566756 A [P]. 2016–10–21.

[5] 窦薇，于之伦，岳备，等. 一种防治脱发的草豆蔻组合物：CN 112915176 A [P]. 2021–03–22.

[6] 郇志博，褚祚晨，薛书敏，等. 一种草豆蔻精油香蕉保鲜剂及保鲜方法：CN 114903080 A [P]. 2022–08–16.

高良姜

一、来源及产地

姜科植物高良姜 *Alpinia officinarum* Hance.，又名良姜、小良姜、海良姜。主要分布于广东、海南、广西、云南、台湾等省区；野生于热带、亚热带缓坡草地或低山丘陵的灌木丛中。

二、植物形态特征

该植物为多年生草本。根茎圆柱形，横生匍匐延长，棕红色，节上具有环形膜质鳞片，节上生根；地上茎丛生，直立。叶片披针状线形，宽 1.2 ～ 2.5 cm，先端渐尖或为尾尖，全缘，两面均无毛；叶鞘开放，抱茎，边缘膜质；叶舌披针形。总状花序顶生，花序轴被绒毛；小苞片极小；小花梗长 1 ～ 2 mm；花萼筒状，先端 3 齿裂，一侧开裂至中部，被小柔毛；花冠白色，花冠管漏斗状，裂片 3 片，长圆形，后方一枚兜状，稍被绢毛。唇瓣卵形，白色，具红色条纹，顶端微卷；侧生退化雄蕊锥状；发育雄蕊 1 个，生于花冠管喉部上方；子房 3 室，密被绒毛，花柱细长，基部下方具 2 个合生蜜腺，柱头 2 唇状。球形蒴果被绒毛，熟时红色，无纵条纹。棕色种子多数，具假种皮，有钝棱角。花期 4—9 月，果期 5—11 月。

三、种植技术要点

（一）场地选择

高良姜喜温暖湿润的气候环境，耐干旱，忌积水，年平均气温在 22 ～ 26 ℃最适宜生长。宜选择降水充沛、排灌方便、土层深厚、疏松肥沃的红壤土进行种植[2]。

（二）繁殖和种植技术

1. 育苗技术

高良姜的主要繁殖方式为种子繁殖和根茎繁殖。种子繁殖应随采随播，一般在 8—9 月上旬为宜，以 10 cm 的行距开浅沟条播，将处理好的种子均匀撒在沟内，覆土后盖草，浇水保湿。根茎繁殖，在每年 4—6 月时，将砍去茎叶后的地下部分全部挖起，选取有 5 ～ 6 个芽头连在一起、无病虫害、个体粗大的"牛姜"幼嫩根茎作种；按株行距 45 cm × 75 cm 规格开沟或开小穴种植，每穴放姜种 1 块，芽头向上，边放种边填泥，用脚踩实，覆细土厚 5 ～ 6 cm[1]。

2. 种植定植技术

种植时每亩施 2000 ～ 2500 kg 腐熟的农家肥作基肥，按照株行距 30 cm × 25 cm 开穴，每穴种 1 ～ 2 段，覆土后稍压实，浇定根水，每亩用根茎约 100 kg。

3. 幼苗及成年植株管理

（1）幼苗管理。

高良姜嫩苗不适应强光，应搭设遮阴篷遮阴，经常淋水，苗期适当增施氮肥。当苗高 3 ～ 6 cm 时，间苗，去弱留强，保持株间距 4 cm。

（2）成年植株管理。

前期在没封行时每月除草 1 次，封行后夏秋各除 1 次，结合松土进行。种植后第二年在植株周围进行开沟松土，或者在秋末冬初结合清园用土杂肥和表土培壅在植株基部。整个生长周期应施以含磷钾比例较高的有机复合肥。

（三）病虫害防治

1. 病害

高良姜的主要病害为烂根病。防治方法为及时拔除病株，用石灰粉消毒，做好通风、透光和排水工作；用 0.2% ～ 0.4% 波美度石硫合剂（波尔多液）灌根处理。

2. 虫害

高良姜主要的虫害为钻心虫和卷叶虫，可喷洒 40% 的乐果乳油 2000 倍液进行防治[1-2]。

四、采收加工

一般在每年 4—6 月或 10—12 月采挖根茎，宜选择晴天进行。先割去地上部分茎叶，然后用犁深翻，将根状茎逐一挖出；将收获的根茎，除去地上部分、泥土、须根和鳞片，将其截成 5 ～ 6 cm 的小段，洗净，晒干；在晒至六七成干时，堆在一起闷放 2 ～ 3 天，再晒至全干，使其皮皱肉凸、表皮红棕色[1-2]。

五、生药特征

生药为圆柱形，多弯曲，有分枝，长 5 ～ 9 cm，直径 1 ～ 1.5 cm。表面棕红色至暗褐色，有细密的纵皱纹及灰棕色的波状环节，节间长 0.2 ～ 1 cm，一面有圆形的根痕。质坚韧，不易折断，断面灰棕色或红棕色，纤维性，中柱约占 1/3；气香，味辛辣。

六、化学成分研究

高良姜含有黄酮类、挥发油类、二芳基庚烷类、糖苷类和苯丙素类化合物。黄酮类和二芳基庚烷类化合物是高良姜的主要活性成分。其中二芳基庚烷类化合物是一类具有 1，7 - 二取代芳基以庚烷骨架为母体结构的化合物总称，是高良姜中的特色化学成分之一。黄酮类化合物表现出很强的抗氧化活性，如高良姜素、高良姜素 - 3 - 甲醚是高良姜地上部分和地下部分共有的主要黄酮类化合物。高良姜中含有较高含量的挥发油类化学成分，其中桉叶油醇含量最高，其次有皮蝇磷、樟脑萜、樟脑、α - 萜品醇、β - 伞花烃、苄基丙酮等。糖苷类化合物包含通过大孔树脂、聚酰胺、凝胶柱色谱分离鉴定的新化合物高良姜苷 A。

部分化合物结构式如下：

β - 伞花烃　　　　　　高良姜素　　　　　　高良姜素-3-甲醚

七、现代药理研究

（1）抗菌作用：高良姜对多种菌种的抑制效果明显，具有良好的抗菌活性。

（2）抗氧化作用：高良姜醇提物具有较好的抗氧化活性和代谢关键酶抑制作用，表现在其清除 DPPH 和 ABTS 自由基能力以及铁离子还原能力较好，对胰脂肪酶和 α - 葡萄糖苷酶抑制活性随质量浓度的增高而增大。

（3）抗肿瘤作用：高良姜素通过调控 PTEN/AKT 抑制肿瘤细胞的增殖，诱导细胞凋亡，抑制乳腺癌肿瘤的发展。

（4）抗炎作用：高良姜素能够抑制脂多糖（LPS）诱导的巨噬细胞炎症反应。

（5）对胃肠道作用：高良姜乙酸乙酯萃取部位具有抗幽门螺杆菌相关性胃炎作用，能有效改善幽门螺杆菌诱导的胃炎小鼠体质量下降、胃液 pH 升高，恢复胃重系数，降低幽门螺杆菌感染率，减轻胃组织炎性病变[3]。

八、传统功效、民间与临床应用

高良姜具温胃散寒、行气止痛之功效，用于治疗脘腹冷痛、胃寒呕吐、暖气吞酸。目前在中国主要用于食用及药用。

九、药物制剂与产品开发

1. 以高良姜为原料的常见中成药

（1）安中片。

其处方如下：高良姜60 g、桂枝180 g、延胡索（醋制）180 g、牡蛎（煅）80 g、小茴香120 g、砂仁120 g、甘草120 g。成品为浅褐色的片剂；气香，味微甘、苦、涩；能温中散寒、理气止痛、和胃止呕，用于胃脘疼痛、慢性胃炎、胃酸过多、胃及十二指肠溃疡。

（2）补血调经片。

其处方如下：高良姜210 g、鸡血藤300 g、阿胶（海蛤粉炒）18 g、岗稔子300 g、肉桂15 g、党参90 g、艾叶（炒）150 g、益母草（制）210 g、金樱子300 g、五指毛桃150 g、香附（制）300 g、豆豉姜300 g、苍术72 g、千斤拔300 g、桑寄生300 g、白背叶150 g、荠菜120 g、甘草（炙）30 g。成品为糖衣片，除去糖衣后，显棕黑色；味苦、微甘；其功效为补血理气、调经，用于妇女贫血、面色萎黄、赤白带下、经痛、经漏、闭经等症。

2. 其他含有高良姜原料的中成药

如追风膏、阿魏麝香化积膏、齿痛宁、牙痛药水、甘和茶、清凉丹、泉州百草曲、散风活血膏、橄榄晶冲剂、祛风膏、跌打榜药酒、八宝瑞生丸、漳州神曲、驳骨水等。

十、其他应用与产品开发

1. 保健食品

（1）葛根甘草胶囊：含葛根、甘草、白芍、决明子、砂仁、高良姜、薄荷，对化学性肝损伤有辅助保护功能。

（2）鹿三宝酒：含马鹿茸、马鹿血、马鹿尾、枸杞子、灵芝、红花、甘草、高良姜、八角茴香、干姜、纯粮食酒等，有助于增强免疫力。

2. 化妆品原料

高良姜根茎提取物、高良姜叶提取物均可用作化妆品原料。

3. 用于食品的香料

高良姜可用于香料，可以添加到许多不同的食物中，例如肉类、海鲜、蔬菜、汤和酱料，是潮汕卤水调料的主要成分，也是十三香的原料之一。

4. 高良姜烟熏制剂[4]

高良姜烟熏制剂主要应用于香精香料领域。该品的制备方法为将质量百分比为1.5%～3.5%的黏合剂、1%～4%的胶剂以及助燃剂混合均匀后得到第一混合物；将质量百分比为90%～95%的高良姜叶与高良姜须根的混合物与第一混合物以及余量为蒸馏水的各物质混合后得到第二混合物，即为高良姜烟熏制剂。该品有明显高良姜姜味及青草香；其优点是工艺简单、安全无毒、使用方便，燃烧后可驱赶蚊虫、空气消毒、灸治去痛、贮藏保鲜，能有效利用高良姜采收后的附产物，提高其附加值，还扩大了高良姜制品的应用范围及丰富了烟熏剂制剂产品。

参考文献

[1] 吴开芬，李汝凯，胡伟民. 高良姜规范化种植技术探讨 [J]. 南方农业，2017，11 (30)：5 - 6.

[2] 徐雪荣. 高良姜规范化种植技术 [J]. 中国热带农业，2014 (6)：66 - 68.

[3] 曾鹏辉，高家菊，普娟，等. 高良姜炮制的历史沿革及现代化学与药理研究进展 [J]. 辽宁中医药大学学报，2022，24 (9)：101 - 104.

[4] 袁源，廖良坤，刘义军，等. 一种高良姜烟熏制剂及其制备方法：CN 108669103 A [P]. 2018 - 10 - 19.

益 智

一、来源及产地

姜科植物益智 *Alpinia oxyphylla* Miq.，又名摘芋子。在中国主产于海南省，广东省雷州半岛也有少量分布，另外广西、云南、福建等省区有种植。

二、植物形态特征

该植物为多年生草本。茎直立，丛生；根茎延长，较短，长 3～5 cm。叶无柄或具短柄，叶片披针形，先端尾状渐尖；叶舌膜质，2 裂，被淡棕色疏柔毛。总状花序顶生，花序轴棕色，被极短的柔毛，基部常弯曲，在花蕾时全部包藏于一帽状总苞片中，花时整个脱落；小花梗短，棕色膜质小苞片极短；花萼筒状，外被短柔毛；花冠外被疏柔毛，腹面 1 枚稍大，先端略呈兜状，白色；唇瓣粉白色而具红色脉纹，先端微 2 裂；侧生退化雄蕊钻状，发育雄蕊 1 枚，雄蕊与唇瓣约等长；子房下位，卵圆形，密被绒毛，3 室。蒴果球形或纺锤形，直径约 1 cm，被梳毛，果皮上有显著的 13～20 条维管束纵线条，顶端有花萼管的残迹，熟时棕色。不规则扁圆形种子芳香，被淡黄色假种皮。花期 3—5 月，果期 5—6 月。

三、种植技术要点

（一）场地选择

益智喜温暖湿润、半遮阴的林下环境，忌强光直射，喜漫射光；荫蔽度宜为 40%～60%，最宜生长温度为 24～26 ℃。宜选择海拔在 400～900 m 的山区、平地或坡度在 15°以下的有林坡地、肥力中等以上的砂质土壤种植；忌碱性或贫瘠干旱砂砾地，土壤 pH 以 4.4～6.0 为宜[1-2]。

（二）繁殖和种植技术

1. 育苗技术

益智的主要繁殖方法为种子繁殖和分株繁殖。种子繁殖一般每年 7 月，待种果充分成熟果皮转黄色时采收种子，人工去鲜果皮，用干净河沙搓擦种子，用净水漂洗去果浆果肉，分离种子，置于阴凉处晾干，随沙一起播种；宜选择夏秋播种。分株繁殖于每年7—8月进行，选择子蘖多、株高大、茎粗壮、产量高的无病害植株。阴天时从益智丛中把部分地下茎及连带的新芽分离出来，将直立茎30 cm以上茎叶砍去，保留整个新芽，剪去过长的老弱根，剪取2个以上（最好是4～6个）相连的根茎作为种苗[3]。

2. 种植定植技术

定植可选择春秋两季，分株繁殖不宜春植，宜选择雨后进行；按照株行距1 m×2 m，挖30 cm×30 cm×30 cm的定植穴，施基肥，每穴放苗4～6株，轻压后，覆土，保持与穴面平。每亩种植300～330丛。

3. 幼苗及成年植株管理

（1）幼苗管理。

整地，平地起畦，畦高20～30 cm、宽80～100 cm，畦沟宽25～30 cm，株行距10 cm×15 cm，每植一行可用稻草覆盖，淋足定根水；搭建遮阴篷，待长出的新叶老熟后可施农家肥和少量复合肥，及时除草。

（2）成年植株管理。

采果后及时割除已结过果实的株杆，剪去老、弱、病、残株杆和过密株杆。每年6—7月，结合松土培土，每丛施偏氮复合肥0.1～0.2 kg；12月份，每丛施有机肥3～5 kg加偏磷钾复合肥0.1～0.2 kg。每年除草松土2～3次，第一次在开花结果前的1～2月份，第二次和第三次在收果后的6—7月份和10—11月份，可结合施肥进行；株旁除草宜浅。

（三）病虫害防治

1. 病害

益智的主要病害为轮纹叶枯病、日灼病和立枯病。轮纹叶枯病的防治方法为加强管理，施足肥料，排除积水，清除落叶适当遮阴，喷洒1%波尔多液或75%百菌清可湿性粉剂。日灼病的防治方法为保证遮阴环境，及时灌溉，保持土壤湿润。立枯病的防治方法为撒石灰或喷洒50%多菌灵可湿性粉剂1000倍液或1:1:100的波尔多液，及时拔除病株，在病株周围撒施石灰或喷洒50%托布津1000倍液[3-5]。

2. 虫害

益智的主要虫害为姜弄蝶和蛀心虫。姜弄蝶的防治方法为人工除虫，摘除卷叶或捏死幼虫，喷洒40%乐果乳油或氯氰菊酯液。蛀心虫的防治方法为喷洒90%敌百虫800～1000倍液。

四、采收加工

采收在每年5—6月，待益智果皮茸毛脱落、果实呈黄褐色、果肉带甜、种子辛辣时进行；将整个果穗摘下，除去果枝，采收后，直接晒干即可[3-5]。

五、生药特征

干燥果实呈纺锤形或椭圆形，两端略尖，长 1.2 ~ 2 cm，直径 1 ~ 1.3 cm。外皮棕色或灰棕色，薄而稍韧，与种子紧贴；有纵向断续状的突起棱线 13 ~ 20 条，顶端有花被残基，基部常残存果梗。种子集结成团，中有隔膜相隔，将种子团分为 3 瓣，每瓣有种子 6 ~ 11 粒。种子呈不规则的扁圆形，略有钝棱，直径约 3 mm，厚约 1.5 mm；种脐位于腹面的中央，微凹陷，自种脐至背面的合点处，有一条沟状种脊，表面灰褐色或灰黄色，外被淡棕色膜质的假种皮。其质硬，胚乳白色，有特异香气，味辛，微苦。

六、化学成分研究

益智所含化合物主要为萜类、黄酮类、二苯庚烷类、酚类、甾醇类，其中倍半萜类、二苯庚烷类是其重要活性成分。二苯庚烷类化合物如益智酮甲、益智醇。黄酮类化合物包含白杨素、白杨素 – 7 – O – β – D – 葡萄糖苷、rhamnocitrin。倍半萜类化合物包含降碳杜松烷型化合物 3 个，分别为 oxyphyllenodiol A、oxyphyllenodiol B、oxyphyllone E；艾里莫芬烷型化合物 2 个，分别为 nootkatone、11 – Hydroxy – valenc – 1 (10) – en – 2 – one；桉叶烷型化合物 5 个，分别为 7 – epi – teucrenone、oxyphyllenone A、teuhetenone A、（4S, 5E, 10R）– 7 – oxo – tri – nor – eudesm – 5 – en – 4β – ol、（4aS, 7S）– 7 – hudroxy – 1, 4a – dimethyl – (prop – 1 –3n – 2 – yl) – 4, 4a, 5, 6, 7, 8 – hexahydronaphthalen – 2 (3H) – one。

益智果皮中主要挥发油类成分为法尼烯、α – 葎草烯、α – 荜澄茄烯、β – 没药烯；全果中主要成分为 4 – 异丙基甲苯、香橙烯、圆柚酮、vulgarol B、犉牛儿烯；果皮中含量较大成分有 4 – 异丙基甲苯、法尼烯、二环（3, 1, 1）庚烯、α – 葎草烯、4 – 甲基 – 1 – 异丙基环己烯 – 3 – 醇；种子中含量较大的成分有圆柚酮、香橙烯、犉牛儿烯、vulgarol B、β – 花柏烯等。

部分化合物结构式如下：

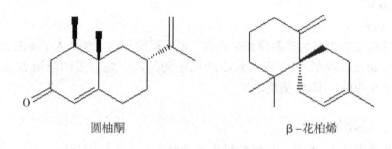

圆柚酮　　　　　　　　　　　　β–花柏烯

七、现代药理研究

（1）对前列腺素合成的抑制作用：益智果的甲醇提取物有抑制前列腺素合成酶活性的作用。

（2）对心脏的作用：益智甲醇提取物有增强豚鼠左心房收缩力的活性。益智酮甲的强心作用，部分是因为它对心肌内钠钾泵的抑制所致。

（3）钙拮抗作用和对血管的作用：益智果的甲醇提取物含益智醇，其对氯化钾引起的大动脉收缩有明显的抑制作用。

（4）抑制回肠收缩及抗癌作用：益智果的水提取物和乙醇提取物对回肠收缩有抑制作用；水提取物在抑制肉瘤细胞增长方面有中等活性，且未见毒性。

（5）对代谢的作用：益智仁的复方制剂，可提高能量代谢，促进 CA 类物质及 cAMP 的合成，并有增加记忆及增强免疫的功能。

（6）对学习记忆障碍的改善作用：益智仁的复方制剂（由益智、何首乌、石菖蒲、葛根、银杏叶、川芎、赤芍等组成）对学习记忆障碍有改善作用[6]。

八、传统功效、民间与临床应用

益智种子、果实入药，具温脾、止泻、摄唾、暖肾、固精、缩尿等功效；用于治疗冷气腹痛、中寒吐泻、遗精、夜多小便、小便余沥；阴虚火旺者忌用。

九、药物制剂与产品开发

1. 以益智仁为原料的常见中成药

（1）缩泉胶囊。

其处方如下：山药 343 g、益智仁 343 g、乌药 343 g。其功效为补肾缩尿，用于肾虚所致的小便频数、夜间遗尿。

（2）萆薢分清丸。

其处方如下：粉萆薢 320 g、石菖蒲 60 g、甘草 160 g、乌药 80 g、益智仁（盐）40 g。其功效为分清化浊、温肾利湿，用于肾不化气、清浊不分所致的白浊、小便频数。

2. 其他含有益智仁原料的中成药或方剂

如清热二十五味丸、十八味补肾益气口服液、手掌参三十七味丸、女金丹丸、健脑丸、滋补参茸丸、参茸黑锡丸、妇宝金丸、降糖舒片、固肾定喘丸等。

十、其他应用与产品开发

1. 保健食品

（1）金针菇益智仁胶囊：含金针菇、茯苓、酸枣仁、益智仁等，辅助改善记忆。

（2）红源胶囊：含益智仁、茯苓、大枣、桑椹、山药、黄精、当归、黄芪、枸杞子、龙眼肉、熟地黄、何首乌、阿胶等，可改善缺铁性贫血。

2. 化妆品

益智仁原液：由益智提取物和酸枣仁提取物组成。

3. 香料

益智仁可作为香料、卤料、调味料、香辛料、调料。

4. 益智枕[7]

其组方如下：益智仁 150 g、天麻 150 g、石菖蒲 150 g、玉竹 150 g、怀牛膝 120 g、杜仲 150 g、远志 120 g、川芎 100 g、茯神 100 g、郁金 100 g、藿香 100 g、苍术 100 g、菊花 120 g、白芷 100 g、山奈 100 g、辛夷 100 g、甘草 60 g。利用该方药制成的健脑益智枕，其枕芯内装物为健脑益智方药和丝绵、艾绒的混合物，能健脑益智、醒神、化湿开胃、开窍豁淡、气血双润；耐用、防霉、防蛀。

5. 益智仁酒[8]

其主要组方如下：益智仁、红枣、桂圆、枸杞子、肉桂、肉豆蔻、百合、白砂糖、白酒。该品的制备方法为：称取益智仁浸泡在部分白酒中，时间为 1 个月以上，得到益智仁浸泡液；称取红枣、桂圆、枸杞子、肉桂、百合及肉豆蔻浸泡在余下白酒中，时间为 1 个月以上，得到其余物料浸泡液；将上述两种浸泡液混合均匀即得益智仁成品酒。取 53 度白酒（48.5%）、益智仁成品酒（20.5%）、白砂糖（3%）及水（28%），混合均匀即得益智仁酒。产品酒香而安神、酒体益智浓厚而顺爽协调，具有益智功效。

参考文献

[1] 周继曾，张焜，张蓝月，等. 益智的地理分布及适生区预测 [J]. 安徽农业科学，2018，46（19）：1 - 8.

[2] 吴祖强，曾武，华列，等. 益智种子繁殖育苗技术 [J]. 林业科技通讯，2016（3）：37 - 38.

[3] 曾武，黎建伟，林锦容，等. 益智组培幼态苗分株繁殖技术 [J]. 热带林业，2019，47（1）：10 - 11.

[4] 钟春海. 益智丰产种植技术 [J]. 农村经济与科技，2019，30（5）：53 - 54.

[5] 郑洁娴，赵宇. 南药益智种植技术 [J]. 现代农业科技，2020（13）：71 - 75.

[6] 随家宁，李芳婵，郭勇秀，等. 益智仁化学成分、药理作用及质量标志物研究进展 [J]. 药物评价研究，2020，43（10）：2120 - 2126.

[7] 王淑芳，万文洲，李炜，等. 健脑益智方药及利用该方药制成的健脑益智枕：CN 105878934 A [P]. 2016 – 08 – 24.

[8] 黄洲明. 益智仁成品酒及其制备方法及益智仁饮用酒：CN 107475042 A [P]. 2017 – 12 – 15.

海南砂仁

一、来源及产地

姜科植物海南砂仁 *Amomum longiligulare* T. L. Wu，又名海南壳砂仁、壳砂、海南壳砂。分布地以中国海南为主，广东的徐闻、遂溪等地亦有引种。

二、植物形态特征

该植物为多年生草本。具匍匐根茎，地上茎直立。叶片2列，线形或线状披针形，全缘，长20～30 cm，宽2.5～3 cm，顶端具尾状细尖头，基部渐狭，两面均无毛；叶舌披针形，薄膜质，无毛。总花梗从根茎抽出，被宿存鳞片；总苞片膜质，披针形，小苞片管状，膜质，包卷住白色、先端3齿裂的萼管；花冠管白色，唇瓣圆匙形，白色，顶端具黄色小尖头，中脉隆起，紫色；2枚侧生退化雄蕊位于唇瓣基部，呈乳头状突起；具可育雄蕊，药隔附属体3裂，先端裂片半圆形，二侧的近圆形，反卷；子房被白色柔毛。蒴果卵圆形，具钝三棱，长1.5～2.2 cm，宽0.8～1.2 cm，被片状、分裂的短柔刺，刺长不逾1 mm。种子团紫褐色，种子为不规则块状，被淡棕色、膜质假种皮。花期4—6月，果期6—10月。

三、种植技术要点

（一）场地选择

海南砂仁为亚热带和热带阴生植物，原产于亚洲的热带和亚热带地区，喜温暖湿润气候，忌阳光直射，最宜荫蔽度为50%，适宜的生长温度为年平均气温22～38 ℃。宜选择坡度40°以下的丘陵山地，土层深厚疏松、有机质含量高、保水保肥力强的壤土种植；空气相对湿度宜在80%以上，土壤含水量在20%以上[1-2]。

（二）繁殖和种植技术

1. 育苗技术

海南砂仁的主要繁殖方式为种子繁殖和分株繁殖。种子繁殖应选择成熟的种子，收集结果多、粒大、无病害的成熟鲜果，进行后熟处理。播种前用沙子摩擦种皮，至有明显砂仁香气时为止；清水洗去杂质，取出种子，稍晾干后进行播种；可选择春季 3 月份和秋季 9—10 月份进行播种，可采用撒播、沟播或开行点播。分株繁殖选择春、秋两季，选取生长健壮、结实率高的植株，截取带有 1～2 条匍匐茎和 2～3 个笋芽的当年生植株定植于大田，忌无幼芽或失去发芽能力的老苗；挖好穴，将接种苗匍匐茎呈自然舒展状态埋入穴中，深约 7 cm，保证嫩芽露出地面，覆土压实，浇足定根水[3]。

2. 种植定植技术

定植宜选择次年 4—5 月份，苗长至 33 cm 以上进行。定植时，株行距宜选择 60 cm×60 cm 或 100 cm×60 cm，每亩用苗 1500 株左右。定植一般在阴雨天进行，定植穴中施腐熟有机肥或堆肥。

3. 幼苗及成年植株管理

（1）幼苗管理。

苗期荫蔽度以 70%～80% 为宜。苗期管理应做到"四勤"，即勤浇水，勤除草，勤揭、盖荫棚，勤喷药防病。注意保暖抗寒，保持土壤湿润，肥料以氮肥为主，注意先稀后浓；一般春秋各施 1 次肥，在株丛旁边各挖 1 条深 25～30 cm 的沟，每丛放腐熟的有机肥 2～3 kg 和 0.5～1.0 kg 的三元复合肥；及时清理杂草，低洼地注意排水。

（2）成年植株管理。

开花结果期荫蔽度以 50%～60% 为宜，一般在 3 月开花前除草施肥 1 次，促进开花结果；每亩施钙镁磷肥 20～25 kg、氮磷钾复合肥 20～30 kg、尿素 2～3 kg。9—10 月采果后，进行第二次除草施肥，割去枯枝和弱苗，每亩施有机肥 200 kg、钙镁磷肥 20 kg、复合物 20 kg、尿素 2～3 kg；环沟施肥，施后覆土。干旱天气，须及时灌溉；雨水过多，应及时排水。每年 9 月份采果后，须及时进行修剪，可结合田间除草，剪除枯枝、病虫株、细弱株和过密株，修剪完成后，将所有枯枝和病株进行集中烧毁[4-5]。

（三）病虫害防治

1. 病害

海南砂仁主要的病害为茎枯病、叶斑病、根腐病、茎腐病和果腐病。茎枯病可喷洒 65% 代森锌 500 倍液稀释液或 1:1:140～1:1:160 波尔多液防治。叶斑病的防治方法为：保持苗床通风透光，降低湿度，及时烧毁病株；用 60% 代森铵 1000 倍液喷洒防治，发病初期每 7 天喷洒 1 次，连续喷洒 3～4 次。根腐病的防治：忌阴雨天中耕除草，及时拔除病株，用石灰进行病穴消毒。茎腐病和果腐病的防治：注意雨季排水，春季割苗开行，保证植株通风透光，花果期特别是幼果期注意控制氮肥。秋季收果后和春季 3 月，每亩各施 1 次石灰和草木灰（1:2～1:3）30～40 kg。幼果期在果实及匍匐茎上喷洒 0.2% 高锰酸钾液（每亩 100 kg），喷药后撒施 1∶4 石灰和草木灰，每 7 天喷洒 1 次，连续喷洒 3 ～ 4 次。

2. 虫害

海南砂仁主要的虫害为钻心虫。防治方法为加强水肥管理，促进海南砂仁群体生长势，促进植株健壮[4-5]。

四、采收加工

1. 采收

一般于立秋至处暑前后收获，果实由鲜红色转为紫红色，种子由白色变为褐色或黑色，用小刀割取果穗。

2. 加工

果实采收后，一般采用火焙法、晒干法和烤焙法进行初加工。烘焙至果皮软时（大概五六成干），需喷 1 次水，使得果皮皱缩，有助于长期保存。海南砂仁的加工可直接剥去果皮，晒干或烘干即可，注意晒干或烘干时应轻翻，防止散粒；剥下的果皮，晒干即为砂壳[3-5]。

五、生药特征

海南砂仁果实呈长椭圆形、梨形、椭圆形或卵圆形，有明显 3 条钝棱，长 1.5 ～ 2 cm，直径 0.8 ～ 12 cm；表面棕褐色或灰棕色，被片状、分枝的短柔刺，基部具果梗痕。果皮厚而硬，表面多红棕色，每室含种子 4 ～ 24 颗。种子团较小，种子多角形，长 2.5 ～ 4 mm，直径 1.5 ～ 2 mm。其气芳香，味淡，以个大、坚实、仁饱满、气香浓者为佳。

六、化学成分研究

海南砂仁中分离的化学成分有挥发油、多酚类、多糖、有机酸等。挥发油是海南砂仁主要药理活性成分之一，其中主要的 8 个药理活性物质乙酸左旋龙脑酯、樟脑、龙脑、石竹烯、古巴烯、匙叶桉油烯、豆甾醇、α-甜没药醇占了含量绝大部分的比重，其次为崁烯、α-蒎烯、β-蒎烯、α-柯巴烯、柠檬烯、月桂烯、蓝桉醇、二环大根香叶烯、薄荷烯醇、二十三烷、二十四烷。其他化学成分包含二芳基庚烷类化合物（治疗胃溃疡的物质之一）；黄酮类化合物如槲皮素、儿茶素、槲皮苷、异槲皮苷；多酚类物质如 3-乙氧基对羟基苯甲酸、香草酸-1-β-D-葡萄糖苷、异鼠李素-3-β-D-葡萄糖苷、黄烷香豆素、异黄烷香豆素、3,3',4,4'-四羟基联苯、β-胡萝卜苷；有机酸如香草酸、硬脂酸、棕榈酸、原儿茶酸、对甲氧基肉桂酸酯、对羟基肉桂酸等。

部分化合物结构式如下：

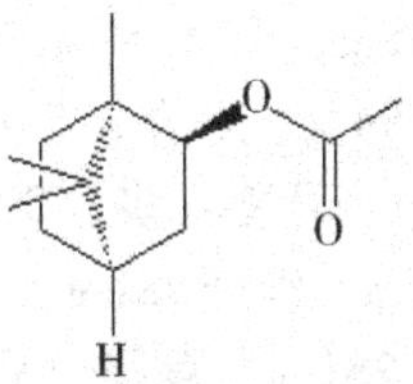

乙酸左旋龙脑酯

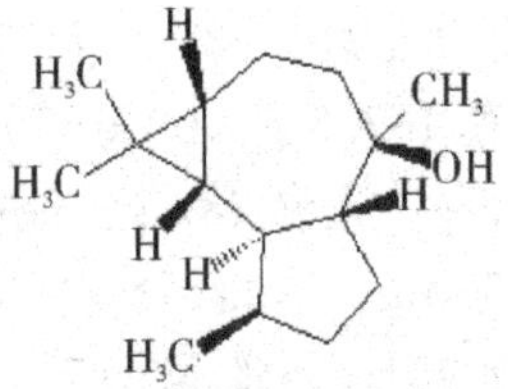

蓝桉醇

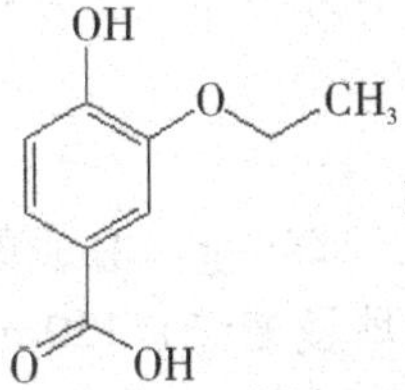

3-乙氧基对羟基苯甲酸

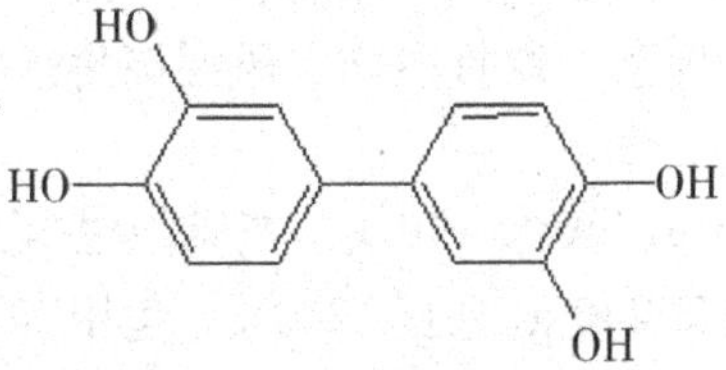

3,3',4,4'-四羟基联苯

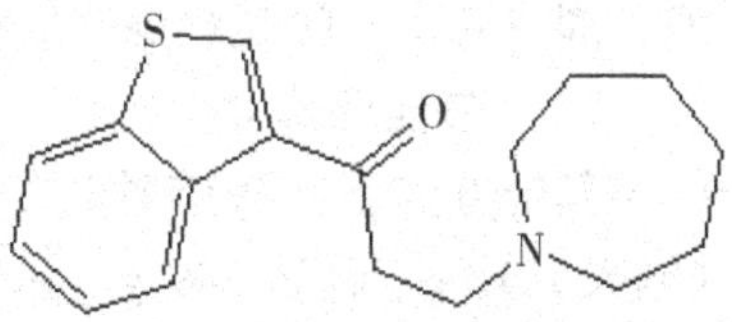

对甲氧基肉桂酸酯

七、现代药理研究

（1）胃肠道保护作用：海南砂仁对胃肠保护作用主要包括抗胃溃疡、抗溃疡性结肠炎。其机制可能是通过减少自由基的产生、减轻结肠细胞间的黏附、明显抑制 TNF-α 与 NF-κB p65 两种因子的表达而起作用。

（2）抗氧化作用：总黄酮的抗氧化性能较强，且活性较高。

（3）其他：抗炎、镇痛和止泻活性。海南砂仁挥发油对分别用二甲苯和对角叉菜胶引发的小鼠炎症具有良好的抗炎活性；对热板法和醋酸致痛引发的疼痛具有良好镇痛活性；对番泻叶引发的腹泻有止泻效果[6]。

八、传统功效、民间与临床应用

海南砂仁能行气调中、和胃、醒脾，用于腹痛痞胀、胃呆食滞、噎膈呕吐、寒泻冷痢、妊娠胎动等症。

九、药物制剂与产品开发

1. 以海南砂仁为原料的常见中成药

（1）安阳虎骨药酒。

其处方如下：海南砂仁281 g、制川乌750 g、桑枝375 g、五加皮375 g、威灵仙187.5 g、虎骨（炒烫）375 g、独活281 g、佛手281 g、木瓜375 g、法半夏187.5 g、川芎375 g、甘草187.5 g、杜仲（炒炭）187.5 g、白芷187.5 g、细辛375 g、补骨脂（盐炭）187.5 g、青皮187.5 g、八角茴香94 g、枳壳（麸炒）

281 g、黄芪 281 g、羌活 187.5 g、防风 187.5 g、红花 562.5 g、苍术 187.5 g、桔梗 281 g、白术（土炒）187.5 g、千年健 375 g、鹿茸 94 g、桂枝 94 g、没药（炙）375 g、茜草 187.5 g、山柰 375 g、荆芥 94 g、木香 375 g、制草乌 750 g、桃仁（炒）187.5 g、人参 281 g、地枫皮 281 g、乳香（炙）375 g、天麻 94 g、菟丝子（蒸）187.5 g、当归 375 g、枸杞子 375 g、续断 281 g、蚕沙 187.5 g、熟地黄 750 g、泽泻 281 g、地龙 187.5 g、秦艽 281 g、草果（炒）281 g、花椒 281 g、油松节 187.5 g、肉桂 187.5 g、川牛膝 375 g。成品为红棕色的澄清液体；气香，味苦。其功效为祛风除湿、活血止痛、强筋壮骨，用于半身不遂、左瘫右痪、周身麻木、腰腿疼痛、肢体拘挛、跌打损伤、风湿诸疼。

（2）参桂鹿茸丸。

其处方如下：海南砂仁 120 g、人参 120 g、鹿茸（去毛）240 g、山茱萸（酒炙）12 g、地黄 249 g、熟地黄 240 g、白芍 240 g、龟甲（炒烫醋淬）120 g、鳖甲（沙烫醋淬）120 g、阿胶 360 g、杜仲（炒炭）120 g、续断 120 g、天冬 162 g、茯苓 240 g、酸枣仁（炒）120 g、琥珀 60 g、艾叶（炒炭）120 g、陈皮 120 g、泽泻 120 g、没药（醋炙）120 g、乳香（醋炙）90 g、延胡索（醋炙）90 g、红花 90 g、西红花 60 g、怀牛膝（去头）138 g、川牛膝（去头）120 g、鸡冠花 180 g、赤石脂（煅）90 g、香附（醋炙）360 g、甘草 60 g、秦艽 120 g、黄芩 150 g、白术（麸炒）180 g、陈皮 360 g、木香 30 g、沉香 30 g、当归 240 g、川芎 180 g、肉桂 120 g。成品为棕黑色的大蜜丸；气微香，味微甜、苦。其功效为补气益肾、养血调经，用于气虚血亏、肝肾不足引起的体质虚弱、腰膝酸软、头晕耳鸣、自汗盗汗、失眠多梦、肾寒精冷、宫寒带下、月经不调。

2. 其他含有砂仁原料的中成药

如参苓健脾丸（党参健脾丸）、和中理脾丸、开胃山楂丸、七制香附丸、三宝胶囊、香苏调胃片、小儿四症丸、洋参保肺丸、中满分消丸、种子三达丸、磨积散、木香分气丸、安中片、舒郁九宝丸等。

十、其他应用与产品开发

1. 保健食品

（1）三七砂仁软胶囊：含海南砂仁粉（经辐照）、三七提取物、广藿香油、紫苏叶油，辅助保护胃黏膜。

（2）砂仁佛手胶囊：含蒲公英、佛手、三七、海南砂仁、猴头菌提取物、蜂胶提取物等，辅助保护胃黏膜。

（3）砂仁健胃酒[7]。其主要配料为：海南砂仁 13 g、蒲黄 1 g、高良姜 0.35 g、丁香 0.35 g、荜茇 0.15 g、山药 3 g、黄芪 7 g、山楂 6.5 g、甘草 7 g 和高粱酒。按照传统制酒方法得到砂仁健胃酒。

（4）砂仁果丹皮[8]。其主要原料包括：山楂、砂仁粉体以及甜味剂，山楂与砂仁粉的重量比为（40～50）∶（10～20）。砂仁采用粉的形式进行制膏，能够将砂仁中的纤维打断，避免咀嚼后留渣。甜味剂和山楂的气味对砂仁的气味进行协调，使口感酸甜可口，还能遮掩砂仁的特殊气味。

2. 化妆品原料

海南砂仁提取物可用于化妆品原料。

3. 香料或调味品

海南砂仁常用于肉类、面食的调味品，也用于卤菜的香料。

参考文献

［1］陈振夏，谢小丽，庞玉新，等. 海南砂仁高产种植技术与推广［J］. 热带农业科学，2016，36（6）：33 － 36.

［2］刘加建，陈铸洪，郭吓忠，等. 砂仁叶果两用高效节本种植技术［J］. 安徽农学通报，2017，23（21）：102 － 103.

［3］刘晓明. 砂仁高产种植技术探讨［J］. 南方农业，2019，13（9）：33 － 35.

［4］周永康. 砂仁高产种植技术［J］. 四川农业科技，2017（4）：26 － 28.

［5］周淑荣，董昕瑜，郭文场，等. 阳春砂仁的种植管理与采收加工［J］. 特种经济动植物，2018，21（5）：28 － 31.

［6］屈慧娟，欧虹雅，林开文，等. 海南砂仁化学成分和药理作用研究进展［J］. 海南医学院学报，2023，29（1）：73 － 75.

［7］李光，李宜航，陈曦，等. 砂仁健胃中药组合物、砂仁健胃酒及其制备方法：CN 109395011 A［P］. 2019 － 03 － 01.

［8］李光，李宜航，陈曦，等. 砂仁果丹皮及其制备方法：CN 109393134 A［P］. 2019 － 03 － 01.

白豆蔻

一、来源及产地

姜科植物白豆蔻 *Amomum testaceum* Ridl.，又名豆蔻、圆豆蔻、波蔻。原产于柬埔寨、泰国、越南、缅甸及印度尼西亚等国，现中国海南、云南和广西等地有种植。

二、植物形态特征

该植物为多年生草本，茎丛生。叶片卵状披针形，长约 60 cm，宽 12 cm，顶端尾尖，两面光滑无毛，近无柄；叶舌圆形，叶鞘口及叶舌密被长粗毛。穗状花序自近茎基处的根茎上发出，常圆柱形，密被覆瓦状排列的苞片；苞片三角形，具明显的方格状网纹；小苞片管状，一侧开裂；花萼管状，白色微透红，外被长柔毛，顶端具 3 齿，花冠管与花萼管近等长；裂片白色，长椭圆形，唇瓣椭圆形，中央黄色，内凹，边黄褐色，基部具瓣柄；雄蕊下弯，药隔附属体 3 裂，子房被长柔毛。蒴果近球形，白色或淡黄色，略具钝三棱，有 7～9 条浅槽及若干略隆起的纵线条，顶端及基部有黄色粗毛，果皮木质，易裂为 3 瓣。不规则多面体种子，暗棕色，种沟浅，有芳香味。花期 5 月，果期 6—8 月。

三、种植技术要点

（一）场地选择

白豆蔻原产地位于南纬 8～9°，年平均气温为 25～27 ℃，年均降雨量 1500～3755 mm，高温、多雨、高湿和静风的热带雨林地区。宜选择自然林下或经济林下遮阴条件好、土壤透气性好，排水良好、湿度大、传媒昆虫丰富、全年无霜冻、土壤含水量在 25% 左右的沙壤土或黏壤土种植[1-3]。

（二）繁殖和种植技术

1. 育苗技术

目前常用的繁殖技术主要为播种繁殖技术和分株繁殖两种方式，其繁殖率较低。成熟的白豆蔻种子出苗率可达 76.7%，而未成熟的种子出苗率仅有 36.7%，采收后立即播种出苗率为 25.7%，不同处理方式和贮藏方法对种子发芽率影响较大。宜选取充分成熟、粒大饱满的鲜果，去除果壳，置于粗糙的水泥地面或在簸箕器皿中与沙子混合后揉去果肉，用干净水冲洗，室温阴干，用湿沙土与种子混匀催芽。芽点萌出后按宽12 cm、深2 cm的距离进行条播，盖上一层薄土，浇透水，覆盖上稻草保墒；出苗后可移去稻草，搭篷遮阴，及时进行灌溉。在长出3～4片叶时，按照株距10 cm进行间苗。分株繁殖宜选用健壮、无病虫害的5年生以上的株丛，剪用其中根茎相连、有2～3个地下茎的一小丛作为种苗；此外利用白豆蔻笋芽进行诱导芽分化，增殖培养、生根培养和移栽，成功率较高[4]。

2. 种植定植技术

待苗高30 cm左右，根部长出3～4棵新笋时，按照1.0 m×1.5 m株行距，深约30 cm进行移栽；深培土，压实，浇透水，覆盖稻草进行定植。

3. 幼苗及成年期管理

（1）幼苗期管理。

育苗时需要用新土进行栽种，播种前可用退菌特或代森锌进行土壤消毒，及时拔除病株，用1∶1.2∶100的波尔多液喷洒植株。苗期要求荫蔽度要高，荫蔽度控制在70%～80%，常浇水保持土壤湿润，同时要及时排涝防止烂根。

（2）成年期管理。

成株后需要适当间苗、遮阴，开花结果期要求荫蔽度控制在70%～80%，可选择树冠大、落叶易腐烂的经济林木，如催吐萝芙木作为永久遮阴树，山毛豆、红麻和芭蕉作为临时遮阴树进行间作。中耕及时松土除草，清除杂草和枯枝落叶，收果后应及时割除枯株、病株和残株，并清洁园地，以利于抽新笋和防治病虫害。施足底肥，及时追肥和培土，春季施肥促进抽笋、抽花蕾，冬季施肥可提高第二年开花结果率。施用微肥能促进新苗萌发，提高坐果率，缩短花期，促进果实团紧密，提高挥发油含量，如施用硫酸锌－硫酸锰混合微肥能提高白豆蔻的产量和品质，其挥发油含量可提高10.5%[5]。

白豆蔻自然成果率较低，为0.2%～0.6%。人工辅助授粉，可将成果率提高至35%左右，宜于上午9∶00至中午13∶00进行人工授粉，可一只手的拇指和食指夹住花朵，另一只手持小竹片或用手指伸入唇瓣中刮取花粉，涂抹在花柱头上，以提高成果率；及时进行灌溉，保持土壤湿润，且应及时排涝防止病害及烂根。

（三）病虫害防治

1. 病害

白豆蔻常见病害为茎腐病，烂花、烂果病，叶斑病。当发现茎腐病时，应趁早挖除病株，烧毁，撒生石灰或喷洒1∶1.2∶100波尔多液，注意田间排水；应选择地势较高、相对干燥的地块进行种植，及时排水以预防烂花、烂果病；应在新地育苗，并喷洒炭疽福美 500 ～ 1000 倍液以防治叶斑病。

2. 虫害

白豆蔻常见虫害为鞘翅目害虫，应及时剪除枯枝干叶，并集中烧毁进行防治。

四、采收加工

白豆蔻一般在 7—10 月果实成熟，用剪刀剪下其果穗，以个大、饱满、果皮薄而完整为佳；去除杂质，低温烘干或充分晒干即可药用；阴凉干燥处进行密闭贮藏。

五、生药特征

白豆蔻干燥果实略呈圆球形，具不显著的钝三棱，直径 1.2 ～ 1.7 cm。外皮黄白色，光滑，具隆起的纵纹 25 ～ 32 条，一端有小突起，一端有果柄痕；两端的棱沟中常有黄色毛茸。果皮轻脆，易纵向裂开，内含种子 20 ～ 30 粒，集结成团，分为 3 瓣，有白色隔膜，每瓣种子 7 ～ 10 粒。种子为不规则的多面体，直径 3 ～ 4 mm，表面暗棕色或灰棕色，有微细的波纹，一端有圆形小凹点；质坚硬，断面白色，有油性。其气芳香，味辛凉，以个体饱满、果皮薄而完整、气味浓厚者为佳。

六、化学成分研究

挥发油类成分主要有：1，8 - 桉叶素、月桂烯、β - 蒎烯、α - 蒎烯、α - 荜澄茄烯、百里香素、α - 葎草烯、α - 松油醇、龙脑、樟脑、3 - 蒈烯、4 - 松油醇、芳樟醇、柠檬烯、桧烯、（ - ）- 宁酮、2 - 甲基 - 5 - 乙基 - 5 - 庚烯 - 3 - 酮、α - 葑醇、异咖伦宾、α - 龙脑醛、1 - 松香芹醇、4 - 甲基 - 1 - 异丙基 - 3 - 环己烯醇、α - 萜品醇、佛术烯、α - 香橙烯、香芹酚、香芹酮、薄荷酮、3，17 - 雄二酮，2 - 甲基 - 5 - 异丙基 - 1，3 - 环己二烯等。

部分化合物结构式如下：

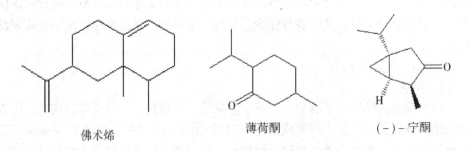

佛术烯　　　　　　薄荷酮　　　　　　（ - ）- 宁酮

七、现代药理研究

（1）抗氧化活性：白豆蔻精油具有较强的清除超氧阴离子自由基的能力。

（2）杀虫驱虫作用：白豆植物精油有效驱白纹伊蚊时间为 0.5 ～ 1.0 h。

（3）抗炎和镇痛作用：白豆蔻精油中含量最高成分 1，8 - 桉叶素是一种作用于中枢神经系统的抑制剂，其可有效抑制对角叉菜胶诱导的爪水肿和棉球诱导肉芽肿，抑制小鼠腹腔因注射乙酸诱导的腹腔毛细血管通透性增加，抑制足底因注射福尔马林和腹腔注射乙酸引起的化学疼痛；其对运动表现显著的抑制作用，也能增强戊巴比妥钠小鼠睡眠时间[5]。

八、传统功效、民间与临床应用

白豆蔻的果实药用，味辛、性温，归肺、脾、肾经；具有化食消痞、行气温中、开胃消食的功能；可用于湿浊中阻、不思饮食、温湿初起、胸闷不饥、寒湿呕逆、胸腹胀痛、食积不消等症。

中药以果入药，作芳香健胃剂。该药性温，味辛，气香，有理气宽中、健胃消食、除寒化湿、祛风行气、化湿止呕和解酒毒之功效。

九、药物制剂与产品开发

1. 以白豆蔻为原料的常见中成药

（1）香砂养胃口服液。

其处方如下：白豆蔻（去壳）50 g、香附（醋制）100 g、砂仁 100 g、广藿香 100 g、茯苓 100 g、厚朴（姜制）100 g、半夏（制）100 g、白术（麸炒）100 g、枳实（麸炒）100 g、甘草 50 g、陈皮 50 g、木香 50 g、大枣 40 g、生姜（捣碎）10 g。成品为棕褐色澄清液体；气香，味苦、微辛。该药能温中行气、健脾和胃，用于脾胃虚弱、消化不良、胃脘胀痛、呕吐酸水、不思饮食。

（2）人参再造片。

其处方如下：白豆蔻 8 g、母丁香 4 g、人参 8 g、制何首乌 8 g、羌活 8 g、草豆蔻 8 g、当归 8 g、两头尖 8 g、川芎（酒蒸）8 g、大黄 8 g、黄连 8 g、黄芪 8 g、防风（去头毛）8 g、琥珀 8 g、白芷 8 g、熟地黄（酒制）8 g、广藿香 8 g、葛根 10 g、玄参（去芦）8 g、桑寄生 10 g、茯苓（刮皮）8 g、全蝎（姜葱水漂）10 g、麻黄（开水沸）8 g、威灵仙（酒炒）10 g、天麻（姜汁制）8 g、安息香 16 g、甘草 8 g、蕲蛇（炙）16 g、姜黄 8 g、粉萆薢 8 g、细辛 4 g、肉桂 8 g、赤芍 4 g、乌药 4 g、白术（去咀）4 g、青皮（醋制）4 g、红花 3.2 g、僵蚕（姜汁制）4 g、厚朴 2 g、没药（炒）4 g、乳香（炒）4 g、血竭 0.32 g、地龙（甘草水漂）2 g、骨碎补 4 g、松香 2 g、白附子（姜汁制）4 g、木香 1.6 g、人工牛黄1 g、天南星（牛胆汁制）4 g、香附（四制）4 g、冰片1 g、龟甲（炙）4 g、朱砂（水飞）4 g、天竹黄4 g、水牛角浓缩粉6.4 g、沉香4 g。该品的制备方法为以上五十七味，将琥珀、朱砂、血竭、人工牛黄、水牛角浓缩粉、冰片分别粉碎成细粉；其余人参等五十一味混合粉碎成细粉，与琥珀、朱砂、血竭、人工牛黄、水牛角浓缩粉五味的细粉混合，低温干燥，制成颗粒；加入冰片细粉，压制成片，包糖衣，即得。成品为糖衣片，除去糖衣后显黄色；气香，味淡辛。该药能祛风化痰、活血通络，用于中风、步履艰难、口眼歪斜、手足痉挛、左瘫右痪、筋骨疼痛、半身不遂、言语不清。

2. 其他含有白豆蔻原料的中成药

如御制平安丸等。

十、其他应用与产品开发

1. 药膳

（1）白豆蔻馒头：1000 g面粉发酵后加入碾为粉末的3 g白豆蔻，混合均匀，以常规馒头做法制得后食用，有助于健脾和胃、消食导滞。

（2）藿香豆蔻粥：防风3 g，藿香、白豆蔻、畏姜各6 g，水煎。滤汁去渣，粳米煮粥后加入上述汁液稍煮即可，趁热服用，有助于治疗风寒或寒湿泄泻。

2. 香料

白豆蔻气味苦香、味辛凉微苦，用作天然调味香料有去除食品异味和增加香气的功效，在烹饪、汤料、药膳、饮料、风味食品、烧烤和腌制肉类等食品的调味中有广泛的应用。

3. 白豆蔻风味尖嘴林檎果棒棒糖[6]

该食品主要原料为白豆蔻、尖嘴林檎果、人面子、高良姜、笔筒草。其充分利用白豆蔻、尖嘴林檎果的营养价值，与中药相互配伍，协同增效，可开胃消食。该食品将常用棒棒糖的塑料棒，换成用面粉与白豆蔻粉等特制的糖棒并辅以巧克力包裹，为棒棒糖提供较新颖的吃法；在吃完糖果时还能享用糖棒，十分特别，而尖嘴林檎果发酵后口感更加独特并且保健功能突出，长期食用可明显改善消化不良人群的不适。

4. 白豆蔻提取物美白淡斑乳液[7]

该产品制备过程包括：白豆蔻提取物制备，甘草提取物制备，玛咖提取物制备，荞麦淀粉提取，颗粒状冷水可溶荞麦淀粉制备，最后以上述成分制备乳液。白豆蔻提取物美白淡斑乳液是一种护肤乳液，其以植物提取物作为活性成分，可美白淡斑；甘草具有优良的美白淡斑及抗衰老的功效，玛咖含有多糖类成分，如透明质酸、葡聚糖、生物糖胶等成分，因此具有良好的保湿和美白功效。

参考文献

［1］谭业华，陈珍. 爪哇白豆蔻在海南扩种种植的气候适应性分析［J］. 广东农业科学，2007（12）：22 – 24.

［2］游建军，彭建明，张丽霞，等. 白豆蔻引种种植研究进展［J］. 中成药，2009，31（12）：1916 – 1918.

［3］李云. 白豆蔻种植技术［J］. 农村实用技术，2005（8）：18.

［4］王兴文. 微量元素在砂仁、白豆蔻种植中的应用研究［J］. 医学研究通讯，1997（7）：23.

［5］邸胜达，姜子涛，李荣. 天然调味香料白豆蔻精油的研究进展［J］. 中国调味品，2015，40（1）：123 – 127.

［6］王可健. 一种白豆蔻风味尖嘴林檎果棒棒糖：CN 106720861 A［P］. 2017 – 05 – 31.

［7］张春松. 一种含白豆蔻提取物的美白淡斑乳液的制备方法：CN 108852965 A［P］. 2018 – 11 – 23.

姜　黄

一、来源及产地

姜科植物姜黄 *Curcuma longa* Linn.，又名郁金、黄姜、毛姜黄、黄丝郁金。原产于印度。现主要产于中国广东、广西、海南、云南、福建、台湾等省区。

二、植物形态特征

该植物为多年生草本。主根粗壮，长 3～4 cm，直径 2～3 cm，外表皮鲜黄色，多皱缩；末端膨大呈块根，根茎很发达，橙黄色，成丛；分枝很多，极香。叶片长圆形或椭圆形，先端短渐尖，基部渐狭，绿色，两面均无毛，每株5～7 片，叶柄长 20～45 cm。花葶由叶鞘内抽出，总花梗长 12～20 cm；穗状花序圆柱状，长 12～18 cm，直径 4～9 cm；苞片卵形或长圆形，绿白色，先端钝，上部无花的较狭，顶端尖，开展，基部白色，先端染淡红晕；花萼具不等的钝 3 齿，白色，被微柔毛；花冠淡黄色，管比花萼长 2 倍多，达 3 cm；裂片三角形，上部膨大，后方的 1 片稍较大，具细尖头；侧生退化雄蕊比唇瓣短，与花丝及唇瓣的基部相连成管状；黄色唇瓣圆形，中部色较深，药室基部具 2 角状的距；子房被短柔毛。花期 8 月。

三、种植技术要点

（一）场地选择

姜黄宜选择交通便利、300～800 m 的中高海拔山区种植；宜选择避风向阳，以及排灌方便、土层深厚疏松、富含有机质、光照充足、地块坡度较缓、pH 中性或微酸性沙壤土或红壤土的地块种植[1-2]。

（二）繁殖和种植技术

1. 育苗技术

姜黄主要繁殖方式为根茎繁殖，宜选择色泽鲜黄、老熟饱满、个头大、芽眼较密、无病虫和损伤的根茎。

2. 种植定植技术

大田种植一般为 3 月底至 4 月初，株行距为 20～25 cm，每亩种植 1 万株左右。种植宜在晴天进行，按照沟宽 30 cm、沟深 10 ～ 15 cm 开沟，将种块每隔 25 cm 摆放 1 个，种芽朝上，然后覆土 5 cm；有条件的可在种植畦上覆盖稻草，减少水分蒸发，也防止雨水冲刷[3-4]。

3. 幼苗及成年植株管理

（1）幼苗管理。

芽期和苗期需中度遮阴，姜苗刚出土时，需及时中耕除草。待姜苗长至 20 cm 时，应选择晴天、土壤表面湿度较低时进行除草，以后视杂草生长情况再进行 1 次；结合第一次中耕除草施促苗肥，每亩沟施尿素 20 ～ 25 kg。

（2）成年植株管理。

待姜苗株高 50 cm 左右时进行 1 次培土，培土高度 10 cm 左右；结合培土施壮苗肥，每亩施豆饼 100 ～ 150 kg 或农家肥 1000 kg。7 月以后发现个别杂草，人工拔除即可；7 月上旬施壮姜肥，每亩追施氮磷钾复合肥 35 ～ 45 kg。干旱季节及时浇灌水，雨季应及时排积水。

（三）病虫害防治

1. 病害

姜黄的主要病害为根腐病和叶斑病。根腐病的防治可于发病初期用 50% 退菌特可湿性粉剂 1000 倍液浇灌；叶斑病则用 50% 退菌特可湿性粉剂 700 倍液或 70% 代森锰锌 800 倍液喷施防治，每隔 7 天喷施 1 次，连喷 2 次[4]。

2. 虫害

姜黄的主要虫害为姜螟、地老虎和蛴螬。姜螟的防治方法为及时清除或烧毁姜螟寄生场所，用 50% 杀螟松乳剂 500 倍液或 90% 敌百虫晶体 1000 倍液喷施防治，选择晴天下午喷施，每 7 ～ 10 天喷施 1 次，连续喷施 3 次。地老虎和蛴螬的虫害情况较轻时，选择人工捕杀的方式；情况严重时，在苗期用 40% 辛硫磷乳油 1500 ～ 2000 倍液灌根杀灭幼虫和虫卵[4-5]。

四、采收加工

种姜（姜娘）宜在发芽长成植株形成新姜后采收，嫩姜宜在生姜植株旺盛生长期采收，鲜姜则宜在初霜（11 月下旬至 12 月上旬）来临前采收，均除去根须、附着的泥沙和烂姜。采收后放置通风处，及时晒干或烘干，也可选择蒸煮后再晾干[6]。

五、生药特征

根茎呈不规则卵圆形、圆柱形或纺锤形，常弯曲，有的具短叉状分枝，长 2 ～ 5 cm，直径 1 ～ 3 cm，或呈不规则或类圆形的厚片。表面深黄色，粗糙，有皱缩纹理和明显环节，并有圆形分枝痕及须根痕。质坚实，不易折断，断面棕黄色至金黄色，角质样，有蜡样光泽，内皮层环纹明显，维管束呈点状散在。气香特异；味苦、辛。

六、化学成分研究

姜黄根茎中含挥发油，其主要化学成分为：1，8 - 桉叶素、松油烯、石竹烯、芳姜黄烯、姜黄烯、莪术醇、莪术酮、姜黄酮、芳姜黄酮、莪术二酮、α - 蒎烯、去氢姜黄酮、水芹烯等。

其他化学成分主要有姜黄素、β - 榄香烯、Ar - 姜黄酮、β - 姜黄酮、呋喃二烯等。

部分化合物结构式如下：

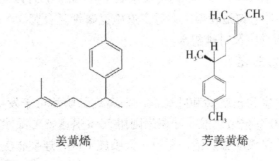

| 姜黄烯 | 芳姜黄烯 |

七、现代药理研究

（1）降血脂作用：姜黄提取物有明显的降血浆总胆固醇和 B - 脂蛋白的作用，并能降低肝胆固醇，纠正 A - 脂蛋白和 B - 脂蛋白比例失调，但对内源性胆固醇无影响。

（2）抗肿瘤作用：姜黄醇提物能抑制癌细胞生长。

（3）抗炎作用：姜黄素能对抗角叉菜胶诱发的大鼠脚趾肿胀，在 30 mg/kg 范围内有剂量依赖性。

（4）抗病原微生物作用：姜黄素对细球菌有抑制作用；挥发油有强力抗真菌作用。

（5）对心血管系统的影响：用姜黄素灌胃能对抗垂体后叶素静脉注射引起的大鼠心电图 S - T 波、T 波变化，灌胃还能增加小鼠心肌营养性血流量。

（6）利胆作用：姜黄提取物等可利胆，增加胆汁的生成和分泌，促进胆囊收缩，其中以姜黄素的作用为最强。

（7）对终止妊娠的作用：姜黄水煎剂腹腔注射或皮下注射给药对小鼠各期妊娠都有明显作用。

（8）抗氧化作用：姜黄素对五大脏器的脂质过氧化作用都有明显对抗

作用[7]。

八、传统功效、民间与临床应用

姜黄精油成分中莪术醇对子宫癌有一定的疗效；其根茎具有行气破瘀、通经止痛、促进胆汁分泌、缓和胃痛、消炎、抗毒、增进食欲、止泻等作用；主治风寒肩臂、腰背疼痛、血滞、胸腹胀痛、痛经、跌打损伤、瘀血肿痛。

九、药物制剂与产品开发

1. 以姜黄为主要原料的常见中成药

（1）骨增生镇痛膏。

其处方如下：姜黄 30 g、红花 5 g、骨碎补 5 g、川芎 5 g、猎牙皂 5 g、当归尾 5 g、生川乌 10 g、细辛 10 g、生草乌 10 g、羌活 5 g、白芥子 5 g、独活 5 g、生天南星 10 g、栀子 5 g、生半夏 10 g、干姜 30 g、桉油 210 g、樟脑 17 g、雄黄 120 g。成品为浅棕黄色的片状橡胶膏；气芳香。该药能温经通络、祛风除湿、消瘀止痛，用于各种骨增生性关节炎，亦可用于风湿性关节炎。

（2）活血理伤丸。

其处方如下：姜黄 60 g、续断 800 g、骨碎补（烫）100 g、红花 200 g、赤芍 200 g、延胡索（醋制）120 g、三棱 120 g、防风 120 g、甘草 120 g、苏木 120 g、当归 120 g、桃仁（炒）80 g、枳实（炒）80 g、甜瓜子（炒）80 g、北刘寄奴 80 g、桔梗 80 g、关木通 80 g、乳香 80 g、自然铜（煅）80 g、土鳖虫 40 g。成品为棕黑色的大蜜丸；味苦、微甘。该药能活血、化瘀，用于跌打损伤、肿胀疼痛。

2. 其他含有姜黄原料的中成药

如太极升降丸、祛风湿膏、中满分消丸、跌打榜药酒、通络活血丸、人参再造片、跌打榜药酒等。

十、其他应用与产品开发

1. 化妆品

如姜黄精油、姜黄氨基酸控油去屑洗发水、姜黄玉肌精华液、姜黄泡浴粉、姜黄氨基酸无硅油控油去屑洗发水、姜黄深润修护身体乳、姜黄韧养洗发露、姜黄素精华液、姜黄素去屑洗发露、苦参姜黄膏等。

2. 化妆品原料

姜黄素、四氢姜黄素、姜黄根提取物等可用作化妆品原料。

3. 保健食品

（1）蒲公英灵芝姜黄茶：含蒲公英提取物、葛根提取物、灵芝提取物、姜黄提取物，对化学性肝损伤有辅助保护作用。

（2）葡萄姜黄胶囊：含葡萄提取物、姜黄提取物、三七提取物、罗布麻提取物、绞股蓝提取物，有助于维持血脂健康水平。

（3）其他保健食品：如姜黄三七胶囊、姜黄破壁灵芝孢子粉胶囊、姜黄银杏叶西洋参胶囊、葛根姜黄灵芝胶囊等。

4. 其他

姜黄大量用于食品香精、食品调味品和食品染色等，是咖喱粉不可缺少的香辛料。根茎可作香辛料、咖喱、泡菜的颜色配料，还可作切花、作染料。

参考文献

[1] 钟爱清. 畲药姜黄绿色高效种植关键技术 [J]. 农业科技通讯, 2021 (8): 309 – 311.

[2] 宋玉丹, 王书林, 余弦. 犍为姜黄规范化种植规程（SOP）[J]. 成都中医药大学学报, 2015, 38 (1): 41 – 43.

[3] 张祖铭. 将乐县姜黄种植技术 [J]. 特种经济动植物, 2020, 23 (7): 27 – 37.

[4] 羊青, 晏小霞, 王祝年, 等. 两种土壤种植下姜黄挥发油的化学成分比较 [J]. 热带作物学报, 2015, 36 (10): 1916 – 1919.

[5] 孙静林, 尤伟群, 侯平扬. 揭阳地区大肉姜高产种植技术 [J]. 广东农业科学, 2011, 38 (12): 36 – 37.

[6] 杨小芳, 陈育才, 刘建福, 等. 不同产地姜黄属植物中姜黄素类成分及矿质元素分析 [J]. 植物学报, 2019, 54 (3): 335 – 342.

[7] 郭芳, 顾哲, 贾训利, 等. 药用植物姜黄的研究进展 [J]. 安徽农业科学, 2022, 50 (16): 14 – 19.

莪　术

一、来源及产地

姜科植物莪术 *Curcuma phaeocaulis* Valeton，又名山姜黄、臭屎姜，主要分布于中国台湾、福建、江西、广东、广西、海南等省区。野生于林荫下，也有人工种植。

二、植物形态特征

该植物为多年生草本。主根锥状陀螺形，根茎圆柱形，肉质，具樟脑般香味，内面淡黄色，须根细长或末端膨大成块根，纺锤形。叶直立，基生，4～7片，正面沿中脉两侧常有1～2 cm宽的紫斑，椭圆状长圆形至长圆状披针形，长25～70 cm，宽10～15 cm，先端渐尖，基部下延成柄，两面无毛，叶柄短。花葶由根茎发出，常先叶而生，长10～20 cm，被疏松、细长的鳞片状鞘数枚；穗状花序阔椭圆形，从根茎抽出，有苞片20多枚；花淡黄色，比苞片略短；花萼长1～1.2 cm，白色，顶端3裂；花冠管黄色，长2～2.5 cm，裂片后方的1片较大，长1.5～2 cm，先端具小尖头；侧生退化雄蕊比唇瓣短和狭；唇瓣黄色，先端微缺；花药药隔基部具叉开的距，子房无毛。蒴果三角形。花期4—6月。

三、种植技术要点

（一）场地选择

莪术喜温暖湿润气候，适于在海拔800 m以下的低山、丘陵和平坝区生长，忌严寒霜冻；应选择年平均气温在16～18 ℃、年降雨量在900～1600 mm、日照2000 h以上、稍荫蔽的环境，土层深厚肥沃、排水良好、pH中性的砂质壤土种植[1]。

（二）繁殖和种植技术

1. 育苗技术

莪术的主要繁殖方式为根茎繁殖和种子繁殖。根茎繁殖时选择根茎肥大、健壮、芽饱满且无病虫害的二头根茎作种，于每年3月下旬至4月初种植。种子繁殖时取成熟种子，晾干 1 ~ 2 天，去掉假种皮，种子千粒重 10.5 g；可随采随播，也可置于阴凉条件下贮藏到次年开春后再播；先用 0.2% 多菌灵药液浸泡 10 min，捞起晾干，再播种，气温 24 ℃ 以上，8 ~ 10 天发芽[2-3]。

2. 种植定植技术

种植采用穴栽，每垄种植 1 行，按照行距 33 ~ 40 cm、株距 40 cm 挖窝，穴深 5 ~ 10 cm，每穴栽 1 个种姜，栽后覆土 5 ~ 10 cm，每亩 1400 株。

3. 幼苗及成年植株管理

（1）幼苗管理。

种苗出齐后，结合第一次中耕除草，常在雨后直接撒播尿素，每亩 10 kg。

（2）成年植株管理。

成株分别于立秋前后、处暑前后和白露前后各中耕除草 1 次，结合中耕除草进行追肥 2 次，分别在 7 月初和 9 月初，每亩每次施氮磷钾复合肥 30 ~ 50 kg。当天气干旱少雨时，需及时在早上或夜晚浇水，以保持土壤湿润。

（三）病虫害防治

1. 病害

莪术主要的病害为根腐病和叶斑病。根腐病的防治方法为与禾本科作物和油菜等作物轮作，发现病株及时挖除，对病穴撒生石灰消毒，在发病初期浇灌 50% 退菌特可湿性粉剂 1000 倍液；喷施托布津 500 倍液可防治叶斑病[4]。

2. 虫害

莪术主要的虫害为蛴螬和姜弄蝶。防治方法为用 90% 晶体敌百虫按照每亩 100 g 与炒香的菜籽饼 5 kg 做成毒饵诱杀蛴螬；用 90% 晶体敌百虫 800 ~ 1000 倍液喷雾毒杀姜弄蝶。

四、采收加工

当年 12 月至次年 3 月均可采收莪术，选择种植 1 年生收获的根茎肥大、健壮、无疤痕和病害的优良根茎作种。于晴天进行，先割去地上部分茎叶，挖除根茎和块根，抖去泥土，剪去根茎的须根，将根茎和块根分开堆放；去除泥土，摘下块根，摘时略带须根，将块根洗净，蒸或煮至透心取出，晾晒至足干或用设备烘干；干燥后将其放入撞笼除去须根即为郁金，加工得到的干燥根茎即为莪术，最后按照药材大小进行分级[3-4]。

五、生药特征

干燥根茎呈卵圆形、长卵形、圆锥形或长纺锤形，顶端多钝尖，基部钝圆，长 2 ~ 8 cm，直径 1.5 ~ 4 cm。表面灰黄色至灰棕色，上部环节凸起，有圆点状微凹的须根痕或有残留的须根，有的两侧各有 1 列下陷的芽痕和类圆形的侧生根茎痕，有的可见刀削痕。体重，质坚实，断面灰褐色至蓝褐色，蜡样，常附有灰棕色粉末，皮层与中柱易分离，中柱占大部分，内皮层环圆形，棕褐色。气微香，味微苦而辛。

六、化学成分研究

莪术的挥发油类成分有莪术醇、莪术酮、莪术二酮、吉马酮、β-榄香烯、莰烯、β-蒎烯、1，8-桉叶素、芳樟醇、龙脑、樟脑、芳姜黄烯、姜烯、芳姜酚、姜黄酮、脱水莪术酮等。

其他化学成分包含姜黄素，如二苯基庚烷类化合物；三萜类化合物，如β-谷甾醇、羽扇豆醇；酯类化合物，如月桂酸甘油酯、正十三烷酸单甘油酯、邻苯二甲酸二丁酯等；甾体化合物，如豆甾醇[5]。

部分化合物结构式如下：

| 莪术醇 | 莪术酮 | 莪术二酮 | 吉马酮 |

七、现代药理研究

（1）抗肿瘤作用：莪术油能明显抑制肿瘤细胞增殖，诱导肿瘤细胞凋亡。其机制可能与上调 Caspase-3 和 Bax 蛋白表达、下调 Bcl-2 蛋白表达相关。

（2）抗血小板聚集及抗血栓：莪术水提取物能抑制由胶原蛋白-肾上腺素引起的小鼠血栓形成，增加小鼠的凝血时间。

（3）调血脂、抗动脉粥样硬化作用：莪术油可降低动脉粥样硬化模型大鼠血清总胆固醇、甘油三酯、低密度脂蛋白胆固醇水平，提高高密度脂蛋白胆固醇水平，改善动脉粥样硬化模型大鼠血脂水平，降低炎性因子白细胞介素-2（IL-2）、高敏 C 反应蛋白（hs-CRP）、肿瘤坏死因子-α（TNF-α）等血清炎症因子水平，发挥抗动脉粥样硬化作用。

（4）对缺血性脑卒中的保护作用：莪术对大鼠缺血性脑卒中有一定的治疗作用，其机制可能与降低脑水肿、抗自由基及保护缺血区脑组织有关。

（5）提高免疫能力：莪术多糖对脾细胞具有刺激活性，且呈剂量相关。

（6）保肝作用：莪术能够明显抑制丙氨酸转氨酶（ALT）、天冬氨酸转氨酶

（AST）水平升高，显著降低透明质酸、层黏连蛋白、前胶原的含量，并提高白蛋白（ALB）水平。

（7）镇痛、抗炎：莪术提取物能对因化学物刺激引起的疼痛起到抑制作用，但对神经反应引起的疼痛并无抑制作用。

（8）降血糖作用：莪术多糖可以通过改善糖尿病血糖、调节脂代谢紊乱和减少凋亡 β 细胞的多重作用调控来发挥降血糖作用[5]。

八、传统功效、民间与临床应用

莪术根茎可行气破血、消积止痛，主用于气血凝滞、心腹胀痛、症瘕、积聚、宿食不消、妇女血瘀经闭、跌打损伤作痛。块根称"绿丝郁金"，可行气解郁、破瘀、止痛。

九、药物制剂与产品开发

1. 以莪术为主要原料的常见中成药

（1）安阳精制膏。

其处方如下：莪术 24 g、生川乌 24 g、生草乌 24 g、乌药 24 g、白蔹 24 g、白芷 24 g、白及 24 g、木鳖子 24 g、关木通 24 g、木瓜 24 g、三棱 24 g、当归 24 g、赤芍 24 g、肉桂 24 g、大黄 48 g、连翘 48 g、血竭 10 g、阿魏 10 g、乳香 6 g、没药 6 g、儿茶 6 g。成品为微红色片状橡胶硬膏；具芳香气。其功效为消积化块、逐瘀止痛、舒筋活血、追风散寒，用于男子气块、妇女血块、腹内积聚、风寒温痹、腰腿痛、筋骨痛、胳膊痛、关节诸痛、胃寒疼痛、手足麻木。

（2）醋制香附丸。

其处方如下：莪术（醋制）10 g、香附（醋制）280 g、益母草 10 g、当归 20 g、熟地黄 20 g、白芍 15 g、柴胡 15 g、川芎 10 g、延胡索（醋制）10 g、乌药 10 g、红花 9 g、干漆（炭）10 g、三棱（醋制）10 g、艾叶（炭）10 g、牡丹皮 5 g、丹参 5 g、乌梅 5 g。成品为黑褐色大蜜丸；气微香，味苦、辛。其功效为调气和血、逐瘀生新，用于气滞血瘀、癥瘕积聚、行经腹痛、月经不调。

2. 其他含有莪术的中成药

如妇科乌金丸、海马万应膏、清胃和中丸、伤科跌打丸、柴胡舒肝丸、和络舒肝胶囊、和络舒肝片、加味烂积丸、开郁老蔻丸、开郁舒肝丸、少林风湿跌打膏、舒气丸、万应宝珍膏、磨积散、跌打风湿酒、木香分气丸等。

十、其他应用与产品开发

1. 化妆品原料

莪术叶提取物、莪术根提取物、莪术根油、莪术根粉等均可作为化妆品原料。

2. 香料

莪术根茎可以作为香料。

3. 莪术牛饲料[6]

其配料如下：莪术茎叶25～35 kg、莪术渣15～20 kg、玉米粉15～20 kg、牧草8～10 kg、粗盐3～5 kg、酵母0.3～0.5 kg和糖蜜3～8 kg。其制备过程为：先称量再分别将干净不变质的莪术茎叶、莪术渣和牧草粉碎至小于0.5 cm颗粒，备用。将粉碎后的莪术茎叶、莪术渣和酵母混合均匀，喷洒适量清水至混合物湿润，然后放入容器中密封静置5天以上。将静置后的混合物加入牧草碎粒、粗盐和糖蜜混合均匀，再密封静置1～3天。饲喂前一天，添加玉米粉混合均匀，即可。该饲料采用莪术茎叶和莪术渣为主要原料，实现物料的综合利用，变废为宝，且适口性好，牛吃了可加快生长。

4. 合欢花风味莪术饼干[7]

合欢花风味莪术饼干以莪术、合欢花为原料，同时添加五倍子、茯苓制作。充分利用莪术、合欢花的营养价值，与中药相互配伍增效。成品口感松脆、风味独特、老少皆宜，长期食用可改善因脾胃虚弱导致的饮食积滞、胃腹胀满人群的不适。

参考文献

［1］ 杨雄，屠国丽，田艳，等. 温莪术引种贵州的表现与规范化种植要点［J］. 农技服务，2020，37（7）：83－84.

［2］ 左丹丹，王涛，富蓉，等. 蓬莪术种植与采收加工技术［J］. 四川农业科技，2020（11）：40－42.

［3］ 尹小娟，刘中军，季欧，等. 蓬莪术规范化生产标准操作规程（SOP）［J］. 现代中药研究与实践，2014，28（2）：9－12.

［4］ 吴庆华，黄宝优. 广西莪术种植研究概述［J］. 现代中药研究与实践，2018，32（6）：83－86.

［5］ 魏巍，王冰瑶. 莪术及其主要成分的药理作用研究进展［J］. 药物评价研究，2022，45（10）：2154－2160.

［6］ 罗淑良，良乐. 利用莪术茎叶和莪术渣制备牛饲料的方法：CN 110521855 A［P］. 2019－12－03.

［7］ 何彩凤. 一种合欢花风味莪术饼干：CN 106614950 A［P］. 2016－11－09.

山　奈

一、来源及产地

姜科植物山奈 *Kaempferia galanga* Linn.，又名沙姜、三奈、山辣、土麝香、万烘、香奈子。中国台湾、广东、广西、云南、海南等省区有种植。

二、植物形态特征

该植物为多年生宿根草本。根从根茎上生出；根茎块状，肉质，单生或数枚连接，色淡绿色或绿白，具芳香气，味稍辣，根粗壮；无地上茎。叶 2～4 枚，通常 2 片相对而生，几乎无柄，平卧于地面上，干时在腹面可见红色小点。叶鞘长 2～3 cm，叶脉 10～12 条，叶柄下延成鞘，长 1～5 cm。穗状花序顶生，有 4～12 朵，自叶鞘中生出，芳香，花期短，易凋谢；绿色苞片披针形；花萼与苞片等长，绿色；花冠管细长，长 2～2.5 cm，白色，有香味，花冠裂片线形，长 1.2～1.5 cm；侧生的退化雄蕊花倒卵状楔形；唇瓣白色，阔大，中部深裂；裂瓣顶端各微凹，白色，喉部紫红色，顶部与方形冠筒连生；雄蕊无花丝，子房下位，3 室，花柱基部有二细长棒状附属物，柱头盘状，具缘毛。蒴果。花期 8—9 月。

三、种植技术要点

（一）场地选择

山奈主要生长于热带、亚热带平原或低山丘陵阳坡地（海拔 78～102 m），喜温暖湿润、阳光充足的气候环境；忌干旱，不耐寒。宜选择疏松肥沃、排灌方便的砂质土种植[1-2]。

（二）繁殖和种植技术

1. 育苗技术

山奈的主要繁殖方式为根茎繁殖。收获时选取当年生、健壮、无病虫害且未受冻害的根茎，沙藏越冬作种苗；于次年 3 月下旬至 4 月上旬，按 20 cm×20 cm 的株行距挖穴，每穴种植 3 株种苗，呈"品"字形排列。根茎靠穴边斜插放，芽眼向外，忌倒放或平放，覆土使穴面高于垄面，以利于排水；每亩用种苗根茎

$150 \sim 250$ kg[3]。

2. 种植定植技术

定植选择向阳、排灌方便的夹沙土，在施足堆肥、深耕细耙后，将地块土壤整细整平，做成 1.2 m 宽的垄，两侧开排水沟即可。

3. 幼苗及成年植株管理

（1）幼苗管理。

定植 1 个月幼苗出土，在植株未封行时，及时中耕除草，结合中耕培土；于 5 月中旬进行追肥 1 次，每亩施农家肥 1500 ～ 2000 kg 或加尿素 10 ～ 15 kg。高温少雨的旱季应及时灌水，保证正常的出苗和生长，雨季注意排水防涝。

（2）成年植株管理。

保证土壤湿润，旱时灌水，涝时排水，在 7 月中旬和 8 月中旬进行追肥各 1 次，每亩施堆肥或有机肥 1500 kg、草木灰 250 kg、硫酸钾 8 ～ 10 kg 和氮肥 5 kg。

（三）病虫害防治

1. 病害

山柰的主要病害为叶斑病、腐烂病、腐败病和炭疽病。防治方法为实行轮作（每年轮换），合理选用无病虫害地块，做好消毒处理，注意整地排水。发病初期，及时在病株周围用 40% 的乙磷铝可湿性粉剂 300 倍液进行消毒处理，连续处理 3 ～ 4 次。炭疽病的防治可使用 40% 的抗枯宁 750 倍液[3-4]。

2. 虫害

山柰的虫害较少，少见有金龟子咬食叶片，造成缺刻。每亩可撒施 50% 锌硫磷颗粒剂 2 ～ 2.5 kg，或用 50% 马拉松乳剂 1000 ～ 2000 倍液喷雾，也可进行人工捕杀。

四、采收加工

当年 12 月至次年 3 月，待地上叶片枯萎时，采挖根茎（幼嫩的根茎留作种苗）；除去叶片和须根，洗净泥土，横切成 1 ～ 5 mm 厚的薄片，用硫黄熏蒸 1 天后，摊在竹席上晾晒至足干，忌火炕烘干[4]。

五、生药特征

多为圆形或近圆形的干燥根茎横切片，直径 1 ～ 2 cm，厚 0.3 ～ 0.5 cm。外皮红棕色、浅褐色或黄褐色，皱缩，有时可见根痕、鳞叶残痕或残存须根。断面灰白色，粉性，光滑而细腻，略凸起，而外皮皱缩，习称"缩皮凸肉"；质脆，易折断。气香特异，略同樟脑，味辛辣；以色白、粉性足、饱满、气浓厚而辣味强者为佳。

六、化学成分研究

山奈根茎主要挥发油类成分为龙脑、大茴香脑、桂酸乙酯（13.24%）、十五烷（21.61%）、顺式对甲氧基肉桂酸乙酯、反式对甲氧基肉桂酸乙酯（49.52%）、3-蒈烯、1,8-桉叶素、间-大茴香醛等。

其他化学成分包含简单芳烃类化合物，如对羟基苯甲酸、对甲氧基苯甲酸、苯甲酸、苯甲醇、邻苯二甲酸二丁酯；苯丙素类化合物，如反式对甲氧基肉桂酸、反式对甲氧基肉桂酸乙酯、反式肉桂酸乙酯、顺式甲氧基肉桂酸乙酯、阿魏酸；脂肪酸酯类，如硬脂酸、5-葵烯酸、柠檬酸三甲酯、二十酸乙酯、2-十四碳烯酸、单棕榈酸甘油酯；黄酮类化合物，如山奈酚、木樨草素[5]。

部分化合物结构式如下：

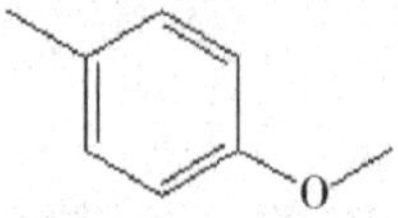

大茴香醚 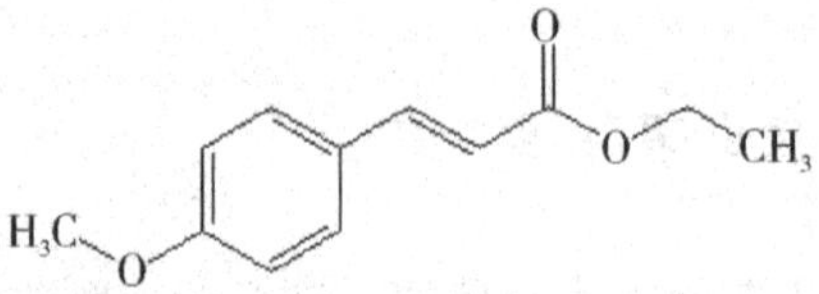　　　　　　　　　反式对甲氧基肉桂酸乙酯

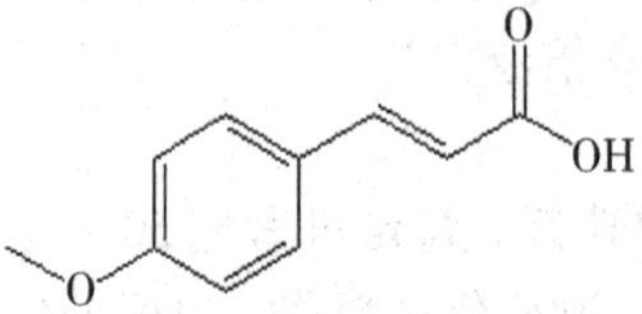

反式对甲氧基肉桂酸 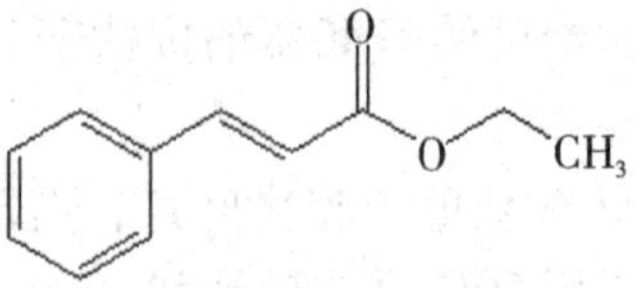　　　反式肉桂酸乙酯 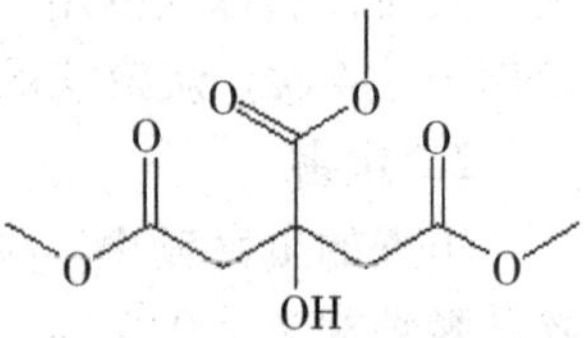　　　　柠檬酸三甲酯

七、现代药理研究

（1）抗疱疹病毒作用：从山奈根茎中制备的由黄酮类化合物、糖类化合物、酚类化合物和皂苷类化合物组成的提取物具有强大的抗伪狂犬病病毒活性[6-7]。

（2）抗菌活性：山奈精油具有较强的抗真菌（如白色念珠菌等）活性。

（3）抗氧化活性：山奈根茎的挥发油具有很强的1,1-二苯基-2-苦基肼（DPPH）清除活性。

（4）抗炎活性：山奈根茎的水提取物以剂量依赖的方式表现出强大的抗炎活性。

（5）止痛活性：热板法表明山奈的醇提取物具有较强的体内镇痛作用。

（6）杀虫活性：山奈根茎的非极性提取物具有较强的杀阿米巴活性。

（7）抗登革热作用：山奈分离出的化合物 cystargamide B 表现出登革热病毒蛋白酶抑制活性。

（8）抗结核活性：山奈根茎中化合物具有较强的体外抗结核活性。

八、传统功效、民间与临床应用

山奈性温、味辛，归胃经。其功效为温中除湿、行气消食、止痛，用于脘腹冷痛、寒湿吐泻、霍乱、胸腹胀满、饮食不消、牙痛、风湿痹痛、急性肠胃炎、消化不良、跌打损伤等。

九、药物制剂与产品开发

1. 以山奈为原料的常见中成药

（1）百花活血跌打膏。

其处方如下：山奈 2430 g、荆芥 1620 g、白芷 1215 g、干姜 1215 g、黑老虎根 1015 g、防风 810 g、骨碎补 810 g、老鹳草 810 g、香加皮 810 g、川乌 405 g、草乌 405 g、马钱子 305 g、红花 205 g、水杨酸甲酯 600 g、薄荷脑 400 g、冰片 250 g、樟脑 250 g、白胶香 250 g、乳香 150 g、肉桂油 100 g、丁香油 50 g、麝香草脑 1 g、颠茄流浸膏 810 g。成品为黄棕色的片状橡胶膏；气芳香。该药能祛风驱湿、化瘀止痛，用于风湿骨痛、轻度跌打碰伤、肿痛。

（2）琥珀止痛膏。

其处方如下：山奈 140 g、石菖蒲 70 g、黄连 42 g、马钱子 140 g、斑蝥 2.8 g、威灵仙 280 g、天南星 105 g、蟾酥 5.7 g、琥珀油 20.6 g、丁香罗勒油 9.8 g、薄荷油 22 g、八角茴香油 14.7 g、桂皮油 7.4 g、冰片 14.7 g、樟脑 14.7 g。成品为黄色的布质片状橡胶膏；气特异。该药能活血化瘀、消肿散结、通络止痛，用于痰瘀互结引起的肿瘤疼痛、神经性疼痛、风湿痹痛、跌打瘀痛等。

2. 其他含有山奈原料的中成药

如壮骨麝香止痛膏、喉药散、安阳虎骨药酒、跌打榜药酒、漳州神曲等。

十、其他应用与产品开发

1. 香料及调味料

山奈具有独特的香味，常常被人们用作调味料应用于多种食品中。

（1）山奈白切鸡：为著名粤菜。其主要辅料为山奈，它既可以让鸡肉香而不腻，又可抑制微生物的生长。

（2）砂锅石斑鱼：该鱼与山奈结合，可使石斑鱼香气更加浓郁扑鼻。

（3）绝味鸭脖：其辣味卤汁里增添了山奈，通过与其他香料的香味调和，使得鸭脖具有独特香味。

（4）清凉火锅和四川麻辣烫：两者的底料或香料包中均添加山柰作为香料，使得火锅以及麻辣烫更加的麻辣鲜香。

（5）新型山柰猪肉干：当山柰添加量为3%时，猪肉干的口感最佳、品质较好，既能赋予肉干良好的风味，又可以保持肉干的组织形态。

2. 抗氧化膜及防腐剂

自由基会导致食物的脂质过氧化从而引起食物变质，虽然添加合成抗氧化剂可以预防食品氧化，但人工合成抗氧化剂存在一定的安全问题，而天然抗氧化剂在安全方面表现较好。

（1）山柰提取物：通过加工作为一种抗氧化膜，既可以用于果蔬及肉类的抗氧化，而且无毒无害可食用，是一种天然的植物提取物抗氧化膜。

（2）天然食品防腐剂：对山柰油提取过程中得到的水相废液进行纯化结晶，得到了顺式对甲氧基肉桂酸乙酯和反式对甲氧基肉桂酸乙酯的混合物，不仅具有抑菌作用，还具有自由基清除作用，且香气怡人。

3. 食用

（1）保健腐乳：在腐乳中加入了山柰等药材，并通过多种工序使其营养成分进入到腐乳中，使得腐乳具有开胃消食的保健功能。

（2）山柰苦荞营养保健丸：该保健丸提高了山柰的利用率和营养价值，既可冲水作为饮料，又可拌成营养糊，能温中散寒、开胃消食。

（3）山柰软糖：具有绿色天然、香甜，还具健胃消食的特点。

（4）山柰保健酒[8]：其主要原料为山柰、米酒、黄芥子、紫苏籽和芫荽。制备时首先将新鲜山柰洗净后，切片，制得山柰切片；将山柰切片、黄芥子、紫苏籽、芫荽混合均匀后，放入浸泡液中浸泡，然后真空冷冻干燥箱处理，粉碎，制得混合粉末；再将米酒和混合粉末混合均匀后，采用超声波辅助浸提，将混合液通过离心机离心，得到第一次上清液；将离心沉淀物再次加入其重量25～30倍重的米酒，采用超声波辅助浸提2～3 h后，将混合液通过离心机离心，得到第二次上清液；将两次上清液混合后，陈酿、杀菌处理，制得山柰保健酒。该产品营养丰富、风味独特，既具有山柰风味又具有酒精复合香味。

参考文献

[1] 肖杰易，周正，孟忠贵，等. 山柰种植技术 [J]. 中国中药杂志，1993（6）：337-338.

[2] 谢英，谢冰莹，廖莉莉，等. 山柰的组织培养及植株再生研究 [J]. 现代中药研究与实践，2009，23（4）：28-30.

[3] 郭文场，周淑荣，刘佳贺. 山柰的种植管理与利用 [J]. 特种经济动植物，

2019, 22 (2): 36 - 39.

[4] 崔国静, 张慧婷, 贺蔷. 山柰的炮制加工及鉴别 [J]. 首都医药, 2011, 18 (21): 47.

[5] Ha Tran Thi Thu, Dung Nguyen Tien, Trung Khuat Huu, et al. Phytochemical constituents from the rhizomes of Kaempferia parviflora Wall. ex Baker and their acetylcholinesterase inhibitory activity [J]. Natural product research, 2023: 1 - 8.

[6] XU C, RUI W, HU H Y, et al. Antiviral effect of an extract from *Kaempferia galanga* L. rhizome in mice infected with pseudorabies virus [J]. Journal of virological methods, 2022 (307): 114573.

[7] Ajay Kumar. Phytochemistry, pharmacological activities and uses of traditional medicinal plant Kaempferia galanga L. - An overview [J]. Journal of ethno-pharmacology, 2020 (253): 112667.

[8] 尹维涛, 郑秀文, 刘家领. 一种山柰保健酒的制备方法: CN 108841526 A [P]. 2018 - 11 - 20.

姜 花

一、来源及产地

姜科植物姜花 *Hedychium coronarium* Koen. ，又名蝴蝶花、白草果。原产于中国南部、西南部，印度、马来西亚也有分布。中国广东、台湾、云南、四川、海南等省区均有种植。

二、植物形态特征

该植物为多年生草本。叶片长圆状披针形或披针形，长 20～40 cm，宽 4.5～8 cm，先端长渐尖，基部急尖；叶面光滑，叶背被短柔毛；无柄，叶舌薄膜质。穗状花序顶生，椭圆形，长 10～20 cm，宽 4～8 cm；苞片呈覆瓦状排列，卵圆形，每一苞片内有花2～3朵。花芬芳，白色，花萼管长约4 cm，先端一侧开裂；花冠白色，花冠管纤细，长8 cm，裂片披针形，长约5 cm，后方1枚呈兜状，先端具小尖头；侧生退化雄蕊白色，基部稍黄，长圆状披针形，长约5 cm；唇瓣倒心形，长和宽约6 cm，顶端2裂；花丝长约3 cm，花药室长1.5 cm；子房被绢毛。花期8—12月。

三、种植技术要点

（一）场地选择

姜花为半阴生植物，主产于亚洲热带和亚热带地区，喜温暖湿润、光线充足的气候环境，最适生长温度为25～30 ℃；耐热、耐低温，不耐瘠薄。其对土壤适应性强，宜选择有机质丰富、肥沃、排水良好的沙壤土种植[1]。

（二）繁殖和种植技术

1. 育苗技术

姜花的主要繁殖方式为分株繁殖、种子繁殖和组织培养繁殖。种子繁殖时，每3个芽呈"品"字形栽为1盆，覆土，以将块根完全覆盖、不裸露为度；栽后浇透水，保持土壤湿润，1个月后即可发芽[2]。

2. 种植定植技术

一般于每年8月下旬至9月初进行分株栽植，或与9月下旬保留新芽进行培育。株行距保持（20～40）cm×（20～40）cm；每亩种苗4000株为宜。

3. 幼苗及成年植株管理

（1）幼苗管理。

定植2个月后，新叶已展开，追肥以磷酸二铵和硫酸钾复合肥按4∶1的比例配施，每20天追施1次；1～2天浇水1次，以不积水为度，保持盆土湿润，空气相对湿度宜在70%～85%。

（2）成年植株管理。

成株要及时对分蘖过多的细弱植株进行疏除。春季快速成长期和夏季开花前期，多施含氮、磷、钾的复合肥。花芽分化期以后，叶面喷施0.15%磷酸二氢钾，每15天施1次。秋冬季施肥浇水应在20℃以上进行，水温不宜低于16℃。秋冬季阴雨天，应及时补光。

（三）病虫害防治

1. 病害

姜花常见病害为叶枯病，可用65%代森锌可湿性粉剂600倍液喷雾防治，以预防为主，每15天喷洒1次。

2. 虫害

姜花主要的虫害为钻心虫、螟虫和斜纹夜蛾。主要以预防为主，可用敌百虫800倍液、乐斯本1500倍液或巴丹1000倍液进行喷雾防治，连续喷施3次以上可达到良好防治效果。

四、采收加工

鲜切花应适时采收，以花序饱满、8～10朵花苞外露、含苞未放的花序为佳。采收宜在早上或傍晚进行，有条件的可在采收前喷水一次。剪下切花应及时浸入花桶保鲜，置于阴凉湿润处，忌强光和大风，多次喷雾保湿，集中分批分级包装；制作花茶时可采取真空冷冻干燥法或微波干燥法进行干燥[3-4]。果实在秋冬两季采收，剪下果穗晒干。

五、生药特征

姜花以根茎入药。地下茎块状横生而具芳香，形若姜，肥大，有数个茎痕，茎痕处较粗大；长12～25 cm，直径3.3～5 cm。表面灰黄色或淡灰棕色，粗糙，具纵皱纹及环节。断面黄白色或灰白色，纤维状或颗粒状，内皮层环纹明显，维管束及黄色油室散在。其气香，味苦。

六、化学成分研究

根茎中的1，8-桉叶素、β-蒎烯、α-蒎烯和α-萜品醇等是姜花根茎挥发油中主要成分；花中的挥发性特征香气成分为 β – 月桂烯、1，8 – 桉叶素、β – 罗勒烯、苯甲酸甲酯、芳樟醇、3 –（4，8 – 二甲基 – 3，7 – 壬二烯基）呋喃，还含有 α – 蒎烯、桧烯、α – 罗勒烯、α – 松油醇、吲哚、α – 金合欢烯等。

非挥发性成分的提取研究目前多集中于二萜类化合物，如姜花素、姜花内酯、姜花烯酮等[5]。

七、现代药理研究

（1）抗菌作用：姜花的根茎、花和叶均具有抗菌的活性，这有可能与它们均含有萜类化合物有关。姜花素 A 和姜花素 D 甲醚可以抗结核分枝杆菌 $H_{37}Rv$；姜花素 D 可以有效抗真菌白色念珠菌，抗菌作用比克霉唑和制霉菌素更强。

（2）抗炎作用：姜花的根茎和花具消肿和消炎作用。

（3）杀虫、降血糖作用：姜花的根茎和叶的挥发油具有杀虫作用；姜花叶和假茎的水和乙醇提取物可以显著地降低血糖水平、促进胰岛素分泌和降低胰岛素抗性。

（4）抗肿瘤、抗结石、抗氧化、镇痛、驱虫作用：姜花根茎中的二萜有抗肿瘤的活性；姜花根的酒精提取物和水提取物能溶解草酸钙（肾结石）。在乙酸引起的小鼠扭体试验中，姜花根茎的甲醇提取物可以抑制扭动，具有镇痛的作用；根茎的极性提取物具有抗氧化活性；根茎中的挥发油有驱虫的作用，其驱钩虫和结节虫的活性不及间苯二酚，但驱蚯蚓和绦虫的活性比哌嗪磷酸盐高。

（5）保肝作用：姜花花的 80% 丙酮提取物对 D – 半乳糖胺诱导的细胞毒性有保护作用，比保肝剂水飞蓟宾显示出更强的保肝作用。

（6）降压和利尿作用：姜花叶片的含水乙醇提取物（40 mL/kg）可以显著降压，姜花叶片和叶鞘的乙醇水溶液（40 mL/kg）发挥的利尿作用最显著。

（7）其他作用：姜花的药理实验证实姜花无毒可食用，且能提高动物的耐力，有加强心脏收缩和减慢心率的作用[5]。

八、传统功效、民间与临床应用

姜花根茎及果实入药。根茎中药名为路边姜；味辛，性温。其具温中健胃、解表、祛风散寒、温经止痛、散寒等功效，主治风寒表证、风温痹痛、外感头痛、身痛、风湿痛、脘腹冷痛、跌打损伤等。

九、药物制剂与产品开发

1. 治疗重度肩周炎的中药膏剂[6]

其处方如下：姜花 60 g、桑枝 120 g、熟地黄 120 g、茴香砂仁 100 g、川芎 80 g、南千斤藤 120 g、纤穗柳 150 g、对坐叶 60 g、牛蒡 80 g、僵蚕 80 g、柴胡

40 g、牡蛎 40 g、黄芪 180 g、穆库没药 80 g、椭圆叶花锚 60 g、万寿竹 50 g、铁力木花 40 g、石胡椒 30 g、银杏花粉 20 g、浆果乌桕 50 g、冬青叶 40 g。其制备方法为：将除穆库没药、银杏花粉之外的中药材放入容器内，加入 8～10 倍量的蒸馏水，浸泡 5～6 h 后，煮沸 3～4 h，提取；再次加入 6～8 倍量蒸馏水，煮沸 2～3 h，提取；最后，加入 4～6 倍量蒸馏水，加热煮沸 1～2 h，提取；合并 3 次提取液，过滤，得滤液备用；接着将穆库没药研成细末与银杏花粉混合，文火翻炒 38 min，再喷入相当于上述药粉用量 0.6～0.8 倍的黄酒，再加入相当于上述药粉用量 0.3～0.5 倍的蜂蜜，至药粉成糊状为止；最后将最初制得的滤液以及稀糊状药粉混合经容器密封隔水加热 15～25 min，取出，即得。该药用于治疗重度肩周炎。

2. 治疗风湿类疾病的药物[7]

其处方如下：姜花 30 g、全蝎 20 g、蜈蚣 20 g、土鳖虫 20 g、雷公藤 30 g、川乌 30 g、草乌 30 g、细辛 30 g、乳香 30 g、没药 30 g、白芷 30 g、骨碎补 30 g、青风藤 30 g、威灵仙 30 g、海风藤 30 g、独活 30 g、草红花 30 g、桂枝 30 g、川断 30 g、地龙 30 g、牛膝 30 g、五加皮 30 g、木通 30 g。其制备方法为：取适量上述药材洗净烘干后，加入 1000 mL 90% 乙醇的中浸泡，直至剩余液体为 60 mL时，过滤取出药液，装入瓶内，使用时将药液撒到艾灸包上贴到患处即可。该药用于治疗风湿类疾病。

十、其他应用与产品开发

1. 化妆品或化妆品原料

姜花精油、野姜花纯露（姜花根提取物）、姜花茶荷养根沐发浆、姜花茶荷润丝养发泥等均含有姜花原料。

2. 香精

姜花浸膏是制作香精等重要的原材料。

3. 食用

姜花的花可以食用，花香浓郁，含有多种维生素和人体所必需的氨基酸，可作为保健菜品。

4. 姜花顶香剂[8]

姜花顶香剂是一种挥发性较强的香料。采用低温液氮粉碎方法处理新鲜的姜花，将粉碎后的姜花采用微生物发酵法进行破壁处理；在低温条件下，用溶剂浸提姜花花香成分，得到姜花鲜提精油。该产品采用姜花为原料，经粉碎、发酵、浸提、调配制成姜花顶香剂，全套工艺简单、连续性好，易实现工业化。

5. 姜花纯花茶[9]

姜花纯花茶由姜花花朵制备而成，是一种新花茶品种。采集开放过程中香气较佳的姜花，在烘干干燥工艺之前保留全花冠管。以温度为70 ℃的条件，在烘箱中对其进行均匀受热干燥，至干燥完成即可。成品色泽微黄、均匀，花形较完整，香气纯正清香，滋味鲜爽，极具姜花的特色风味。该茶有助于消肿利尿、暖胃驱寒、祛瘀活血、减缓痛经。

参考文献

[1] 杜兴锋，赵济红. 北方地区白姜花特征特性及温室种植技术 [J]. 现代农业科技，2012 (9)：206.

[2] 彭昭良，宋凤鸣，黄威龙，等. 不同光照强度对9种姜科植物生长的影响 [J]. 广东农业科学，2018，45 (2)：29 - 35.

[3] 熊友华，寇亚平. 姜花属杂交种种植技术 [J]. 北方园艺，2011 (10)：80 - 81.

[4] 谭火银，胡秀，董明明，等. 姜花纯花茶的加工工艺研究 [J]. 食品研究与开发，2019，40 (7)：115 - 122.

[5] 姬兵兵，胡秀，黄嘉琦，等. 白姜花化学成分及其生物和药理活性研究进展 [J]. 仲恺农业工程学院学报，2018，31 (3)：64 - 71.

[6] 孙宁. 一种用于治疗重度肩周炎的中药膏剂：CN 105582433 A [P]. 2016 - 05 - 18.

[7] 饶正军. 一种用于治疗风湿类疾病的药物及其制备方法：CN 109248288 A [P]. 2019 - 01 - 22.

[8] 李灿峰. 一种姜花顶香剂的制备方法：CN 103113991 A [P]. 2013 - 02 - 22.

[9] 胡秀，白卫东，谭火银，等. 一种姜花纯花茶及其制备方法：CN 106942431 A [P]. 2017 - 03 - 10.

香露兜

一、来源及产地

露兜树科植物香露兜 *Pandanus amaryllifolius* Roxb.，又名斑斓叶、斑兰叶、板兰叶、香兰叶。原产于马达加斯加，为东半球热带植物，也有少数见于亚热带，大都在海岸或沼泽地生长。中国海南兴隆华侨农场、儋州中国热带农业科学院、白沙等地有种植。

二、植物形态特征

该植物为多年生常绿草本。地上茎分枝，有气生根。叶长剑形，长约30 cm，宽约1.5 cm。叶缘偶见微刺，叶尖刺稍密，叶背面先端有微刺，叶鞘有窄白膜。花单性，雌雄异株，无花被；花序穗状、头状或圆锥状，具佛焰苞；雄花多数，每花雄蕊多枚；雌花无退化雄蕊，心皮1至多数，有时以不定数的联合而成束；子房上位，1至多室，每室胚珠1，着生于近基底胎座上。果实为1个，或大或小、圆球形或椭圆形的聚花果，由多数木质、有棱角的核果或核果束组成；宿存柱头头状、齿状或马蹄状等。

三、种植技术要点

（一）场地选择

香露兜适宜的生长环境为荫蔽度40%～60%、温度25～30 ℃、空气湿度约70%；适合在富含有机质、透气的土壤中种植[1]。

（二）繁殖和种植技术

1. 育苗技术

（1）扦插繁育。把茎或茎尖至少有3个或更多的节点作为插条，用多菌灵溶液浸泡，晾干备用；随后在潮湿土壤上长根，最后在炎热和干燥的地区，有着良好的间接阳光下生长。根据土壤和阳光的条件，这些幼小的植株将在12～18个月内长到2 m高。如果一棵成熟植株长得足够久，一些幼小植株将会沿着母株的主茎生长出来。同时，新的植株根会伸向地面，支撑起整个植物，然后不管周围土壤是怎样的类型和条件，其繁育根系仍会扩展出去。这种自然繁殖系统也反映了香露兜植物的高度适应性。

（2）组培快繁。此方法主要选取香露兜母株主茎上刚生出 1 个月左右且 1 ～ 2 cm 长的侧芽作为外植体。首先，对外植体进行灭菌消毒，主要运用 0.1% 升汞灭菌消毒 10 min 以上，再用无菌水将外植体冲洗干净，然后在含植物激素 TDZ 与 6-BA 的 MS 培养基中进行培养 35 天，外植体基部会膨大生出愈伤组织。接着将愈伤组织进一步继代增殖后，在含植物激素 TDZ 与 6-BA 的 MS 培养基上愈伤组织会分化出多个芽点，每个芽点最终都会生成完整植株，并可进行移栽大田种植。

2. 定植技术

（1）土壤肥料准备：提前翻耕土壤，使土壤松软，对土壤进行消毒杀菌，去掉土壤中的虫卵和细菌；还需要施入有机肥补充好养分，提供良好的生长基础。

（2）种植时间：香露兜一般在春季 3—4 月份分株种植，分株后容易成活、生长。

（3）定植：将分割好的香露兜栽种到土壤中，轻轻压紧土壤，促使根部和土壤贴合，往土壤中浇透水，然后移到阴凉处，保持好通风，避开强光直射。种植成活后，应注意保暖，适当修剪以减少养分的消耗，促进旺盛生长。如果环境太过干燥，可以在空气中和叶片表面洒水，做好降温保湿即可。香露兜的生长速度很快，需要经常进行修剪，减少多余的养分消耗。

3. 成年植株管理

（1）单作种植。每亩单作种植种苗约 6000 株，定植 9 个月后即可采收，2 年后进入丰产期，每年采收 8 ～ 10 次，亩产鲜叶约 3600 kg。

（2）林下复合种植。可在香蕉、槟榔和村庄杂木林下复合种植，种植密度根据林下透光度设定，以槟榔林下种植香露兜为例，采用带状复合种植技术，每亩定植香露兜种苗约 5000 株，每亩年产鲜叶约 2800 kg[1-2]。

（三）病虫害防治

目前该植物很少发现有病虫害发生，经分析，危害叶部的病菌有篮状菌属、镰刀菌属、炭疽菌属、附球菌属、拟盘多毛孢菌属、拟茎点霉属、链格孢属及 *Acrocalymma* 属。危害时叶部出现红褐色、黑色、水渍状椭圆形，黄褐色不规则形病斑，灰色或黄色病斑；应根据各病菌的特点选择适宜的药剂防治[3]。

四、采收加工

香露兜种植 10 ～ 12 个月即可收割叶片，每年采收 6 ～ 8 次。经挑选、清洗、干燥而成，或经榨汁喷雾干燥技术加工成粉末。

五、生药特征

香露兜鲜叶鲜绿色至暗绿色，长条片状；干燥叶片青绿色至暗绿色，长条或片状，具有香露兜叶特有的气味。

六、化学成分研究

香露兜化合物成分在各个部分各不相同。果实中含丁香脂素、杜仲树脂酚、松脂醇、南烛木树脂酚、蛇菰脂醛素；茎皮中含表松脂素、桉脂素 A、东莨菪内酯、pandanusin A、佛手苷内酯、6－（6'－羟基－3'，7'－二甲基辛－2'，7'－二烯）－7－羟基香豆素；茎皮中含 salicifoliol、2，3－双（－4－羟基－3－甲氧基苯基）－3－乙氧基丙醇、3－hydroxy－2－isopropenyl－dihydrobenzofuran－5－carboxylic acid methyl ester；果中含4－羟基－3－（4－羟基－3－甲基丁－2－烯－1－基）苯甲醛、阿魏醛、松柏醛等。

部分化合物结构式如下：

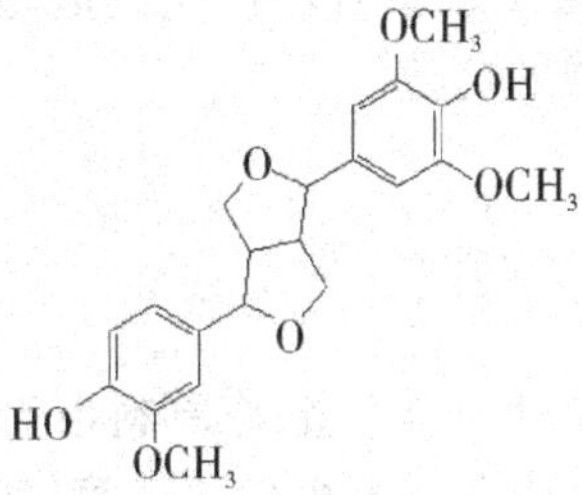

杜仲树脂酚 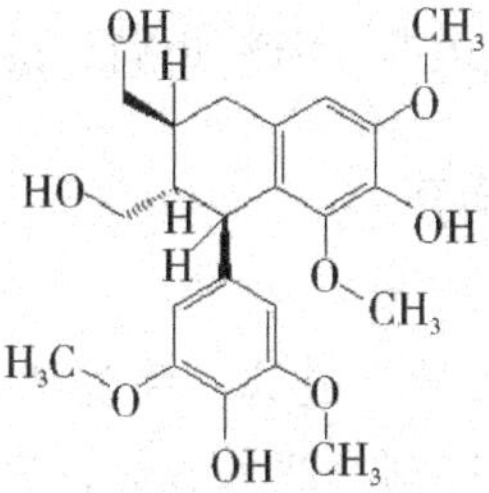　　　　　南烛木树脂酚 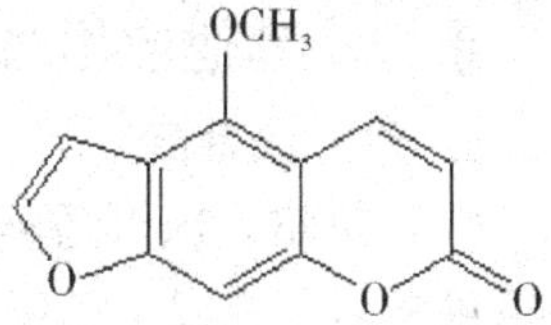　　　　　佛手苷内酯

七、现代药理研究

主要的药理作用如下：

（1）抗氧化作用：利用清除自由基1，1－二苯基－2－苦基肼基（DPPH）法测定的香露兜抗氧化活性，香露兜提取物降低了 DPPH 的稳定水平[5]。

（2）杀菌作用：香露兜叶的挥发油中含有的角鲨烯具有较强生物活性和特殊结构的天然直链三萜烯，它具有渗透、扩散、杀菌作用。

（3）提高免疫力：香露兜叶的挥发油成分具有很强的输送氧的能力，可增强细胞的活力及免疫力，加强细胞新陈代谢，消除疲劳。

八、传统功效、民间与临床应用

香露兜花和根药用，主治肾炎、水肿；叶芽也可清热解毒，治恶疮；根茎和果实有发汗解表、清热解毒、利水化痰、行气止痛之效。

傣医以全草、根入药，具有除风通血、开窍、养颜润肤等功效，主治风湿疼痛、麻木胀痛、心脏病、肝炎、胃炎、伤寒等症。

在东南亚，则使用新鲜的香露兜炖煮或用来包裹肉类食物进行烹调，肉香混合着清新的叶香，味道相当诱人。香露兜的叶片打成汁液添加在甜点内，可以将点心染成绿色并增加独特香味，许多东南亚糕点将香露兜与椰浆结合使用。

九、药物制剂与产品开发

1. 驱蚊虫组合物[6]

其成分如下：香露兜叶 1～30 份、苦楝 20～60 份、白木香 20～50 份、花梨 20～50 份、飞机草 1～30 份、含羞草 1～10 份、蒲公英 1～10 份、冰片 0.5～5 份。按配方量称取苦楝、白木香、花梨、香露兜叶、飞机草、含羞草、蒲公英，加入乙醇提取 3 次，在乙醇提取过程中控制温度在 10～40 ℃，接着合并 3 次提取液，过滤除去残渣，干燥，加入冰片，混匀，即得驱蚊虫组合物。该驱蚊虫组合物具有独特的气味，可有效去除蚊虫，对由于蚊虫叮咬产生的起包、发痒等症状具有良好的止痕、止痒、消肿止痛、抗过敏的功效。

十一、其他应用与产品开发

1. 常见的食品

（1）烘焙。新鲜香露兜榨汁，过滤，将滤液与粮油、糖、蛋等原料混合，并通过和面、成型、焙烤等工序制成戚风蛋糕、蛋挞、吐司、毛巾卷蛋糕等口味多样的食品。

（2）饮品。新鲜香露兜可代茶泡水饮用，清甜爽口。也可将新鲜的香露兜打成卷，与红薯、红糖同煮，做成清香爽口的夏日消暑佳品。

（3）甜品。新鲜香露兜榨汁，与椰浆、糯米粉或木薯淀粉等搭配可做成七层糕、西米露、水晶粽、果冻、牛轧糖、雪花酥等甜品。

（4）菜肴。新鲜香露兜可用于与肉类炖煮，或包裹排骨、鸡翅等肉类食物后再进行油炸或蒸制，制作成香露兜排骨、香露兜煮鸡、香露兜烤鱼等美味菜肴。

（5）主食。新鲜香露兜榨汁，可加入米中蒸食，或与面粉等混合，制成香露兜馒头、香露兜面条等面点，其颜色翠绿，有着独特的天然芳香[1]。

2. 香露兜提神醒脑精油[7]

其成分如下：香露兜精油 5～10 份、薄荷精油 10～20 份、柠檬草精油 10～30 份、椰子油 10～20 份、罗勒精油 5～10 份、香茅精油 3～5 份。取配方量的薄荷精油、柠檬草精油、椰子油、香露兜精油、罗勒精油、香茅精油，混合均匀即得。该品可以在较短的时间内提神醒脑、消除疲劳、恢复精神、平复心情。

参考文献

[1] 宗迎，吉训志，秦晓威，等. 斑兰叶在海南种植的发展前景 [J]. 中国热带农业，2019（6）：15 – 19.

[2] 王景飞，潘梅，黄赛，等. 香露兜组织培养及植株再生技术的研究 [J]. 中国园艺文摘，2016，32（11）：22 – 24.

[3] 苟亚峰，薛超，高圣风，等. 斑兰叶叶部病害病原菌的分离鉴定 [J]. 热带作物学报，2022，43（12）：2527 – 2533.

[4] 陈小凯，葛发欢. 香露兜叶挥发油化学成分研究 [J]. 中药材，2014，37（4）：616 – 620.

[5] 王辉，罗应，梅文莉，等. 香露兜叶的抗氧化活性 [J]. 天然产物研究与开发，2012，24（2）：29 – 223.

[6] 钟林邑，一种苦楝驱蚊虫组合物及其制备方法和应用：CN201610763399.8 [P]. 2016 – 08 – 29.

[7] 杨佳宁，一种提神醒脑的精油及其制备方法和应用：CN201710436282.3 [P]. 2017 – 06 – 12.

柠檬草

一、来源及产地

禾本科植物柠檬草 *Cymbopogon citratus*（D. C.）Stapf，又名香茅、香茅草、柠檬香茅、香芭毛、大风毛、祛风毛。原产于印度及斯里兰卡地区。在中国分布于广东、广西、海南、福建、台湾、浙江、云南、四川等省区。

二、植物形态特征

该植物为多年生草本。簇生呈密丛型；秆直立，粗壮，节下被白色蜡粉。叶片扁平，长而宽，阔线形，两面光滑，叶缘粗糙；叶鞘无毛，内面浅绿色，不向外反卷；叶舌厚，鳞片状，长圆形，长约 1 mm。佛焰苞长约 1.5 cm。总状花序成对，不等长，具 3～4 或 5～6 节；总花梗无毛；总状花序轴节间及小穗柄窄棒状；小穗均无芒；无柄小穗基盘钝，被短束毛；第一颖披针状线形，先端钝，背部扁平或下凹成槽，无脉，常有不规则裂齿，上部具窄翼，下部呈明显的弓形，边缘有短缘毛；不孕小花的外稃具短缘毛，边缘内卷，具 2 脉；结实小花外稃有短缘毛，先端具 2 微齿；有柄小穗与无柄小穗等长而呈圆形，先端短尖或钝，第一颖被短柔毛，脊上有硬短缘毛；第二颖卵状披针形。花果期夏季，少见有开花者。

三、种植技术要点

（一）场地选择

柠檬草应选择近水源、易浇灌的区域种植，可选择有利于排水的坡地种植；平均降雨量在 2000～3000 mm 的地区较为适宜，全年无霜冻期的区域种植为最佳；喜温暖湿润的长日照环境，宜在中性至微酸性肥沃沙壤土中生长，土壤 pH 在 4.3～8.4 较适宜，忌积水，生长所需平均温度宜在 25～30 ℃，不耐寒[1-2]。

（二）繁殖和种植技术

1. 育苗技术

柠檬草主要的繁殖方式为分株繁殖。选择长势良好、健壮、分蘖能力强、抗病力强的植株，将叶片剪除，留根茎部分下种，挖穴盖土，每穴 3 ～ 5 株。种植后将土压实，可覆盖地膜保暖，一般在春季进行分株繁殖。

2. 种植定植技术

定植前，整地松土，做苗床，穴间距 30 ～ 70 cm，每穴 3 株；定植后出现缺苗，应及时补栽；分蘖时，及时进行中耕、除草，防止杂草蔓延。定植后 30 ～ 40 天开始分蘖，经 3 ～ 4 个月，每穴能分蘖出近 100 个分支，每个分支又可作为独立的植株进行扩繁[3]。

3. 幼苗及成年植株管理

（1）幼苗管理。

幼苗期覆盖地膜，可起到保温、抑制杂草生长的作用，尤其是秋季和冬季，覆盖地膜可将柠檬草的出苗时间提前，延长生长期，增加生长量。覆盖地膜前，需清除畦面上的所有杂物，保证土质疏松细腻，松土层 5 ～ 10 cm，将苗床淋水浇透，每年及时更换地膜，一般在每年 1 月中旬前后覆膜。

（2）成年植株管理。

开始采收后，每采收 1 次追肥 1 次，每次每亩施硫酸铵 10 kg，以促进茎叶生长。每亩宜追施过磷酸钙 20 kg 和硫酸钾 10 kg。雨后及时排除积水，旱季注意及时浇水，防止干旱。北方地区冬季应注意采取保暖措施，保证最低温度不低于 7 ℃。每年 5 月和 9 月对其叶片进行适当轻度修剪。每种植 3 年需要更新 1 次，将地下部分全部铲除，重新整地种植[3]。

（三）病虫害防治

1. 病害

柠檬草主要的病害为叶枯病。防治措施为及时采收，清理、烧毁病死枯叶，同时还可喷施 1% 波尔多液。

2. 虫害

柠檬草主要的虫害为蓟马，可通过清除枯叶并烧毁防治，也可喷施药物防治。

四、采收加工

1. 采收

以鲜食为目的，定植成活后可根据需要随时进行采收，以分蘖基部膨大后采收为宜；以提取精油为目的，种植后 6 ～ 8 个月可进行第一次采收。南方地区种植当年一般可采收 2 ～ 3 次，注意采收时留 5 ～ 20 cm 基部茎为宜，晴天下午采收出油率较高，此外每年 9 月和 12 月份采收的柠檬草挥发油含量最高[3-4]。

2. 加工

将采收后的柠檬草摊晾，待枯萎后提取精油，可采取水蒸气蒸馏法、溶剂萃取法和二氧化碳超临界萃取法进行提取。

五、生药特征

全草长可达 2 m，秆粗壮，节处常被蜡粉。叶片长条形，宽约 15 mm，长可达 1 m，基部抱茎；两面粗糙，均呈灰白色；叶鞘光滑；叶舌厚，鳞片状。全体具柠檬香气。

六、化学成分研究

全草均含挥发性精油，以水蒸气蒸馏法萃取，精油萃取率 0.2% ~ 0.5%。柠檬草收获后应进行萎凋后再萃取。其精油一般呈黄色至暗黄色。精油香气成分以香茅醛及香茅醇为主。云南产鲜叶出油率为 0.5%，其精油有 23 种化合物，主要化学成分为柠檬醛、橙花醛、香叶醛、月桂烯，另含 β-蒎烯、C-β-罗勒烯、t-β-罗勒烯、芳樟醇、氧化二戊烯、香叶醇等[4]。

部分化合物结构式如下：

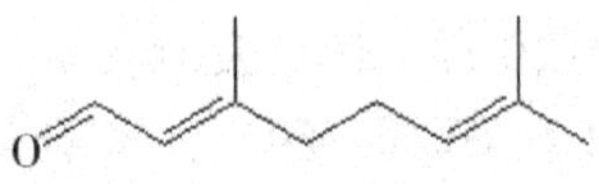

柠檬醛 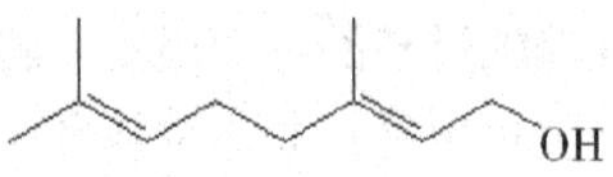　　　　　　　　　　　牻牛儿醇

七、现代药理研究

其具有的主要药理作用如下：

（1）抗菌能力：柠檬草可治疗霍乱、急性胃肠炎及慢性腹泻，减轻感冒症状；可治胃痛、腹痛、头痛（包括发烧解除头痛）、发热、疱疹等，能利尿解毒、消除水肿及多余脂肪。

（2）抗氧化作用：柠檬草精油能使苯并［a］芘诱导的小鼠脑组织 DNA 损伤减轻，有抗氧化功能。

（3）脑组织损伤保护作用：柠檬草精油对苯并［a］芘诱导的小鼠脑组织损伤有保护作用，且能够在肿瘤发生早期预防癌症，其机制可能是调控了 p53 基因的表达上调，bcl-2 基因的表达下调[4-5]。

八、传统功效、民间与临床应用

药用方面，其味辛、性温，能祛风除湿、消肿止痛，可用于治疗一切风湿类疾病。传统或民俗医疗应用认为其具有祛风及驱虫作用。柠檬草鲜草或干燥的植株叶片与茎秆均具有浓郁的柠檬香味，在亚洲地区的印度、越南、泰国等国家普遍应用于汤类、肉类食品的调味料（如将叶片加入咖喱中）。在印度直接将柠檬草揉碎置入清水，作为洗发水和盥洗用水，亦可增添非酒精性饮料、烘焙食品及糕点的香味。柠檬草干草或鲜草可泡茶饮用，也可混合其他香药草使用。中国台湾中部农民常将其干燥加工制成柠檬草枕贩售。

十一、药物制剂与产品开发

1. 香青百草油搽剂

其处方如下：柠檬草油 115 mL、水杨酸甲酯 190 mL、松节油 250 mL、樟油 110 mL、薄荷素油 155 mL、薄荷脑 150 g、丁香油 180 mL。该剂能祛风止痛、解毒止痒，用于辅助治疗关节疼痛、感冒头痛、跌打损伤、蚊虫叮咬。

2. 抗菌消炎软膏剂[6]

其成分如下：柠檬草精油 1.80 g、紫草素 0.05 g、白凡士林 3.0 g、十八醇 2.0 g、轻质液状石蜡 7.0 g、甘油 8.0 g、单硬脂酸甘油酯 3.0 g、硬脂酸 6.0 g、三乙醇胺 0.3 g、去离子水 100 g。按照软膏剂的制作方法得到乳剂，加入柠檬草精油冷却至室温，灌装，即得该软膏剂产品。该软膏剂可抗菌消炎。

3. 柠檬草桑葚酒[7]

其成分如下：鲜柠檬草 10 kg、桑葚 500 kg、越橘 100 kg、红枣粉 100 kg、茉莉花 10 kg、酒曲 3 kg、麦麸 30 kg、藕粉 10 kg、蔗糖 20 kg、何首乌 7 kg、黄芪 5 kg、当归 6 kg，甘草 7 kg、丁香 5 kg、茯苓 5 kg，杜松果 2 kg、生姜 10 kg、鲜竹简适量、水适量。按照酒的制作方法得到该果酒产品。该酒可乌发、健脾。

十、其他应用与产品开发

1. 化妆品

如可防晒的柠檬草遮阳修颜液、柠檬草多效美容液和柠檬草亮采净白防晒乳、柠檬草洗手液、柠檬草沐浴露、柠檬草身体乳、柠檬草精油、柠檬草按摩精油等。

2. 柠檬草奶茶

其配方为柠檬草浸提液料液比为 3:100，浸提液浸提时间为 5 min，柠檬草浸提液与原味奶茶的比例为 1:1。该成品口感清新独特，外观稳定。

3. 香料

柠檬草产香菌发酵液的提取物可以用作香烟的增香剂，其可以降低烟草的刺激性，增加烟质的细腻性和柔和性，提高香烟质量。

4. 香精及其他

其精油的主要成分柠檬醛，不仅适用于调配食用香精，同时还是合成紫罗兰酮、甲基紫罗兰酮、维生素 A 和维生素 E 的重要原料。柠檬草油可直接作为软性饮料、香皂、香水、化妆品及清洁剂等加工产品的香精原料。

参考文献

[1] 董明桃，李明华. 香辛蔬菜——香茅种植技术 [J]. 长江蔬菜，2021 (22)：68 - 70.

[2] 蔡宣梅，郭文杰. 香茅草离体快速繁殖 [J]. 中国花卉园艺，2016 (22)：32.

[3] 许智萍，何璐，范建成，等. 干热河谷区香茅草的品种特性及种植技术 [J]. 中国热带农业，2019 (6)：80 - 85.

[4] 杨欣，姜子涛，李荣. 天然食用香料柠檬草精油的研究进展 [J]. 食品研究与开发，2010，31 (8)：217 - 219.

[5] 常楠. 柠檬草精油对苯并 [a] 芘致小鼠脑组织损伤保护机制的研究 [D]. 大连医科大学，2016.

[6] 杨永安，魏元刚，钟慧，等. 含紫草素和柠檬草精油的组合物：CN 105582383 A [P]. 2016 - 05 - 18.

[7] 吴红旗. 一种柠檬草桑葚酒：CN 104293578 A [P]. 2015 - 01 - 21.

香草兰

一、来源及产地

兰科植物香草兰 *Vanilla planifolia* Jacks. ex Andrews，又名香子兰、香果兰、香草、香兰。原产于墨西哥和马达加斯加热带雨林。世界香草兰产地目前主要集中在马达加斯加、印度尼西亚、科摩罗、乌干达、塞舌尔、墨西哥和塔希提等岛屿国或地区。目前香草兰已被引种到中国的云南、海南等地，其中西双版纳和万宁引种发展较快。

二、植物形态特征

该植物为攀缘草本。茎肉质圆柱状，节生不定根，幼苗茎直立，开始生长时变为攀缘茎。叶革质，平坦，有光泽，互生，二列，叶柄短，柄微包卷茎；叶片椭圆状披针形，长 10～20 cm，宽 3～7 cm。总状花序，腋生，花序轴甚短，花白绿色；花萼倒披针形；花冠与花萼相似，但微歪斜，唇瓣圆形，外侧偏绿，内侧喉部有红晕样，上表面红色，下表面具纵向红条纹，基部渐呈白色且与合蕊柱合生成筒状，前缘向外反卷，3 裂，侧裂片半圆形，中裂片几呈圆形，唇盘具一黄白色刷状附属物，由许多扇状薄片相叠合而成；蕊柱无足，前端具 2 片小翅。蒴果，弯曲圆柱形，常两条合生形成约 45°夹角，熟时黄绿色，从内侧中隔进裂，具香味。种子细小。花期 4—8 月。

三、种植技术要点

（一）场地选择

香草兰为热带攀缘香料植物，种植场地宜选择静风的向阳缓坡或平地，主要分布于海拔 700 m 以下的热带和亚热带地区，年降雨量宜在 1500～3500 mm[1-2]。喜土壤肥沃、土质疏松、排水良好、pH 在 5.5～7.0 的微酸性土壤。喜荫蔽湿润环境，荫蔽度以 50% 为宜。平均气温以 25～29 ℃最为适宜[1]。

（二）繁殖和种植技术

1. 育苗技术

目前常用的繁殖技术主要为扦插。扦插时一般选择 1.0～1.5 m 长的壮蔓，直接扦插于大田或经过假植催根后定植，定植第二年开始开花结荚。也可采用组织培养繁殖。

2. 种植定植技术

宜在温度较高的季节定植，定植时对种苗切口进行消毒，覆土 $1 \sim 2$ cm，露出叶片和切口，合理密植，株行距宜设置为 1.2 m×1.6 m，根系可采用椰糠或杂草覆盖，利于其根系发达，定植后浇足定根水。香草兰的种植宜与槟榔进行间作，槟榔株行距宜设置为 2.0 m×2.5 m，香草兰的株行距宜设置为 1.2 m×1.6 m，双苗定植。

3. 幼苗及成年植株管理

（1）幼苗管理。

幼苗定植穴规格为 40.0 cm×40.0 cm，先在穴内施充分腐熟的有机肥 5 ～ 10 kg 与表土拌匀，保持 50% ～ 60% 的荫蔽度，及时将新长出的藤蔓绑在支柱上，使其向上攀缘，保持环状生长。

（2）成年植株管理。

营养生长期需保持较高的湿度；生长前期则需要相对干旱，有助于花芽分化；授粉后果荚生长期需常浇水；果荚成熟期则需要相对干旱。每年宜施 3 ～4 次腐熟的有机肥。种植后新长出的藤蔓，宜在结果第一年的 11 月上旬进行全面去顶，修剪 20 ～ 30 cm，并剪除一些老弱病蔓。每年 3 月上旬至 5 月上旬，需进行人工授粉，以帮助其结荚，授粉宜在 6：00 ～13：00 进行。5 月上旬至 6 月上旬宜喷施植物生长调节剂，加强根外追肥并修剪果穗上方抽生的侧蔓，降低落荚率。

（三）病虫害防治

1. 病害

香草兰的主要病害为根腐病、细菌性软腐病、花叶病、白绢病和炭疽病等。防治的方针为"预防为主，综合防治"，发现病斑，及时用小刀割除，并用多菌灵或霜疫灵药粉涂抹伤口，或喷洒 50% 托布津 1000 倍液、50% 多菌灵、75% 百菌清 800 倍液或 50% 苯莱特 1000 倍液。

2. 虫害

香草兰的主要虫害包括香草拟小黄卷蛾、可可盲蝽、蓖麻黄毒蛾和蜗牛类。防治措施主要为加强种植管理，及时中耕除杂草，结合人工捕杀，化学防治可喷洒 40% 氧化乐果乳油 1500 倍液、80% 敌敌畏乳油 1000 倍液、杀虫素乳油400 ～ 800 倍液或 90% 敌百虫 1500 倍液[2-3]。

四、采收加工

1. 采收

香草兰通常在授粉后 180～210 天采收果荚，一般在每年 10 月中旬至次年 2 月上旬采收。果荚成熟的标准为果荚末端 1.0～1.5 cm 呈黄色或淡黄色，其余部分呈浅绿色。

2. 加工

将采收后的果荚晒干，然后用 75 ℃ 的热水浸泡 3～5 min，用毯子覆盖进行发酵，风干 5～10 天，在荫蔽条件下进一步干燥果实，使其含水量降至 30% 以下。此外，其鲜果荚可经加工后用于调制香烟、酒水、茶叶、香水和糕点等[4]。

五、生药特征

香草兰果实为肉质荚果状，长 18～19 cm，宽 0.5～1 cm。成熟果实进行发酵生香加工后呈深褐色，具有浓郁独特的复合香气；表面有不规则的纵皱纹，顶端钝圆，基部有小果梗或已脱落；质软。气芳香，味甘、辛[4]。

六、化学成分研究

香草兰果实中含有挥发油，主要化学组成为香兰素、丙烯醛、香兰酸、3，4-羟基苯甲酸、羟基苯甲醛等。还有人测定其精油主要化学组成为 4-羟基-3-甲氧基-苯甲醛（64.83%）、对羟基苯甲酸（4.92%）、亚油酸乙酯（5.18%）、二十五烷（2.18%）等[4-5]。

部分化合物结构式为：

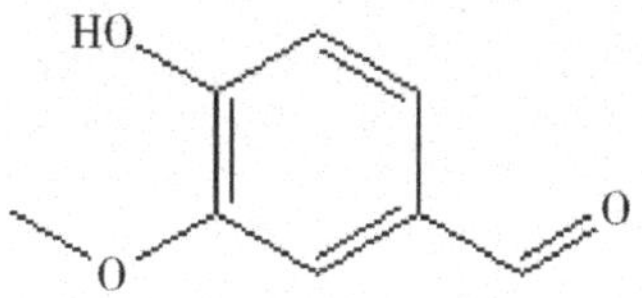

香兰素

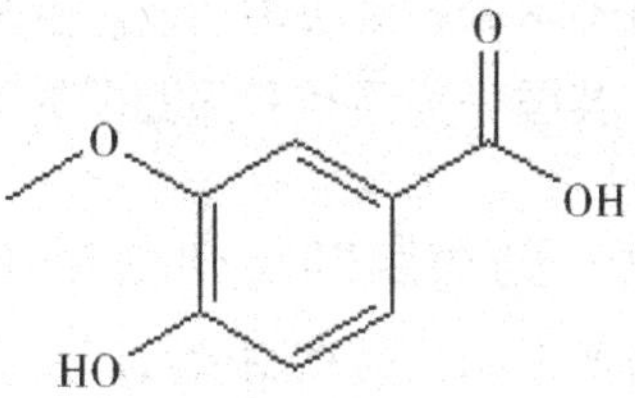

香兰酸

4-羟基-3-甲氧基-苯甲醛 　　　　对羟基苯甲酸 　　　　3,4-羟基苯甲酸

亚油酸乙酯

七、现代药理研究

（1）抗氧化和抗炎作用：香草兰豆中的香兰素对 DNA 损伤具有较好的保护作用，效果与槲皮素一致。其抗氧化活性优于维生素 C。通过下调 p65 亚基的活性阻碍其活化入核，从而抑制巨噬细胞活化，达到抗炎抑炎的目的。

（2）抑菌作用：香兰素对细菌和真菌均有明显的抑制作用。

八、传统功效、民间与临床应用

香草兰味苦、性凉，入心、胃二经。主要功效为清热解毒，治热毒、疮疡、无名肿毒、湿疮、疥癣、虫蛇咬伤。香草兰还可用作神经兴奋剂，具有治疗癔症、月经不调和热病等功效。欧洲人曾一度将其用于治疗胃病、补肾、解毒等，并列入英国、美国和联邦德国的医学辞典中。

九、药物制剂与产品开发

目前无相关药物制剂与产品上市。

十、其他应用与产品开发

1. 香草兰苦瓜茶[6]

其配料如下：香草兰酊剂、苦瓜。选择新鲜、质量良好的洁净苦瓜加工成 2 ~ 4 mm 的薄片，采用微波杀青干燥机进行干燥；再选择天然香草兰酊剂，按照香草兰酊剂的重量为苦瓜片重量的 0.5% ~ 1.5% 的比例，在清洁、干燥的环境中将香草兰酊剂和苦瓜片混合均匀；混合均匀后的苦瓜片用专用塑料袋包装，

置于铝桶或镀锌铁桶中密封存放 5 ～ 10 天，将窖制好的香草兰苦瓜片在 40 ～ 50 ℃烘箱内进一步烘干 1 ～ 1.5 h，即为成品香草兰苦瓜茶。长期饮用该茶可补充多种维生素、矿物质，还有助于防治痢疾、解中暑发热、抗肿瘤、防治糖尿病。

2. 香草兰玫瑰茄果脯[7]

其配料如下：香草兰酊剂 10 g、玫瑰茄 2000 g、白砂糖 1000 g。按照果脯的制作方法可制得香草兰玫瑰茄果脯。其具有高营养价值与保健功能。

3. 香草兰花露水[8]

其配料如下：香草兰豆荚、香薷、白芷、川芎、芦丁、艾叶、山柰、泽兰、辛夷、丁香、金银花、薄荷、菖蒲、苏叶、藿香、八角、茴香、梧桐树皮、夜明砂。按照喷雾剂的制作方法得到香草兰花露水。该品可有效驱蚊、止痒消肿，不仅无损人体健康，还安神醒目，有助于提升睡眠质量。

4. 其他

其香气独特，留香持久，广泛用作高级香烟、名酒、茶叶、奶油、冰激凌、咖啡、可可、巧克力、香水、护肤品等高档食品和化妆品的调香原料，可生产香草兰酒、香草兰茶、香草兰巧克力、香草兰香水、香草兰香薰和香草兰护肤乳等。

参考文献

[1] 赵秋芳，陈娅萍，顾文亮，等. 香草兰花芽分化期叶片矿质元素变化研究 [J]. 热带农业科学，2015，35（2）：8 – 12.

[2] 刘爱勤，桑利伟，谭乐和，等. 海南省香草兰主要病虫害现状调查 [J]. 热带作物学报，2011，32（10）：1957 – 1962.

[3] 刘爱勤，孙世伟，桑利伟. 海南香草兰主要害虫的发生与防治 [J]. 现代农业科技，2008（12）：128 – 131.

[4] 郭彧. 香荚兰豆挥发性成分及其质量标准研究 [D]. 湖北中医药大学，2013.

[5] 王庆煌，朱红英，卢少芳. 香草兰苦瓜茶的制作工艺：CN 1973654 A [P]. 2007 – 06 – 06.

[6] 王庆煌，卢少芳，宗迎. 一种香草兰玫瑰茄果脯的制作工艺：CN 1973655 A [P]. 2007 – 06 – 06.

[7] 徐晶晶. 一种香草兰花露水的制备方法：CN 105796468 A [P]. 2016 – 05 – 31.

文殊兰

一、来源及产地

石蒜科植物文殊兰 *Crinum asiaticum var. sinicum*（Roxb. ex Herb.）Baker，又名白花石蒜、十八学士。原产于亚洲热带地区，在中国海南及台湾等地有很多野生文殊兰，现各城市园林中均有栽植。

二、植物形态特征

该植物为多年生粗壮草本。鳞茎球形，直径 5～9 cm，茎粗大，肉质，高达 1 m，基部粗约 10～15 cm。叶多枚，20～30 片，多列，肉质，舌状披针形，反曲下垂，长 0.9～1.2 m，宽达 7～12 cm，先端渐尖并具 1 急尖的尖头，有草腥味，边缘波状，淡绿色。花茎直立，肉质，扁，几与叶等长；伞形花序有小花 10～24 朵，傍晚时发出芳香；具佛焰苞状总苞片，膜质，小苞片狭线形，长 3～7 cm；花梗长 0.5～2.5 cm，花被管纤细，绿白色，伸直，基部有长线形的白色小苞片；白色花冠高脚碟状，芳香；雄蕊 6 个，淡红色；雌蕊 1 个，子房下位，3 室。蒴果近扁球形。种子常 1 枚。花期 6—8 月，果期 11—12 月。

三、种植技术要点

（一）场地选择

文殊兰，喜温暖、湿润气候，略耐阴，不耐旱，不耐烈日暴晒，不耐寒；在冬季最低气温不低于 5 ℃才能存活。宜选择富含腐殖质、疏松肥沃、排水良好的砂质土壤种植，耐盐碱地。

（二）繁殖和种植技术

1. 育苗技术

文殊兰常用的繁殖技术主要为种子繁殖、分株繁殖和组织培养繁殖。待种子外皮呈黄白色进行采集，去除外皮，可立即播种，也可晒干等来年春季播种；播种以 3—4 月为宜，可用浅盆点播，覆土 2 cm 厚，浇透水，保持温度在 16～22 ℃，2 周后发芽。分株繁殖一般可在春季和秋季进行，将母株从盆内移出，将其周围的鳞茎剥下栽种，覆土置于荫蔽处，浇透水。组织培养繁殖以文殊兰的鳞茎为外植体，通过生根培养基培养、炼苗，移栽到基质树皮、椰糠、河沙为1：1：1的苗钵上，用地膜保湿15天以上，成活率高达95%[1-2]。

2. 幼苗、定植技术及成年植株管理

（1）幼苗管理及定植。

幼苗期忌强光，适宜温度为15～20℃。冬季为其鳞茎休眠期，适宜贮藏温度为8℃。当幼苗长出3～4片真叶时进行移植，移植宜在阴天或下午16:00以后进行，栽植可稍微深一些，浇透定根水，搭建遮阳网遮光，以提高成活率。

（2）成年植株管理。

春季施以氮肥为主的肥料，夏季注意搭建遮阴篷，定期在植株周围淋水，保持较大的空气湿度，生长期保持肥水充足，尤其是开花前后及开花期需要勤浇水、勤施肥，保持土壤湿润，也要做好排水排涝工作；每周追施稀薄液肥1次。花葶抽出前宜施过磷酸钙1次，花谢后及时剪除花梗，每2～3年分栽1次，以保证植株健壮、开花繁茂。秋季施以腐熟的饼肥，15天1次，剪除枯黄的老叶片。冬季停止施肥，节制浇水，保持土壤干燥状态为宜[2-3]。

（三）病虫害防治

1. 病害

文殊兰主要病害有叶斑病、紫斑病、炭疽病、褐斑病、叶枯病、煤烟病、枯萎病和花叶病等；应及时清除病叶，保持通风。发病初期喷施75%百菌清800～1000倍液、40%氧化乐果800～1000倍液或50%多菌灵可湿性粉剂700～800倍液，每7～10天1次，连续喷3～4次。

2. 虫害

文殊兰主要虫害有介壳虫、蚜虫、红蜘蛛和斜纹夜蛾等。可用40%乳油速扑杀800～1000倍液进行全株尤其以叶片背面及植株的顶端为重点喷洒防治介壳虫；用40%乐果800～1000倍液或敌敌畏1000倍液喷洒植株防治蚜虫；用20%三氯杀螨醇800倍液或40%乐果乳剂800倍液防治红蜘蛛；用90%敌百虫800倍液、80%敌敌畏800倍液、35%赛丹乳油1000倍液、2.5%敌杀死1000～1500倍液或25%马拉硫磷800～1000倍液喷洒防治斜纹夜蛾。以上防治频率和次数均为每7～10天喷洒1次，连续喷洒2～3次，平时注意合理施肥，发现病虫害及时防治[1-3]。

四、采收加工

全年可采，多用鲜品或清洗干净后晒干。

五、生药特征

文殊兰以新鲜叶和鳞茎入药。鳞茎圆柱形，下端稍膨大，长约30 cm，直径

3～8 cm，附多数须根。外面包有 1～2 层暗棕色膜质鳞片，内有多数白色肉质鳞片，圆管状，层层套合，着生于鳞茎盘上。鳞片折断面有多数丝状物相连。断面白色，中心略带黄色，可见同心性环纹（由鳞片排列而成）。气特异，味微辛、苦。

叶片呈长条形，带状披针形，长 30～60 cm，有时可达 1 m，宽 7～15 cm；先端渐尖，边缘微皱波状，全缘；上、下表面光滑无毛，黄绿色；平行脉，具横行小脉，形成长方形小网络脉。主脉向下方凸起；断面可见多数小孔状裂隙。气孔为禾本科式气孔，副卫细胞 4 个，长方菱形，味微辛[4]。

六、化学成分研究

通过 GC-MS 分析结果可知，文殊兰干燥叶中挥发油的主要成分有 17 种，包括酸类、醇类、烷类、酯类、酮类、醛类、胺类 7 类化合物。其中有 10 种化合物的相对百分含量大于 1%，主要成分为 (Z，Z) -9，12 - 十八碳二烯酸和棕榈酸[5]。种子中的挥发油成分主要是脂肪酸类化合物，占总体成分的 55.05%，其中含量较高的成分是亚油酸、邻苯二甲酸二丁酯、邻苯二甲酸二异丁酯。

七、现代药理研究

（1）抗生育作用：文殊兰含有的生物碱希帕定对鼠生育力有可逆性抑制作用，使用后表现为睾丸组织重量减轻、DNA 和蛋白质含量减少。

（2）抗菌抗病毒作用：从文殊兰中提取的石蒜碱具有抗真菌和抗病毒活性，并能抑制微生物及寄生虫生长，文殊兰提取的精油也有抑菌作用[5]。

（3）抑制蛋白质合成作用：石蒜碱能抑制鼠细胞中 DNA 的合成，并且能通过抑制真核细胞中肽键的形成而抑制蛋白质合成。

（4）抗肿瘤作用：文殊兰对小鼠肉瘤（Meth-A）和 Lewis 肺癌（LLC）具有细胞毒性作用，石蒜碱对两个肿瘤细胞株均显示出强细胞毒性，pratorimine 显示中度的抗 Meth-A 活性。

（5）抗炎作用：文殊兰叶子提取物有显著抗炎活性[6]。

八、传统功效、民间与临床应用

文殊兰能行血散瘀、消肿止痛，用于咽喉炎、跌打损伤、挤疮肿毒、蛇咬伤。以文殊兰叶和鳞茎鲜品入药时，捣烂敷患处，治疗闭合性骨折、软组织损伤。将文殊兰（颈）、接骨木（叶）、八棱麻（根）、骨碎补、藤三七（叶或果实）各鲜药适量捣烂，加甜酒于锅中混炒，退温贴敷包扎固定；待药物干后用高度白酒浸湿，保持局部湿润，以充分发挥药效，3 天换药 1 次。其在治疗骨折方面用药简单、方便，治疗及时、治愈时间短，值得推广应用。

在印度，文殊兰可以被用于泌尿系统疾病治疗；在马达加斯加，其可外用于皮肤病治疗。

中国民间验方如下：

（1）在湖南民间，鲜文殊兰叶 1 片，放入开水内约 2 min 取出，捆包在腰上。用于治疗腰痛。

（2）在云南民间，鲜文殊兰叶切碎调麻油，以春稻草燃烧烘热，后退温贴患处，每日一换，用于脚手关节酸痛。

九、药物制剂与产品开发

1. 治疗抑郁症的中药口服液[7]

该品为一种治疗抑郁症的中药口服液，其主要制备原材料为文殊兰花、柴胡、当归、白芍、桂枝、榆黄蘑。其中柴胡、当归、白芍、桂枝、榆黄蘑采用水提取醇沉淀法提取，文殊兰花采用水蒸气蒸馏法提取相对密度 1.0 以下的挥发油组分。该中药口服液对抑郁症具有良好的治疗作用和安全性。

2. 治疗慢性溃疡性结肠炎的中药[8]

该品为一种治疗慢性溃疡性结肠炎的中药，它是将文殊兰、小叶三点金、四方木皮、对叶榕、五加皮、半边钱、无患子、叶上花、天南星、水按一定比例煎煮制成。成品采用多味中药配合，有活血祛瘀、温经导滞、行气止痛之功效，能有效治疗慢性溃疡性结肠炎，且无毒副作用。

十、其他应用与产品开发

1. 文殊兰灭虫剂[9]

其配料如下：文殊兰、一品红、酒精、水。制备方法如下：称取一定量的文殊兰和一品红叶片和茎或株，剪碎放入家用粉碎机内，加入适量酒精，打烂。用纱布将打烂的文殊兰和一品红叶子末包裹起来，拧出汁后得提取液，用滤纸过滤 1 遍，得到提取液原液。然后加水获得不同比例的提取液，用以杀灭苍蝇和蚊子幼虫、菜蚜虫和麦蛾虫时效果较好。

参考文献

[1] 黄碧兰，李志英，徐立. 红花文殊兰的离体培养及快速繁殖 [J]. 分子植物育种，2019，17（3）：928 – 933.

[2] 陈少萍. 文殊兰繁殖与病虫害防治 [J]. 中国花卉园艺，2019（6）：34 – 35.

[3] 李仁杰. 文殊兰生物学特征、繁殖及种植管理 [J]. 安徽农业科学，2013，41（26）：10596 – 10597.

［4］陈宗良. 文殊兰的生药学研究［J］. 时珍国医国药，1998，9（5）：429.

［5］符佳海，曹阳，骆焱平. 文殊兰精油的抑菌活性及 GC-MS 分析［J］. 广东农业科学. 2012，39（19）：95－97.

［6］王昕，范青飞，周兰，等. 文殊兰叶子化学成分及抗炎活性研究［J］. 天然产物研究与开发. 2018，30（8）：1354－1360.

［7］杨添淞，孙维伯，聂宏，等. 一种治疗抑郁症的口服中药组合物及其制剂和制备方法：CN 108126062 A［P］. 2018－06－08.

［8］罗嘉辉. 一种治疗慢性溃疡性结肠炎的中药：CN 106138504 A［P］. 2016－11－23.

［9］张宝平. 一种双料植物提取液灭虫剂：CN 112674122 A［P］. 2021－04－20.